水利生产经营单位安全生产标准化建设丛书

水利工程建设监理单位 安全生产标准化建设指导手册

水利部监督司　中国水利企业协会　编著

中国水利水电出版社
www.waterpub.com.cn

·北京·

内 容 提 要

本书是按照《水利工程建设监理单位安全生产标准化评审规程》编写的。全书共十一章，内容包括概述、策划与实施、目标职责、制度化管理、教育培训、现场管理、安全风险分级管控及隐患排查治理、应急管理、事故管理、持续改进及管理与提升等。为了便于读者的理解，书后附有二维码形式的示例。

本书用以指导水利工程建设监理单位安全生产标准化建设、评审和管理等工作，也可作为水利安全生产管理工作的重要参考。

图书在版编目（ＣＩＰ）数据

水利工程建设监理单位安全生产标准化建设指导手册/
水利部监督司，中国水利企业协会编著. -- 北京 ： 中国
水利水电出版社，2023.12
　（水利生产经营单位安全生产标准化建设丛书）
　ISBN 978-7-5226-1857-9

Ⅰ．①水… Ⅱ．①水… ②中… Ⅲ．①水利工程－监
督管理－标准化－手册 Ⅳ．①TV512-62

中国国家版本馆CIP数据核字(2023)第198131号

书　　名	水利生产经营单位安全生产标准化建设丛书 **水利工程建设监理单位安全生产标准化建设指导手册** SHUILI GONGCHENG JIANSHE JIANLI DANWEI ANQUAN SHENGCHAN BIAOZHUNHUA JIANSHE ZHIDAO SHOUCE
作　　者	水利部监督司　中国水利企业协会　编著
出版发行	中国水利水电出版社 （北京市海淀区玉渊潭南路1号D座　100038） 网址：www. waterpub. com. cn E - mail：sales@mwr. gov. cn 电话：（010）68545888（营销中心）
经　　售	北京科水图书销售有限公司 电话：（010）68545874、63202643 全国各地新华书店和相关出版物销售网点
排　　版	中国水利水电出版社微机排版中心
印　　刷	清淞永业（天津）印刷有限公司
规　　格	184mm×260mm　16开本　18.75印张　456千字
版　　次	2023年12月第1版　2023年12月第1次印刷
印　　数	0001—3000册
定　　价	**108.00元**

编　委　会

主　　任：王松春

副　主　任：钱宜伟　曾令文

委　　员：王　甲　邰　娜　张晓利

编　写　人　员

主　　编：王　甲　张晓利

编写人员：石青泉　包　科　邰　娜　许汉平
　　　　　刘庆彬　陈　俊　杨国平　杨儒佳
　　　　　张　婷　毛乾屹　周子成　尉红侠
　　　　　张　磊　王春华　杨晓红　孙西振
　　　　　杨　鹏　李　明

安全生产是民生大事，一丝一毫不能放松，要以对人民极端负责的精神抓好安全生产工作，站在人民群众的角度想问题，把重大风险隐患当成事故来对待，守土有责，敢于担当，完善体制，严格监管，让人民群众安心放心。

2013年以来，水利部启动安全生产标准化建设并在项目法人、施工企业、水管单位和农村水电站等四类水利生产经营单位中取得了明显的成效。对贯彻《中华人民共和国安全生产法》、落实水利生产经营单位安全生产主体责任、提高水利行业安全生产监督管理水平，起到了积极的推动作用。

2020年，中国水利企业协会发布了《水利工程建设监理单位安全生产标准化评审规程》《水利水电勘测设计单位安全生产标准化评审规程》《水文监测单位安全生产标准化评审规程》和《水利后勤保障单位安全生产标准化评审规程》四项团体标准。2021年水利部印发《关于水利水电勘测设计等四类单位安全生产标准化有关工作的通知》，明确相关单位可参考上述团体标准开展安全生产标准化建设。为了使相关单位更准确理解和掌握安全标准化工作的要求，将安全生产标准化工作作为贯彻构建水利安全生产风险管控"六项机制"的重要手段，水利部监督司和中国水利企业协会依据四项团体标准组织编写了系列指导手册。手册的主要内容包括概述、策划与实施、目标职责、制度化管理、教育培训、现场管理、安全风险分级管控及隐患排查治理、应急管理、事故管理、持续改进及管理与提升等共十一章。以法律法规规章和相关要求为依据对四项评审规程进行了详细的解读，并给出了大量翔实的案例，用以指导相关单位安全生产标准化建设、评审和管理等工作，也可作为水利安全生产管理工作的参考。

系列手册编写过程中，引用了相关法律、法规、规章、规范性文件及技术标准的部分条文，读者在阅读本指导手册时，请注意上述引用文件的版本更新情况，避免工作出现偏差。

限于编者的经验和水平，书中难免出现疏漏及不足之处，敬请广大读者斧正。

水利安全标准化系列指导手册编写组

2023 年 9 月

目录

第一章 概　　述

安全生产标准化就是生产经营单位通过落实安全生产主体责任，全员全过程参与，建立并保持安全生产管理体系，全面管控生产经营活动各环节的安全生产与职业卫生工作，实现安全健康管理系统化、岗位操作行为规范化、设备设施本质安全化、作业环境器具定置化，并持续改进。

第一节　标准化建设的意义及由来

一、安全生产标准化建设意义

安全生产标准化就是生产经营单位通过落实安全生产主体责任，全员全过程参与，建立并保持安全生产管理体系，全面管控生产经营活动各环节的安全生产与职业卫生工作，实现安全健康管理系统化、岗位操作行为规范化、设备设施本质安全化、作业环境器具定置化，并持续改进。

从建设主体的角度，水利安全生产标准化建设是落实水利生产经营单位安全生产主体责任，规范其作业和管理行为，强化其安全生产基础工作的有效途径。通过推行标准化建设和管理，实现岗位达标、专业达标和单位达标，能够有效提升水利生产经营单位的安全生产管理水平和事故防范能力，使安全状态和管理模式与生产经营的发展水平相匹配，进而趋向本质安全管理。

从行业监管部门的角度，水利安全生产标准化建设是提升水利行业安全生产总体水平的重要抓手，是政府实施安全分类指导、分级监管的重要依据。标准化建设的推行可以为水利行业树立权威的、定制性的安全生产管理标准。通过实施标准化建设考评，水利生产经营单位能够对号入座的区分不同等级，客观真实地反映出各地区安全生产状况和不同安全生产水平的单位数量，从而为加强水利行业安全监管提供有效的基础数据。

二、工作由来

20 世纪 80 年代初期，煤炭行业事故持续上升，为此，原煤炭部于 1986 年在全国煤矿开展"质量标准化、安全创水平"活动，目的是通过质量标准化促进安全生产，认为安全与质量之间存在着相辅相成、密不可分的内在联系，讲安全必须讲质量。有色、建材、电力、黄金等多个行业也相继开展了质量标准化创建活动，提高了企业安全生产水平。

2011 年 5 月，国务院安全生产委员会印发《关于深入开展企业安全生产标准化建设的指导意见》（安委〔2011〕4 号），要求"要建立健全各行业（领域）企业安全生产标准化评定标准和考评体系；不断完善工作机制，将安全生产标准化建设纳入企业生产经营全过程，促进安全生产标准化建设的动态化、规范化和制度化，有效提高企业本质安全水平"。

为了贯彻落实国家关于安全生产标准化的一系列文件精神，2011 年 7 月，水利部印发了《水利行业深入开展安全生产标准化建设实施方案》（水安监〔2011〕346 号，以下简称《实施方案》）。《实施方案》明确，将通过标准化建设工作，大力推进水利安全生产法规规章和技术标准的贯彻实施，进一步规范水利生产经营单位安全生产行为，落实安全生产主体责任，强化安全基础管理，促进水利施工单位市场行为的标准化、施工现场安全防护的标准化、工程建设和运行管理单位安全生产工作的规范化，推动全员、全方位、全过程安全管理。通过统筹规划、分类指导、分步实施、稳步推进，逐步实现水利工程建设和运行管理安全生产工作的标准化，促进水利安全生产形势持续稳定向好，为实现水利跨越式发展提供坚实的安全生产保障。《实施方案》从标准化建设的总体要求、目标任务、实施方法及工作要求等四方面，完成了水利安全生产标准化建设工作的顶层设计，确定了水利工程项目法人、水利水电施工企业、水利工程管理单位和农村水电站为水利安全生产标准化建设主体。

2013 年，水利部印发了《水利安全生产标准化评审管理暂行办法》《农村水电站安全生产标准化达标评级实施办法（暂行）》及相关评审标准，明确了水利安全生产标准化实行水利生产经营单位自主开展等级评定，自愿申请等级评审的原则。水利部安全生产标准化评审委员会负责部属水利生产经营单位一级、二级、三级和非部属水利生产经营单位一级安全生产标准化评审的指导、管理和监督。2014 年水利安全生产标准化建设工作全面启动。

三、新形势下的工作要求

2014 年修订发布的《中华人民共和国安全生产法》（以下简称《安全生产法》）首次将推进安全生产标准化建设作为生产经营单位的法定安全生产义务之一。2021 年修订发布的《安全生产法》进一步提高了生产经营单位安全生产标准化建设的要求，由"推进安全生产标准化建设"修改为"加强安全生产标准化建设"；同时将加强标准化建设列为生产经营单位主要负责人的法定职责之一。

2020 年，中国水利企业协会发布包括了勘测设计单位、监理单位、后勤保障、水文勘测等四类单位安全标准化评审规程的系列团体标准，为相关水利生产经营单位的安全标准化建设工作提供了工作依据。水利部于 2022 年印发通知，开展包括监理单位在内的"四类单位"安全生产标准化建设，进一步扩大了水利行业安全标准化的创建范围。

为深入推进安全风险分级管控和隐患排查治理双重预防机制建设，进一步提升水利安全生产风险管控能力，防范化解各类安全风险，2022 年 7 月，水利部印发了《构建水利安全生产风险管控"六项机制"的实施意见》（水监督〔2022〕309 号），构建水利安全生产风险查找、研判、预警、防范、处置和责任等风险管控"六项机制"。在开展水利安全生产标准化建设过程中，应严格落实"六项机制"的各项工作要求，准确把握水利安全生产的特点和规律，坚持风险预控、关口前移，分级管控、分类处置，源头防范、系统治理，提升风险管控能力，有效防范遏制生产安全事故，为新阶段水利高质量发展提供坚实的安全保障。

第二节　安全生产标准化建设工作依据

目前我国安全生产管理领域已基本形成了完善的法律法规和技术标准体系，可以有效规范和指导安全生产管理工作。监理单位在开展安全生产标准化建设过程中，应严格、准确地遵守安全生产相关的法律法规和技术标准。

一、安全生产法律法规及标准体系

（一）安全生产法律法规体系

我国的法律法规体系包括宪法、法律、行政法规、地方性法规和行政规章五个层次。宪法具有最高的法律效力，一切法律、行政法规、地方性法规、自治条例和单行条例、规章都不得与宪法相抵触。法律的效力高于行政法规、地方性法规、规章。行政法规的效力高于地方性法规、规章。部门规章之间、部门规章与地方政府规章之间具有同等效力，在各自的权限范围内施行。

在水利工程建设过程中，安全生产工作的主要依据包括与安全生产管理相关的法律、法规、规章、技术标准等。部门规章、技术标准，除水利行业发布的之外，还应包括与水利工程建设安全生产管理有关的其他部委、行业发布的相关内容。

1. 安全生产法律

《安全生产法》属于安全生产领域的普通法和综合性法。《中华人民共和国特种设备安全法》《中华人民共和国消防法》《中华人民共和国道路交通安全法》《中华人民共和国突发事件应对法》《中华人民共和国建筑法》等，属于安全生产领域的特殊法和单行法。

《安全生产法》作为安全生产领域的普通法和综合性法，是安全生产管理工作的根本依据。在2021年9月1日修订后的《安全生产法》中，规定了"三管三必须"，即安全生产工作实行管行业必须管安全、管业务必须管安全、管生产经营必须管安全，强化和落实生产经营单位主体责任与政府监管责任，建立生产经营单位负责、职工参与、政府监管、行业自律和社会监督的机制。这赋予了政府相关部门的监管职责，要求生产经营单位落实企业主体责任。

水利行业各类生产经营单位如勘察设计、施工、项目法人、工程监理、运行管理等单位，应按照《安全生产法》的规定，落实企业自身的主体责任。各级水行政主管部门应按照《安全生产法》的规定，对行业安全生产工作进行监督管理。

除上述法律外，与安全生产相关的法律还包括《中华人民共和国刑法》《中华人民共和国行政处罚法》《中华人民共和国行政许可法》《中华人民共和国劳动法》《中华人民共和国劳动合同法》等。职业健康管理，还应遵守《中华人民共和国职业病防治法》（以下简称《职业病防治法》）。

2. 行政法规

行政法规是指最高国家行政机关即国务院制定的规范性文件，名称通常为条例、规定、办法、决定等。行政法规的法律地位和法律效力次于宪法和法律，但高于地方性法规、行政规章。

工程建设安全生产领域涉及的行政法规包括《安全生产许可条例》《建设工程安全生产管理条例》《危险化学品安全管理条例》《民用爆炸物品安全管理条例》《特种设备安全监察条例》《使用有毒物品作业场所劳动保护条例》《生产安全事故报告和调查处理条例》《工伤保险条例》《生产安全事故应急条例》等。

如《建设工程安全生产管理条例》规定了工程建设活动中建设单位、勘察单位、设计单位、施工单位、工程监理单位以及政府主管部门的社会关系。本条例是对《中华人民共和国建筑法》和《安全生产法》的规定进一步细化，结合建设工程的实际情况，将两部法律规定的制度落到实处，明确建设单位、勘察单位、设计单位、施工单位、工程监理单位和其他与建设工程有关的单位的安全责任，并对安全生产的监督管理、生产安全事故应急救援与调查处理等做出规定，是水利工程建设过程中安全生产管理必须要遵守的。

3. 地方性法规

地方性法规是指地方国家权力机关依照法定职权和程序制定和颁布的，施行于本行政区域的规范性文件，如各省（自治区、直辖市）发布的《安全生产条例》。

4. 行政规章

规章是指国家行政机关依照行政职权和程序制定和颁布的、施行于本行政区域的规范性文件。规章分为部门规章和地方政府规章两种。部门规章是指国务院的部门、委员会和直属机构制定的在全国范围内实施行政管理的规范性文件。地方政府规章是指有地方性法规制定权的地方人民政府制定的在本行政区域实施行政管理的规范性文件。

水利工程建设安全生产领域涉及的部门规章包括《水利工程建设安全生产管理规定》《注册安全工程师管理规定》《生产经营单位安全培训规定》《安全生产事故隐患排查治理暂行规定》《安全生产事故应急预案管理办法》等。水利工程建设安全生产管理过程中，除遵守水利行业的安全生产规章外，对国务院其他部门制定的涉及安全生产的规章也应遵守。

如《水利工程建设安全生产管理规定》，是根据《安全生产法》和《建设工程安全生产管理条例》，结合水利工程的特点所制定，适用于水利工程建设安全生产的监督管理。规定中明确了项目法人、勘察（测）单位、设计单位、施工单位、建设监理单位及其他与水利工程建设安全生产有关的单位（如为水利工程提供机械设备和配件的单位）等的安全生产管理职责，同时也明确了水行政主管部门的监督管理职责等内容，是水利工程建设安全生产管理的直接依据。

《安全生产事故隐患排查治理暂行规定》是原国家安全生产监督管理总局根据《安全生产法》等法律、行政法规所制定，适用于生产经营单位安全生产事故隐患排查治理和安全生产监督管理部门实施监管监察。规定了安全生产事故隐患的定义、隐患级别划分，对生产经营单位隐患排查治理的职责、工作要求及监督管理部门的监管职责等内容做出了规定。

《生产安全事故应急预案管理办法》是应急管理部根据《中华人民共和国突发事件应对法》《安全生产法》《生产安全事故应急条例》等法律、行政法规和《突发事件应急预案管理办法》（国办发〔2013〕101号）所制定，适用于生产安全事故应急预案（以下简称应急预案）的编制、评审、公布、备案、实施及监督管理工作。

（二）安全生产标准体系

安全生产技术标准，是安全生产管理工作的基础，也是开展安全生产标准化建设工作的重要依据。相关单位应对安全生产标准体系充分的理解和掌握，并准确应用，把握好强制性标准与推荐性标准之间的关系及其效力，更好的应用到实际工作中。

1. 标准的分类

根据《安全生产法》第十一条的规定，生产经营单位必须执行依法制定的保障安全生产的国家标准或者行业标准。规定中的"依法"是指依据《中华人民共和国标准化法》（以下简称《标准化法》）。根据《标准化法》的规定，标准包括国家标准、行业标准、团体标准、地方标准和企业标准。国家标准分为强制性标准、推荐性标准，行业标准、地方标准是推荐性标准。强制性标准必须执行，国家鼓励采用推荐性标准（即自愿采用）。在第十条中规定了包括工程建设在内的相关领域的强制性国家标准、强制性行业标准或强制性地方标准按现有模式管理。工程建设领域技术标准的现有管理模式，继续执行《深化标准化工作改革方案》（国发〔2015〕13号）的要求，允许行业及地方制定强制性标准。

2000年1月30日，国务院发布《建设工程质量管理条例》第一次对执行国家强制性标准做出了严格的规定。不执行国家强制性技术标准就是违法，就要受到相应的处罚。该条例的发布实施，为保证工程质量提供了必要和关键的工作依据和条件。在2003年发布的《建设工程安全生产管理条例》中，对项目法人、勘察、设计、监理、施工等参建单位，也提出了执行强制性标准的要求。

水利行业目前现行的安全生产相关技术标准中，除部分标准中的强制性条文外，其余均为推荐性标准（条款），尚未制定发布全文强制性标准。因此，水利工程建设项目施工前，项目法人应组织各参建单位根据项目特点，确定适用于本项目安全生产管理的技术标准。在技术标准选用过程中，除强制性标准及强制性条文外，推荐性标准宜按国家标准、行业标准、其他行业标准的顺序进行选择。同时需要注意技术标准的适用范围，如部分国家标准及其他行业标准中注明"适用于房屋建筑和市政工程"，在选用时要慎重考虑。

根据《标准化法》的规定，虽然推荐性标准属于自愿采用，但在以下三种情况时，将转化为强制性标准（《中华人民共和国标准化法释义》）：

一是被行政规章及以上法规所引用的。

二是企业自我声明采用的。如施工单位编制的施工组织设计、专项施工方案中声明采用的技术标准，这些标准即成为"强制性标准"，即在本文件范围内的工作，必须严格执行。

三是在工程承包合同中所引用的技术标准。根据《中华人民共和国民法典》的规定，合同是当事人经过双方平等协商，依法订立的有关权利义务的协议，对双方当事人都具有约束力。在工程承包合同中，通常列明了合同范围内工程建设包括安全生产在内应执行的技术标准，承包人据此进行组织实施。对于工程建设项目而言，所引用的技术标准即为本工程的"强制性标准"，双方必须严格执行。

2. 强制性条文与强制性标准的关系

水利工程建设强制性条文是指水利工程建设标准中直接涉及人民生命财产安全、人身健康、水利工程安全、环境保护、能源和资源节约及其他公共利益等方面，在水利工程建设中必须强制执行的技术要求。

《水利工程建设标准强制性条文》的内容，是从水利工程建设技术标准中摘录的。执行《工程建设标准强制性条文》既是贯彻落实《建设工程质量管理条例》《建设工程安全生产管理条例》的重要内容，又是从技术上确保建设工程质量、安全的关键，同时也是推进工程建设标准体系改革所迈出的关键一步。事实上，从大量强制性标准中挑选少量条款而形成的"强制性条文"，只是分散的片断内容，其本身很难构成完整、连贯的概念。制定《工程建设标准强制性条文》作为标准规范体制改革的重要步骤，只是暂时的过渡形态。作为雏形，其最终目标是形成我国的"技术法规"。2015 年国务院发布的《深化标准化工作改革方案》和 2016 年住房和城乡建设部发布的《关于深化工程建设标准化工作改革的意见》中明确，将加快制定全文强制性标准，逐步用全文强制性标准取代现行标准中分散的强制性条文，新制定标准原则上不再设置强制性条文。

2019 年水利部发布的《水利标准化工作管理办法》中规定，水利行业标准分为强制性标准和推荐性标准（根据《标准化法》第十条的规定）。2019 年以后发布的水利行业标准中，强制性行业标准编号为 SL AAA—BBBB，推荐性行业标准编号为 SL/T AAA—BBBB，其中 SL 为水利行业标准代号，AAA 为标准顺序号，BBBB 为标准发布年号。

二、监理单位安全生产标准化建设相关政策

根据《安全生产法》《中共中央国务院关于推进安全生产领域改革发展的意见》等政策法规的要求，水利部于 2017 年印发了《水利部关于贯彻落实〈中共中央国务院关于推进安全生产领域改革发展的意见〉实施办法》（水安监〔2017〕261 号），明确将水利安全生产标准化建设作为水利生产经营单位的主体责任之一，要求水利生产经营单位大力推进水利安全生产标准化建设。

为指导水利安全生产标准化建设工作，水利部近年相继印发了《水利行业深入开展安全生产标准化建设实施方案》（水安监〔2011〕346 号）、《水利安全生产标准化评审管理暂行办法》（水安监〔2013〕189 号）、《农村水电站安全生产标准化达标评级实施办法（暂行）》（水电〔2013〕379 号）、《水利安全生产标准化评审管理暂行办法实施细则》（办安监〔2013〕168 号）。其中《水利安全生产标准化评审管理暂行办法》规定，水利安全生产标准化等级分为一级、二级和三级，一级为最高级。陆续出台了《水利工程管理单位安全生产标准化评审标准（试行）》《水利水电施工企业安全生产标准化评审标准（试行）》《水利工程项目法人安全生产标准化评审标准（试行）》《农村水电站安全生产标准化评审标准》四项评审标准。

除上述有关依据外，水利部 2019 年还制定发布了行业标准 SL/T 789—2019《水利安全生产标准化通用规范》。标准适用于水利工程项目法人、勘测设计、施工、监理、运行管理，农村水电站、水文监测等水利生产经营单位开展安全生产标准化建设工作，以及对安全生产标准化工作的咨询、服务、评审、管理等。标准包括水利安全生产标准化管理体系的目标职责、制度化管理、教育培训、现场管理、安全风险管控及隐患排查治理、应急管理、事故管理和持续改进 8 个要素。

2022 年，水利部印发的《水利部办公厅关于水利水电勘测设计等四类单位安全生产标准化有关工作的通知》（办监督函〔2022〕37 号），规定允许相关生产经营单位参照中国水利企业协会编制的团体标准开展标准化建设。

三、《水利工程建设监理单位安全生产标准化评审规程》简介

T/CWEC 18—2020《水利工程建设监理单位安全生产标准化评审规程》（以下简称《评审规程》）主要内容包括范围、规范性引用文件、术语和定义、申请条件、评审内容、评审方法、评审等级等 7 章，以及 1 个规范性附录。适用于具有水利建设监理单位水利安全生产标准化的自评和现场评审。

《评审规程》规定了监理单位申请安全标准化的基本条件：

（1）具有独立法人资格，并取得水行政主管部门颁发的水利工程建设监理单位资质证书；

（2）监理范围内的建设项目不存在重大事故隐患或重大事故隐患已治理达到安全生产要求；

（3）不存在迟报、漏报、谎报、瞒报生产安全事故的行为；

（4）申请评审之日前一年内未发生死亡 1 人（含）以上，或者一次 3 人（含）以上重伤，或者 1000 万元以上直接经济损失的生产安全事故（包括监理范围内的项目）。

注：监理范围内的建设项目发生生产安全事故的，经事故调查认定无监理责任的除外；

（5）不存在非法违法生产经营建设行为，未被列入全国水利建设市场监管平台"黑名单"且处于公开期内。

《评审规程》规定了现场评审的赋分原则。现场评审满分 1000 分，实行扣分制。在三级项目内有多个扣分点的，累计扣分，直到该三级项目标准分值扣完为止，不出现负分。最终得分按百分制进行换算，评审得分＝［各项实际得分之和/（1000－各合理缺项分值之和）］×100，评审得分采用四舍五入，保留一位小数。

注：合理缺项是指由于生产经营实际情况限定等因素，完全不涉及附录 A 中需要评审的相关生产经营活动，或不存在应当评审的设备设施、生产工艺，而形成的空缺。

《评审规程》规定水利监理单位的评审达标等级分三级，一级为最高，各等级标准应符合下列要求：

一级：评审得分 90 分以上（含），且各一级评审项目得分不低于应得分的 70%。

二级：评审得分 80 分以上（含），且各一级评审项目得分不低于应得分的 70%。

三级：评审得分 70 分以上（含），且各一级评审项目得分不低于应得分的 60%。

《评审规程》中的附录 A 为规范性附录，与正文具有同等的效力，规定了目标职责、制度化管理、教育培训、现场管理、安全风险管控及隐患排查治理、应急管理、事故管理和持续改进等 8 个一级评审项目、27 个二级评审项目和 117 个三级评审项目。在三级评审项目中，对监理单位及监理机构标准化创建过程中需要开展的工作，分别做出了规定。较之前发布的施工企业、项目法人等评审标准，各层级的工作范围和工作内容更清晰、可操作性更强。

第三节　安全生产的监理工作

监理单位是具有企业独立法人资格，取得水利工程建设监理资质等级证书的企业，受发包人委托，并与发包人签订监理合同，提供监理服务的单位。依据法律、规范标准和合同约定，对水利工程施工进行质量控制、进度控制、投资控制、合同管理、信息管理、组织协调和开展安全生产的监理工作等服务活动。从监理单位的定义及其提供的服务内容可知，监理单位安全生产管理工作应包含以下四方面的内容。

一、监理单位自身的安全生产管理工作

根据《安全生产法》的规定，"安全生产"一词中所讲的"生产"，是广义的概念，不仅包括各种产品的生产活动，也包括各类工程建设和商业、娱乐业以及其他服务业的经营活动。监理单位同样作为生产经营单位，也要遵守《安全生产法》的规定，严格落实安全生产的主体责任。如设置安全管理组织机构、配备安全管理人员、建立全员安全生产责任制、开展教育培训、保障安全生产投入、提供安全生产条件、建设双重预防机制等。监理单位在生产经营过程中，违反安全生产的法律法规及相关规定时，同样也将受到相应的处罚。

二、法定的安全生产监理工作

工程监理单位除完成自身的各项安全生产管理工作外，还应当承担国家法律、法规和工程监理规范所规定的安全生产监理职责，包括监督检查施工单位按照施工安全生产法律、法规和标准组织施工，消除施工中的冒险性、盲目性和随意性，落实各项安全技术措施，有效地杜绝各类安全隐患，杜绝、控制和减少各类伤亡事故，实现安全生产。在《建设工程安全生产管理条例》中规定监理单位的安全工作主要包括：

（1）审查施工组织设计中的安全技术措施或者专项施工方案。

（2）发现存在安全事故隐患的，应当要求施工单位整改；情况严重的，应当要求施工单位暂时停止施工，并及时报告建设单位。施工单位拒不整改或者不停止施工的，工程监理单位应当及时向有关主管部门报告。

（3）按照法律、法规和工程建设强制性标准实施监理，并对建设工程安全生产承担监理责任。

《水利工程建设安全生产管理规定》结合水利工程特点，规定水利监理单位应开展的安全监理工作包括：

（1）建设监理单位和监理人员应当按照法律、法规和工程建设强制性标准实施监理，并对水利工程建设安全生产承担监理责任。

（2）建设监理单位应当审查施工组织设计中的安全技术措施或者专项施工方案是否符合工程建设强制性标准。

（3）建设监理单位在实施监理过程中，发现存在生产安全事故隐患的，应当要求施工单位整改；对情况严重的，应当要求施工单位暂时停止施工，并及时向水行政主管部门、流域管理机构或者其委托的安全生产监督机构以及项目法人报告。

三、技术标准规定的安全生产监理工作

SL 288—2014《水利工程施工监理规范》中规定了十项安全施工的监理工作：

（1）督促承包人对作业人员进行安全交底，监督承包人按照批准的施工方案组织施工，检查承包人安全技术措施的落实情况，及时制止违规施工作业。

（2）定期和不定期巡视检查施工过程中危险性较大的施工作业情况。

（3）定期和不定期巡视检查承包人的用电安全、消防措施、危险品管理和场内交通管理等情况。

（4）核查施工现场施工起重机械、整体提升脚手架和模板等自升式架设设施和安全设施的验收等手续。

（5）检查承包人的度汛方案中对洪水、暴雨、台风等自然灾害的防护措施和应急措施。

（6）检查施工现场各种安全标志和安全防护措施是否符合工程建设标准强制性条文（水利工程部分）及相关规定的要求。

（7）督促承包人进行安全自查工作，并对承包人自查情况进行检查。

（8）参加发包人和有关部门组织的安全生产专项检查。

（9）检查灾害应急救助物资和器材的配备情况。

（10）检查承包人安全防护用品的配备情况。

除《水利工程施工监理规范》外，SL 721—2015《水利水电工程施工安全管理导则》、SL 398—2007《水利水电工程施工通用安全技术规程》等技术标准也规定了监理的安全生产工作内容。

四、合同约定的安全生产监理工作

（一）监理合同

在水利工程建设中，监理单位除了必须履行法定的职责外，还应根据监理合同、工程承包合同、采购合同等，履行合同约定的监理职责。

《中华人民共和国标准监理招标文件（2017年版）》的通用合同条款中，约定了监理单位的安全生产管理职责：

（1）审查施工承包人提交的施工组织设计，重点审查其中的质量安全技术措施、专项施工方案与工程建设强制性标准的符合性。

（2）检查施工承包人工程质量、安全生产管理制度及组织机构和人员资格。

（3）检查施工承包人专职安全生产管理人员的配备情况。

（4）在巡视、旁站和检验过程中，发现工程质量、施工安全存在事故隐患的，要求施工承包人整改并报委托人。

（二）工程承包合同

《水利水电工程标准施工招标文件（2009年版）》中，关于监理单位的安全生产管理职责约定了以下内容：

（1）承包人应按合同约定履行安全职责，执行监理人有关安全工作的指示。承包人应按技术标准和要求（合同技术条款）约定的内容和期限，以及监理人的指示，编制施工安全技术措施提交监理人审批。监理人应在技术标准和要求（合同技术条款）约定的期限内批复承包人。

（2）承包人应按监理人的指示制定应对灾害的紧急预案，报送监理人审批。

（3）承包人应在施工组织设计中编制安全技术措施和施工现场临时用电方案。对专用合同条款约定的工程，应编制专项施工方案报监理人批准。

五、监理单位安全生产标准化建设注意事项

结合有关规定以及监理单位安全生产管理工作的特点，监理单位的安全生产标准化建设应注意以下事项：

（1）标准化建设工作的范围。同项目法人单位一样，监理单位安全标准化建设也包含两方面的内容：一是监理单位、监理机构自身的安全管理工作；二是对被监理单位-承包人的安全监理工作。

（2）依据合同约定。监理机构在开展安全监理工作过程中，除必须履行法定的监理职责外，还有一部分需要在监理合同和工程承包合同中进行约定、经项目法人授权方可开展，如目标、责任制等的监督检查。因此，在创建和评审过程中，要充分考虑监理机构所承担项目相关合同约定的内容，避免产生不必要的合同纠纷，并确保相关工作能顺利开展。

（3）监督检查的方法。对于承包人的监督检查，应与监理常规的工作进行充分结合。一是可采取主动检查，形成监督检查记录；二是通过审核、审批等方式开展的工作，已经履行了相应的监督检查，不必再重复去监督检查。如对承包人安全管理机构、人员、费用、技术措施、专项方案、应急预案体系等的监督检查，通过对承包人相关文件的审查、审批等监理工作程序已经完成，不必再机械、重复去开展监督检查。

（4）监理单位的安全标准化创建，受制约的因素较多。一是除法定职责外，与承包人之间的监理与被监理的关系，是靠合同授权建立起来的，没有授权则相关职责无法履行；二是对项目建设无主导权，监理单位与项目法人不同，不是项目建设的主导方，开展标准化工作有一定的局限性；三是水利工程建设过程中，施工单位是工程现场安全生产管理的责任主体，监理单位只能根据有关规定和合同约定履行监督管理职责。

（5）执行技术标准的注意事项。本指导手册中所列举的技术标准，除强制性标准、强制性条文外，其他推荐性技术标准在开展相关工作时应按照《标准化法》的规定确定是否适用于本单位或本项目，不可机械地理解和应用（相关内容可参照本指导手册第一章第二节）。

（6）监理机构依据《评审规程》开展监督检查工作时，应注意以下事项：

1）监理机构未监督检查。即监理机构未按《评审规程》的要求开展相应的监督检

查工作。

2）检查承包人或检查内容不全。一是指所监理的项目如存在多个承包人（多个施工标段）的，未对各标段承包人全部开展监督检查工作；二是指所开展的监督检查工作未覆盖《评审规程》相应三级评审项目的全部内容。

3）对监督检查中发现的问题未采取措施或未督促落实。《评审规程》编写过程中，着重强调了要对监督检查过程中发现的问题要采取相应监理措施，并督促落实。避免只监理机构只监督检查，却未要求承包人进行整改的现象发生，使安全监理工作流于形式。

4）监理机构监督检查的工作标准及要求。对于各类生产经营单位安全生产管理均涉及（或通用）的要求，如目标管理、机构职责、安全生产投入管理等，《评审规程》的"三级评审项目"中给出了监理单位的工作要求，同时要求"监理机构应监督检查承包人开展此项工作"。监理机构应按照对监理单位自身工作要求，结合承包人的工作特点进行监督检查。本指导手册编写过程中考虑到篇幅限制，也遵循这一原则，重点介绍了监理单位相关工作开展的要求。

第二章　策　划　与　实　施

安全生产标准化建设工作开展过程中，监理单位应对建设工作进行整体策划，制定建设方案，明确组织机构，制定工作程序和工作要求，使安全生产标准化有计划、有步骤地推进。

第一节　建　设　程　序

水利安全生产标准化建设程序通常包括成立组织机构、制定实施方案、教育培训、初始状态评估、完善制度体系、运行及改进、单位自评等，如图2-1所示。在建设程序的各个环节中，教育培训工作应贯穿始终。

一、成立组织机构

为保证安全生产标准化的顺利推进，监理单位在创建初期应成立安全生产标准化建设组织机构，包括领导小组、执行机构、工作职责等内容，并以正式文件发布，作为启动标准化建设的标志，同时据此计算标准化建设周期。

领导小组统筹负责单位安全生产标准化的组织领导和策划，其主要职责包括明确目标和要求、布置工作任务、审批安全标准化建设方案、协调解决重大问题、保障资源投入。领导小组一般由单位主要负责人担任组长，所有相关的职能部门、下属单位和监理机构的主要负责人作为成员。

领导小组应下设执行机构，具体负责指导、监督、检查安全生产标准化建设工作，主要职责是制定和实施安全标准化方案，负责安全生产标准化建设过程中的具体工作。执行机构由单位负责人、相关职能部门、下属单位和监理机构工作人员组成，同时可根据工作需要成立工作小组分工协作。管理层级较多的监理单位，可逐级建立安全生产标准化建设组织机构，负责本级安全生产标准化建设具体工作。

二、工作策划

监理单位在开展安全生产标准化建设前，应进行全面、系统的策划，并编制标准化建设实施方案，在实施方案的指导下有条不紊地开展各项工作，方案应包括下列内

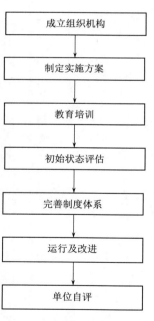

图2-1　标准化建设流程图

流程图内容：成立组织机构 → 制定实施方案 → 教育培训 → 初始状态评估 → 完善制度体系 → 运行及改进 → 单位自评

容（示例详见二维码1）：

二维码1

(1) 指导思想。

(2) 工作目标。

(3) 组织机构和职责。

(4) 工作内容。

(5) 工作步骤。

(6) 工作要求。

(7) 安全生产标准化建设任务分解表。

三、教育培训

通过多种形式的动员、培训，使单位相关人员正确认识标准化建设的目的和意义，熟悉、掌握水利安全生产标准化建设程序、工作要求、水利安全生产标准化评审管理暂行办法及评审标准、安全生产相关法律法规和其他要求、制定的安全生产标准化建设实施方案、本岗位（作业）危险有害因素辨识和安全检查表的应用等。

教育培训对象一般包括单位主要负责人、安全生产标准化领导小组成员、各部门、各下属单位、各监理机构的主要工作人员、技术人员等，有条件的单位应全员参加培训，使全体人员深刻领会安全生产标准化建设的重要意义、工作开展的方法和工作要求，对全面、高效推进安全生产标准化建设，提高安全生产管理意识将起到重要作用。

教育培训作为有效提高安全管理人员工作能力和水平的重要途径，应贯穿整个标准化建设过程的全过程。

四、初始状态评估

监理单位在安全标准化建设初期应对本单位的安全管理现状进行系统调查，通过准备工作、现场调查、分析评价等阶段形成初始状态评估报告，以获得组织机构与职责、业务流程、安全管理等现状的全面、准确信息。目的是系统全面地了解本单位安全生产现状，为有效开展安全生产标准化建设工作进行准备，是安全生产标准化建设工作策划的基础，也是有针对性地实施整改工作的重要依据。主要工作内容包括：

(1) 对现有安全生产机构、职责、管理制度、操作规程的评价。

(2) 对适用的法律法规、规章、技术标准及其他要求的获取、转化及执行的评价。

(3) 对各职能部门、下属单位、监理机构安全管理情况、现场设备设施状况进行现状摸底，摸清存在的问题和缺陷。

(4) 对管理活动、生产过程中涉及的危险、有害因素的识别、评价和控制的评价。

(5) 对过去安全事件、事故和违章的处置，事故调查以及纠正、预防措施制定和实施的评价。

(6) 收集相关方的看法和要求。

(7) 对照评审规程分析评价安全生产标准化建设工作的差距。

五、完善制度体系

安全管理制度体系是安全生产管理工作的重要基础，是一个单位管理制度体系中重要组成部分，应以全员安全责任制为核心，通过精细管理、技术保障、监督检查和绩效考核手段，促进责任落实。

监理单位在建立安全管理制度体系过程中应满足以下几点要求：

（1）覆盖齐全。所建立的安全管理制度体系应覆盖安全生产管理的各个阶段、各个环节，为每一项安全管理工作提供制度保障。要用系统工程的思想建立安全管理制度体系，就必须抛弃那种"头痛医头、脚痛医脚"的管理思想，把安全管理工作层层分解，纳入生产流程，分解到每一个岗位，落实到每一项工作中去，成为一个动态的有机体。

（2）内容合规。在制定安全管理制度体系过程中，应全面梳理本单位生产经营过程中涉及、适用的安全生产法律法规和其他要求，并转化为本单位的规章制度，制度中不能出现违背现行法律法规和其他要求的内容。

（3）符合实际。制度本身要逻辑严谨、权责清晰、符合企业实际，制度间应相互衔接、形成闭环，构成体系，避免出现制度与制度相互矛盾、制度与管理"两张皮"的现象。

六、运行及改进

标准化各项准备工作完成后，即进入运行与改进阶段。监理单位应根据编制的制度体系及评审规程的要求按部就班开展标准化工作，在实施运行过程中，针对发现的问题加以完善改进，逐步建立符合要求的标准化管理体系。

七、自主评定

定期开展自评是安全生产标准化建设工作的重要环节，其主要目的是判定安全生产活动是否满足法律法规和《评审规程》的要求，系统验证本单位安全生产标准化建设成效，验证本单位制度体系、管理体系的符合性、有效性、适宜性，及时发现和解决工作中出现的问题，持续改进和不断提高安全生产管理水平。

（一）组建自评工作组

监理单位应组建自评以单位主要负责人为首的自评工作组，明确工作职责，组织相关人员熟悉自主评定的相关要求。

（二）制定自评计划

编制自评工作计划，明确自评工作的目的、评审依据、组织机构、人员、时间计划、自评范围和工作要求等内容。（示例详见二维码2）

（三）自评工作依据

应依据相关法律法规、规章、技术标准、《评审规程》以及监理单位的规章制度开展自评工作。

二维码2

（四）自评实施

安全生产标准化建设应包括监理单位各部门、所属单位和所有在建的现场监理机构，实现全覆盖。对照《评审规程》的要求对安全标准化建设情况进行全面、翔实记录和描述。

（五）编写自评报告

自评实施工作完成后，应编写自评报告。

（六）问题整改及达标申请

监理单位应根据自评过程中发现的问题，组织整改。整改完成后，根据自愿的原则，自主决定是否向水行政主管部门申请安全生产标准化达标。

第二节 运 行 改 进

监理单位在组织机构、制度管理体系等安全生产标准化管理体系初步建立后，应按管理体系要求，有效开展、运行安全生产标准化即安全生产管理工作，并结合企业实际将安全生产管理体系纳入企业的总体管理体系中，使企业各项生产经营工作系统化。

安全生产标准化管理体系的建立，仅仅是安全生产标准化工作的开始，实现标准化的安全生产管理关键在于体系的运行，严格贯彻落实企业规章制度，才能保证安全生产标准化暨安全生产管理工作持续高质量推进。

一、落实责任

安全生产管理工作最终要落实企业的每位员工，只有各级人员都尽职尽责、工作到位，企业的安全生产才能处于可控的状态。因此，安全生产责任制的管理，是企业安全管理工作的核心。企业安全标准化体系初步建立后，应重点监督各部门、各下属单位及各级岗位人员安全生产责任制的落实情况，加大监督检查力度，提升整体安全管理水平。

监理单位的主要负责人应对本单位的安全生产工作全面负责，严格落实法定安全生产管理职责。其他各级管理人员、职能部门、监理机构和各岗位工作人员，应根据各自的工作任务、岗位特点，确定其在安全生产方面应做的工作和应负的责任，并与奖惩制度挂钩。真正使单位各级领导重视安全生产、劳动保护工作，切实执行国家安全生产的法律法规，在认真负责组织生产的同时，积极采取措施，改善劳动条件，减少工伤事故和职业病的发生。

二、形成习惯

安全生产标准化工作，其本质是整合了现行安全生产法律法规和其他要求，按策划、实施、检查、改进（即"PDCA循环"），动态循环工作程序建立起的现代安全管理模式，解决以往安全管理不系统、不规范的问题。对监理单位的从业人员而言，接受、适应、掌握新的安全管理模式需要一个过程。

监理单位应以责任制落实为基础，通过教育培训、监督检查、绩效考核等手段，使每个人尽快适应安全生产标准化的管理要求，与日常工作相结合，从思想认识到工作行动上养成标准化管理习惯，而不是当成工作的包袱。

三、监督检查

监督检查是安全生产标准化工作PDCA循环中的重要一环，通过监督检查发现标准化工作中存在的问题，通过分析问题的原因提出改进措施，以实现安全管理水平的持续提升。监理单位应在制定规章制度时，明确监督检查的工作要求。

一是内容要全面，包括体系运行状态、责任制落实、规章制度执行和现场管理等；二是监督检查范围应实现全覆盖、无死角，包括单位生产及管理的全过程、各职能部门（下属单位）、各级岗位人员；三是监督检查应严格、认真，能真正发现问题，避免走形式、走过场。

在安全生产标准化管理体系运行期间，监理单位应依据管理文件开展定期的自查与监督检查工作，以发现、总结管理过程中管理文件及现场安全生产管理方面存在的问题，根据自查与监督检查结果修订完善管理文件，使标准化工作水平不断得到提高，最终达到提升单位安全生产管理水平的目的。

四、绩效考核

绩效考核一方面可以验证安全生产标准化工作成效，另一方面也是促进、提高安全生产工作水平的重要手段。生产经营单位在安全生产标准化建设及运行期间，应加强安全生产方面的考核。将安全生产标准化工作的开展情况作为单位绩效考核的指标，列入年度绩效考核范围。充分利用绩效考核结果，根据考核情况进行奖惩，使绩效考核真正发挥作用。

五、完善与改进

监理单位应根据监督检查、绩效考核、意见反馈、事故总结等途径了解单位安全生产标准化体系运行过程中存在的问题，进行有针对性的措施加以改进和完善，及时堵塞安全管理漏洞，补足安全管理短板，改进安全管理方式方法。

监理单位应加强动态管理，不断提高安全管理水平，促进安全生产主体责任落实到位，形成制度不断完善、工作不断细化、程序不断优化的持续改进机制。

第三章 目标职责

目标职责规定了监理单位安全生产目标管理、安全生产组织机构的建立、安全生产责任制的制定与落实、全员参与和安全生产投入管理等工作要求。

第一节 目标管理

安全目标管理是目标管理在安全管理方面的应用，它是指生产经营单位内部各个部门以至每个职工，从上到下围绕单位的安全生产总目标，层层分解、制定目标，确定行动方针，安排安全工作进度，制定实施有效措施，并对安全成果严格考核的一种管理制度。目标管理的主要内容包括目标管理制度编制，目标的制定、分解、检查、考核与奖惩等内容。

监理单位的目标管理工作，除完成自身工作外，还应监督检查承包人目标管理工作的开展情况。《评审规程》要求监理单位对监督检查中发现的问题，应采取措施或督促整改落实。

【标准条文】

1.1.1 监理单位的安全生产目标管理制度应明确目标的制定、分解、实施、检查、考核等内容。

监理机构应监督检查承包人开展此项工作。

1. 工作依据

《国务院关于进一步加强企业安全生产工作的通知》（国发〔2010〕23号）

GB/T 33000—2016《企业安全生产标准化基本规范》

SL 721—2015《水利水电工程施工安全管理导则》

2. 实施要点

本条规定了监理单位应制定安全生产目标管理制度，包括目标的制定、分解、实施、检查、考核，以及监理机构对承包人的监督检查等内容。

监理单位制定的安全生产目标管理制度应以正式文件发布，制度内容齐全，并符合公司的实际及相关规定。监理机构应对被监理的承包人的安全生产目标管理制度的制定情况进行监督检查，针对监督检查过程中发现的问题采取措施进行处理，并督促承包人整改落实。

评分标准中要求的"未监督检查"，指现场监理机构，未按评审标准的规定对承包人开展监督检查工作；"检查承包人不全"，指监理范围内如存在多个标段承包人，要求全部监督检查到位，不应有遗漏；"检查内容不全"指对评审标准中要求的检查项目，要求全部监督检查到位，不应有遗漏。监理机构对承包人的监督检查方式通常分为两种：一是组织监理人员，对承包人相关工作开展情况进行有针对性的监督检查；二是按照合同约定，对承包人申报的相关工作成果进行审核、审批，如承包人上报的安全生产管理制度、应急预案、施工组织设计、专项施工方案以及设备进场报验等，监理机构在履行了对相关文件的审核、审批后，也视为对本项工作进行了监督检查，监理机构没有必要再组织人员对上述工作（或成果）进行重复检查（下同）。

3. 参考示例

（1）安全生产目标管理制度。

×××公司安全生产目标管理制度（编写示例）

第一章 总 则

第一条 为规范公司安全生产目标管理，明确目标的制定、分解、实施与考核等工作，预防生产安全事故的发生，结合企业实际，制定本制度。

第二条 本制度依据《中华人民共和国安全生产法》《国务院关于进一步加强企业安全生产工作的通知》《水利水电工程施工安全管理导则》等制定。

第三条 本制度适用于公司所属各部门、单位、各项目监理部的安全生产目标管理工作。

第二章 工 作 职 责

第四条 安全生产委员会负责组织研究制定公司中长期安全生产规划及年度安全生产工作计划，审定公司中长期安全生产目标和年度安全生产目标。

第五条 公司董事长负责审批公司安全生产中长期工作规划和年度工作计划。

第六条 安全管理部职责：

（一）负责编制公司安全管理中长期规划和年度安全生产工作计划。

（二）组织年度安全生产目标分解工作，根据公司各部门、所属单位、项目部在安全生产中的职能、工作任务分解安全生产总目标和年度目标。

（三）组织各部门、所属单位、项目部逐级签订安全生产责任书，并制定目标保证措施。

（四）组织对各部门、所属单位、项目部的目标完成情况进行监督检查、评估、考核、奖惩并形成记录，必要时，及时调整目标实施计划报公司安委会审批。

第七条 各部门、单位、项目部职责：

（一）根据公司要求，制定措施保证本部门（项目部）安全生产目标的实现，并组织本部门（项目部）各级人员安全生产责任书的签订工作。

（二）每季度对本部门（项目部）目标完成情况进行检查、评估，必要时，及时调整目标实施计划。

（三）各项目监理部依据项目法人单位和公司下达的安全生产目标，研究制定本项目监理部安全生产目标并分解、实施；监督检查承包人安全生产目标管理制度、安全生产目标制定、分解、实施及检查考核等工作，并形成工作记录。

第三章 管 理 要 求

第八条 目标的制定

公司安全管理部负责组织编制包含安全生产总目标的中长期安全生产规划（见附件1）和包含年度安全生产目标的年度工作计划（见附件2），经公司分管安全领导审核后提交公司安委会审议。审议通过后，以正式文件印发。

各项目监理部应根据公司及项目法人的要求，制定本机构监理服务期内的安全生产总目标（服务期小于一年的可不制定）及年度安全生产目标。

第九条 目标的分解

公司安全管理部按照安委会审批后的总目标及年度目标，根据各部门（项目部）的安全生产管理职责进行分解（见附件3），并正式下发执行。

各部门（项目部）根据内设机构，对目标进行内部分解。

各项目部的安全生产目标，在公司分解目标的基础上，还应考虑所在项目安全生产目标的要求进行补充、完善，同时适应公司及所在项目的管理要求。

第十条 责任书的签订

安全管理部根据公司全员安全生产责任制，分年度签订安全生产责任书（见附件4），采用直属上级与其直接下级签订的原则。即公司主要负责人与各分管领导签订责任书；分管领导与所分管的部门负责人签订责任书；各部门（项目部）负责人与本部门员工签订责任书。项目部所在项目工期少于1年的，在开工初期根据本年度公司安全生产目标及项目安全生产目标的要求，签订一次责任书即可。

责任书中应明确本部门安全生产目标、岗位职责、目标完成保证措施、奖惩等内容。

第十一条 目标的实施与检查

（一）各部门（项目部）应根据安全生产目标，针对性制定相应保证措施，严格按计划实施，每月检查安全目标完成情况（见附件5）。

（二）安全管理部每季度检查各部门、项目部安全目标完成情况，各部门应自觉配合、协助检查。

（三）安全管理部的季度检查结果，将作为年度目标完成情况考核的重要依据。

（四）监督检查过程中，发现目标完成情况出现偏差时，应及时调整目标实施计划（见附件6），并报公司安委会审核、确认，确保年度目标的实现。

第十二条 目标完成情况的考核与奖惩

（一）公司安全生产目标完成情况考核，由安全管理部每年12月下旬进行。

（二）考核方法主要采取定量和定性的方法。安全生产目标考核指标主要参考目标完成率，其中事故控制目标执行一票否决。安全风险管控目标、隐患排查治理目标、职业健康管理目标及安全生产管理目标等，按照已完成安全生产目标数量占相应安全生产目标总数的比例原则，达到 90% 以上的为优，70% 以上的为合格，低于 70% 的为不合格。

（三）全年考核结果汇总后形成最终考核结果（见附件 7、附件 8），作为年度公司个人、部门绩效考核的指标之一（考核办法见公司《绩效考核管理办法》）。

第十三条　项目监理部对承包人的监督检查

（一）各项目监理部应在工程开工后，要求承包人按合同约定上报包含目标管理制度的制度体系。

（二）各项目监理部在开工后以及各施工年度，根据合同约定要求承包人上报施工期内安全生产总体计划（可以包含在年度施工计划中，并包含施工期内安全生产总目标），每年初上报年度安全生产工作计划（可以包含在年度施工计划中，并包含年度安全生产目标）审核。重点审核承包人所确定的安全生产总目标与年度目标是否符合实际，并与项目法人制定的相应目标保持一致。

（三）在开工后及每年初监督检查承包人目标分解、责任书的签订情况。

（四）按合同约定定期检查承包人对责任制落实的监督检查开展情况，以及定期目标完成的考核情况（见附件 9）。

第四章　附　　则

第十四条　本制度由安全管理部归口并负责解释。

第十五条　本制度自发布之日起施行。

第五章　记　录　表　单

（示例详见二维码 3）

附件 1：××—××年（五年）中长期安全生产工作规划（不固定）

附件 2：××年安全生产工作计划（不固定）

附件 3：××年度安全生产目标分解表

附件 4：安全生产责任书

附件 5：安全生产目标实施情况检查表

附件 6：安全生产目标实施计划调整记录

附件 7：安全生产目标完成情况评估表

附件 7.1：各部门安全生产目标实施情况考核表

附件 7.2：各级人员安全生产目标实施情况考核表

附件 7.3：安全生产目标管理考核汇总表

附件 8：安全生产目标考核表与奖罚记录

附件 9：安全生产目标管理督促检查记录

二维码 3

（2）各承包人开展此项工作的监督检查记录和督促落实的记录，见表 3-1。

表 3－1   **安全生产目标监督检查表**

工程名称：   监理机构：

被查承包人名称					
序号	检查项目	检查内容及要求	检查结果	检查人员	检查时间
1	目标制定（注：项目开工初期及每个施工年检查一次即可）	（1）安全生产目标管理制度是否以正式文件颁发	承包人×××项目部制定了安全生产目标管理制度，并于2020年1月15日以××××〔2020〕01号文件正式下发		
		（2）制度是否明确目标的制定、分解、实施、检查、考核等内容	承包人制度内容符合要求		
		（3）是否根据自身安全生产实际和有关要求，制定项目周期内的安全生产总目标和每个施工年度的安全生产管理目标。总目标和年度目标应包括生产安全事故控制、安全风险管控、生产安全事故隐患排查治理、职业健康、安全生产管理等内容，符合项目法人制定的目标	承包人×××项目部2019年12月10日开工后，编制的施工组织设计中明确了项目周期内的总目标；2020年1月25日制定了本年度安全生产目标，目标内容齐全且符合项目法人制定的目标。分别以××〔20××〕××号文，报监理部；监理部以《关于××××项目部20××年度安全生产目标的批复》（××监理〔20××〕××号）进行了审批，并抄送给项目法人		
		（4）目标是否以正式文件发布	承包人×××项目部年度目标以×××〔2020〕02号文件于2020年2月5日正式下发		
2	目标分解（注：检查频次同上）	（1）是否根据项目部内设部门在安全生产中的职能、工作任务分解安全生产总目标和年度目标	承包人×××项目部按照内设4个部门的职能分工，对总目标和年度目标进行了分解，并×××〔2020〕02号文件于2020年2月5日正式下发		
		（2）目标分解是否与职能、工作任务应相符	×××项目部各部门所分解的目标与其职能相符		
3	责任书签订（注：检查频次同上）	（1）是否逐级签订安全生产责任书，并制定目标保证措施	×××项目部项目经理至各级作业人员均按规定逐级签订的目标责任书，并制定了目标保证措施		
		（2）是否缺少部门	×××项目部目标责任书签订部门覆盖齐全		
4	目标检查、考核（注：根据制度要求，可每半年检查一次）	（1）是否至少每半年对安全生产目标完成情况进行监督检查、评估，并形成记录	×××项目部半年末开展目标完成情况的监督检查。已下发隐患整改通知（××监理通知〔2020〕××号）要求整改		
		（2）是否缺少部门	结果同上		
		（3）是否根据需要及时调整安全生产目标实施计划	结果同上		

续表

序号	检查项目	检查内容及要求	检查结果	检查人员	检查时间
5	目标奖惩 (注：每年末检查一次)	(1) 是否定期对属各部门目标完成情况进行奖惩	×××项目部于 2021 年 1 月 20 日，对所属各部门及项目部的目标完成情况进行了考核，并根据考核结果对相关部门和人员进行了奖惩（见×××安〔2021〕01 号文）		
		(2) 是否缺少部门	×××项目部考核覆盖部门齐全		
其他检查人员			承包人代表		

注：1. 监理机构根据工程承包合同约定及承包人管理制度，适时对其安全生产目标管理情况进行监督检查。

　　2. 监理机构可根据工作需要，分阶段对承包人的目标管理各项工作进行监督检查，本表可连续使用。

　　3. 对已按规定或合同约定向监理机构履行了报批或备案手续的工作［如 1 (1)、(3) 项］监理机构可不再进行监督检查。

【标准条文】

1.1.2　监理单位应根据自身安全生产实际和有关需要，编制包含安全生产总目标的中长期安全生产规划，每年编制年度安全生产工作计划。总目标和年度目标应包括生产安全事故控制、安全风险管控、生产安全事故隐患排查治理、职业健康、安全生产管理等内容，并将其纳入单位总体和年度生产经营目标。

监理机构应监督检查承包人开展此项工作。

1. 工作依据

《国务院关于进一步加强企业安全生产工作的通知》（国发〔2010〕23 号）

GB 50656—2011《施工企业安全生产管理规范》

SL 721—2015《水利水电工程施工安全管理导则》

2. 实施要点

本条规定了监理单位安全生产总目标和年度目标制定的要求。根据《国务院关于进一步加强企业安全生产工作的通知》，生产经营单位要把安全生产工作的各项要求落实在企业发展和日常工作之中，在制定企业发展规划和年度生产经营计划中要突出安全生产，确保安全投入和各项安全措施到位。《水利水电工程施工安全管理导则》中也对包括监理单位在内的各参建单位安全生产目标的管理提出了明确的要求。

（1）目标制定的方式。监理单位（项目）的安全生产总目标和年度目标，通常在单位的安全生产中长期规划和年度计划中得以体现，可不必单独制定或下发。在规划及计划中，应规定监理单位安全管理工作的目标是什么、通过何种措施保证目标的实现，以保证安全生产管理工作能井然有序、有条不紊地进行。计划不仅是组织、指挥、协调的前提和准则，而且与管理控制活动紧密相连，如果未编制安全生产规划和安全生产年度工作计划，直接确定安全生产目标是不妥当的。

（2）目标的制定。目标即单位（建设项目）安全生产管理工作预期达到的效果。《评审规程》规定监理单位应制定事故控制目标、隐患治理目标、职业健康和安全生产管理目标。监理单位在制定安全生产目标时，应根据上述规定，结合自身实际情况进一步细化各项目标与指标。如事故控制目标中通常包括生产安全事故、重大交通责任事故、火灾责任事故等内容；隐患目标中包括一般及重大事故隐患的治理率；安全生产管理目标应包括安全投入、教育培训、规章制度、设施设备、警示标志、应急演练、危险源辨识、职业健康管理、人员资格管理、风险管控等。监理单位在制定安全生产管理目标时，除监理单位及监理机构自身需要完成的目标外，还应包括对承包人开展安全监理工作过程中所确定的目标。

监理机构应监督检查监理范围内的承包人是否制定了项目周期内的安全生产总目标和年度安全生产目标。工期超过一年的项目，应要求承包人根据其企业、项目法人和地方政府要求，制定项目周期内的总目标和年度目标。承包人的安全生产目标，还应考虑项目施工的实际情况，根据工程规模、复杂程度、安全风险程度等因素综合确定。

根据 SL 721—2015《水利水电工程施工安全管理导则》规定，承包人的安全生产目标应包括以下内容：

1）生产安全事故控制目标。

2）安全生产投入目标。

3）安全生产教育培训目标。

4）生产安全事故隐患排查治理目标。

5）重大危险源监控目标。

6）应急管理目标。

7）文明施工管理目标。

8）人员、机械、设备、交通、消防、环境和职业健康等方面的安全管理控制指标等。

（3）监理单位所制定安全生产管理总目标与年度目标，二者应保持协调一致，不应出现目标不一致或指标值有冲突的情况。监理单位的二级单位或分支机构（如现场监理机构、分公司、子公司等）应在上级单位目标基础上，结合自身情况及其他相关方的要求（如地方人民政府、项目法人单位）制定本级的安全管理总目标和年度目标。

（4）目标的合理性。所制定的目标及控制指标应合理，即目标应具有适用性和挑战性且易于评价。应符合以下原则：

1）符合原则：符合有关法律法规及其他要求，上级单位的管理要求。

2）持续进步原则：比以前的稍高一点，够得着、实现得了。

3）三全原则：覆盖全员、全过程、全方位。

4）可测量原则：可以量化测量的，否则无法考核兑现绩效。

5）重点原则：突出重点、难点工作。

首先，制定的目标一般略高于实施者现有的能力和水平，使之经过努力可以完成，应是"跳一跳，够得到"，不能高不可攀。如有的单位将所有事故率均设定为0，所有安全管理目标均达到100%，实施过程中往往是难以实现的。其次，制定的目标不能过低，不费力就可达到，则失去目标制定的意义。因此监理单位及监理机构所制定的目标，既要符合国家、行业的有关要求，又要切合单位的实际安全管理状况和管理水平，使目标的预期结果做到具体化、定量化、数据化。

3. 参考示例

（1）以正式文件发布的中长期安全生产工作规划（示例二维码 4）。

（2）以正式文件发布的年度安全生产工作计划（示例二维码 5）。

（3）以正式文件发布的安全生产总目标（可包含在中长期安全生产工作规划中）。

安全生产总目标示例（2021—2025 年，"十四五"规划安全生产总目标）

二维码 4

二维码 5

规 划 总 目 标（示 例）

（一）"十四五"规划目标

总体规划目标：到 2025 年，全面落实企业安全生产主体责任，完善安全生产和职业卫生防治体系，建立安全生产技术和管理团队，保证安全投入，建立并有效运行风险管控和隐患排查治理双重预防机制，提高应急处置能力，筑牢安全生产防火墙，杜绝生产安全事故。具体如下：

1. 伤亡事故控制目标。不发生等级以上生产安全事故，不发生因监理责任导致的生产安全事故。

2. 重大危险源（重大风险）监控和重大事故隐患治理目标。加强危险源监控体系建设，完善重大危险源（重大风险）管理机制，建成重大危险源（重大风险）动态数据库。重大危险源（重大风险）监控率 100%，不发生重大隐患。

3. 安全生产管理队伍建设目标。通过自身培养建立安全生产技术和管理团队，持续提升安全管理科学化、专业化、规范化水平。鼓励职工考取注册安全工程师。

4. 安全标准化建设目标。推进企业安全生产标准化建设，建立与日常安全生产管理相适应、以安全生产标准化为重点的安全生产管理体系。"十四五"期间，完成安全生产标准化一级达标工作。

5. 职业健康管理目标。健全职业健康管理体系，提高职业健康保障能力，做好职业健康体检，劳动防护用品配发（戴）率 100%。

6. 安全生产教育培训目标。安全教育培训覆盖率 100%，包括公司主要负责人及安全生产管理人员、新入职员工培训、其他从业人员培训等。

7. 安全生产投入目标。每年按集团审批计划执行，安全生产投入保障率 100%。

目标分解表见附件（略）。

（二）远期规划目标

到 2035 年，在以全员安全生产责任制为核心的安全生产管理制度术和风险分级管控和隐患排查治理为重点的安全预防控制体系基础上，安全生产管理和安全监理工作能力达到国内同行业先进水平，为公司改革发展提供坚实的安全保障。

（4）年度安全生产目标（可包含在年度安全生产工作计划中）。

年度安全生产目标（示例）

2022 年年度安全生产工作总目标是：不发生等级以上安全生产责任事故，安全生产态势持续稳定向好，坚持把不发生因监理失职承担责任的生产安全生产事故作为公司安全管理的工作重点，安全管理能力达到行业监理企业领先水平。

（一）事故控制目标

1. 不发生等级以上生产安全事故；

2. 不发生火灾事故；

3. 不发生一般等级及以上交通责任事故。

（二）安全风险管控及隐患治理目标

1. 无重大事故隐患；

2. 一般事故隐患限期治理率 100%；

3. 危险源辨识及重大安全风险管控措施落实率 100%，一般风险不转化事故隐患。

（三）职业健康及安全生产管理目标

1. 安全生产投入保障率 100%；

2. 安全教育培训覆盖率 100%；

3. 设备设施完好率 98%；

4. 应急物资完好率 96%；

5. 安全生产检查督促、整改率 100%；

6. 安全责任书考核奖罚兑现率 100%；

7. 劳动防护用品配发（戴）率 100%，接触职业危害因素岗位人员体检率 100%；职业病发病人数为 0；员工体检率 100%；

8. 工伤保险、意外伤害保险参保率 100%；

9. 员工安全文化活动参与率 95%。

（四）安全监理工作目标

1. 不发生负有监理责任的等级以上生产安全事故；

2. 对施工单位项目经理、现场安全管理机构及人员、特种作业人员持证上岗审核率 100%；

3. 对施工组织设计中的安全技术措施及专项施工方案审批率 100%，并监督施工单位执行；

4. 对施工单位规章制度、操作规程、应急预案检查率 100%；

5. 安全交底情况检查率 100%；

6. 危险性较大作业、用电安全、消防设施、危险品、场内交通管理等定期检查率 100%；

7. 施工现场危大工程验收率 100%；

8. 防洪度汛检查率 100%；

9. 安全标志和安全防护设施检查率 100%；

10. 现场应急物资检查率 100%；

11. 施工单位安全防护用品配备检查率 100%；

12. 督促施工单位施工现场隐患治理率 100%；

13.《水利工程建设监理单位安全生产标准化评审规程》中要求监理机构监督检查承包人的工作完成率不低于 98%，督促落实率 100%。

（5）对承包人开展此项工作的监督检查记录和督促落实工作记录。

【标准条文】

1.1.3 监理单位应根据内设部门和所属单位、监理机构在安全生产中的职能、工作任务分解安全生产总目标和年度目标。

监理机构应根据所属部门在安全生产中的职能，将安全生产目标进行分解；监督检查承包人开展此项工作。

1. 工作依据

《国务院关于进一步加强企业安全生产工作的通知》（国发〔2010〕23 号）

SL 721—2015《水利水电工程施工安全管理导则》

2. 实施要点

本条规定了监理单位对安全生产总目标及年度目标分解的要求。

（1）目标分解包括分解总目标和年度目标。

（2）目标分解应覆盖单位各部门、各分支机构（监理机构、分公司、子公司）。

（3）目标分解应与管理职责相适应。目标分解前，首先应厘清各部门、各分支机构所承担的安全管理职责，根据职责分解所对应的工作目标。

（4）存在的问题。目标分解存在着两个比较突出的问题。一是分解过程中未考虑到部门、分支机构所承担的具体职责，安全生产目标与承担职责不匹配。如某监理单位规定人力资源部门承担职业健康体检职责，却将职业健康体检的安全生产目标分解到办公室。二是年度安全生产目标未考虑部门间在安全生产管理中的职责差别，各部门所承担的目标完全相同，导致工作责任不清、目标不明。

3. 参考示例

（1）以正式文件下发的总目标、年度目标分解文件。

年度安全生产总目标	
（略）	
安全生产目标分解	
综合办公室	1. 不发生火灾事故； 2. 不发生一般等级及以上交通责任事故； 3. 一般事故隐患治理率 100%； 4. 安全生产投入保障率 100%；

综合办公室	5. 安全教育培训覆盖率100%； 6. 设备设施完好率99%； 7. 应急物资完好率96%； 8. 安全责任书考核奖罚兑现率100%； 9. 劳动防护用品配发（戴）率100%，接触职业危害因素岗位人员体检率100%；职业病发病人数为0；员工体检率100%； 10. 工伤保险、意外伤害保险参保率100%； 11. 每年组织安全文化活动参与率98%
工程管理部	1. 不发生火灾事故； 2. 不发生一般等级及以上交通责任事故； 3. 无重大事故隐患； 4. 一般事故隐患治理率100%； 5. 危险源辨识及重大安全风险管控措施落实率100%，一般安全风险不转化为事故隐患； 6. 安全生产投入保障率100%； 7. 安全教育培训覆盖率100%； 8. 设备设施完好率99%； 9. 应急物资完好率96%； 10. 安全生产检查督促、整改率100%； 11. 安全责任书考核奖罚兑现率100%； 12. 每年组织安全文化活动参与率98%
财务部	1. 不发生火灾事故； 2. 不发生一般等级及以上交通责任事故； 3. 一般事故隐患治理率100%； 4. 安全生产投入保障率100%； 5. 安全教育培训覆盖率100%； 6. 安全责任书考核奖罚兑现率100%； 7. 每年组织安全文化活动参与率98%
招标投标部	1. 不发生火灾事故； 2. 不发生一般等级及以上交通责任事故； 3. 一般事故隐患治理率100%； 4. 安全教育培训覆盖率100%； 5. 事故报告及时率100%； 6. 安全责任书考核奖罚兑现率100%； 7. 每年组织安全文化活动参与率98%

各项目监理部	一、监理机构安全生产目标 1. 无等级以上生产安全事故； 2. 不发生火灾事故； 3. 不发生一般等级及以上交通责任事故； 4. 一般事故隐患治理率100%； 5. 危险源辨识及重大安全风险管控措施落实率100%； 6. 安全生产投入保障率100%； 7. 安全教育培训覆盖率100%； 8. 设备设施完好率98%； 9. 应急物资完好率98%； 10. 安全生产检查督促、整改率100%； 11. 安全责任书考核奖罚兑现率100%； 12. 劳动防护用品配发（戴）率100%，接触职业危害因素岗位人员体检率100%；职业病发病人数为0；员工体检率100%； 13. 每年组织安全文化活动参与率98%。 二、监理项目安全生产管理目标 1. 不发生负有监理责任的等级以上生产安全事故； 2. 监理项目无重大事故隐患； 3. 对施工单位项目经理、现场安全管理机构及人员、特种作业人员持证上岗审核率100%； 4. 对施工组织设计中的安全技术措施及专项施工方案审核率100%； 5. 对施工单位规章制度、操作规程、应急预案检查率100%； 6. 安全交底情况检查率100%； 7. 危险性较大作业、用电安全、消防设施、危险品、场内交通管理等定期检查率100%； 8. 施工现场起重机械、整体提升脚手架和模板等自升式架设设施和安全设施等危大工程验收率100%； 9. 防洪度汛检查率100%； 10. 安全标志和安全防护设施检查率100%； 11. 现场应急物资检查率100%； 12. 对施工单位安全防护用品配备检查率100%； 13. 《评审规程》中要求监理机构监督检查承包人开展的其他工作完成率不低于98%，督促落实率100%

（2）监理机构对各承包人开展此项工作的监督检查记录和督促落实工作记录（见表 3-1）。

【标准条文】

1.1.4　监理单位和监理机构应逐级签订安全生产责任书，并制定目标保证措施。

监理机构应监督检查承包人开展此项工作。

1. 工作依据

《国务院关于进一步加强企业安全生产工作的通知》（国发〔2010〕23 号）

《国务院安委会办公室关于全面加强企业全员安全生产责任制工作的通知》（安委办〔2017〕29 号）

SL 721—2015《水利水电工程施工安全管理导则》

2. 实施要点

本条规定了监理单位对安全生产责任书签订及制定目标完成保证措施的要求。在安全生产责任书上签订过程中，应注意以下事项：

（1）安全生产责任书签订应全覆盖。安全生产管理所涉及的部门、所属单位，各级、各类人员均应逐级签订安全生产责任书，做到"安全生产人人有责、事事有人负责"，不应出现遗漏。

（2）责任（协议）书中的安全生产目标应与分解的目标一致。责任（协议）书起草时，应根据各部门、各级人员所承担的目标及职责编写。部分单位责任书内容完全相同，其中所载明的安全生产目标与分解的目标不符，所签订的责任书流于形式。

（3）制定目标保证措施。保证措施应由责任部门（单位）、人员制定，各责任部门（单位）和人员应根据所分解的安全管理目标和承担的安全管理职责，制定有针对性和可操作性的目标完成保证措施（或工作计划），确保预期目标的完成。

3. 参考示例

（1）各部门（单位）、各级人员安全生产责任书。

××××水利工程建设监理有限公司

××××年度安全生产责任书

（简要叙述签订目标书的依据、目的等）

为贯彻落实"安全第一、预防为主、综合治理"的方针，坚持"管生产必须管安全，谁主管谁负责"的原则，全面落实《中华人民共和国安全生产法》《建设工程安全生产管理条例》《××省安全生产条例》的精神要求，层层落实安全生产责任制，确保公司安全目标的实现，公司总经理×××与安全管理部负责人×××签订 2022 年度安全生产目标责任书。

一、安全生产管理目标

（签订责任书的部门、项目部或所属单位，本年度所分解的安全生产目标）

1. 无等级以上生产安全事故；

---

2. 不发生火灾事故；

3. 不发生一般等级及以上交通责任事故；

4. 无重大事故隐患；

5. 一般事故隐患治理率100%；

6. 重大危险源辨识率100%，管控率100%，一般危险源辨识率95%，管控率100%；

7. 安全生产投入保障率100%；

8. 安全教育培训覆盖率100%；

9. 设备设施完好率99%；

10. 应急物资完好率96%；

11. 安全生产检查督促、整改率100%；

12. 安全责任书考核奖罚兑现率100%；

13. 每年组织安全文化活动参与率98%。

二、工作职责

（依据"全员安全生产责任制"中确定的本部门、项目部或所属的安全生产管理职责，编写本部分内容）

1. 组织拟定本单位安全生产规章制度、操作规程和生产安全事故应急救援预案。

——起草并督促实施公司安全生产责任制和安全生产管理制度、操作规程和生产安全事故应急预案；

——组织公司安全生产标准化创建、实施和持续改进；

——起草并督促落实公司中长期安全发展规划和年度安全生产工作计划；

——组织公司各部门、分公司逐级签订安全生产责任书，对责任书的完成情况进行监督检查；

——每季度至少召开一次会议，研究审查有关安全生产的重大事项，协调解决安全生产重大问题，并做好记录；协助主要负责人组织每季度安全生产领导小组会议以及安全总监专题会议。

2. 组织本单位安全生产教育和培训，如实记录安全生产教育和培训情况。

——组织和督促公司主要负责人、安全管理人员等各级管理人员的取证和教育培训，新员工岗前培训，特种作业人员和特种设备作业人员持证上岗，年度安全培训计划、年度在岗培训、分包商和外来人员的安全教育情况，以及上级要求的安全专题等培训。

3. 组织开展危险源辨识评估，督促落实本单位安全重大危险源的安全管理措施。

4. 组织本单位应急救援演练。

5. 检查单位的安全生产状况，及时排查生产安全事故隐患，提出改进安全生产管理建议。

6. 制止和纠正违章指挥、强令冒险作业、违反操作规程的行为。

7. 督促落实本单位安全生产整改措施。

三、目标完成的保证措施

（依据本部门、项目部或所属单位的工作职责，结合工作实际制定为完成本部门、项目部或所属单位目标所采取的保证措施）

1. 严格遵守安全生产法律法规。贯彻执行国家及各级政府部门的安全生产法律、法规、政策和制度，及时将有关安全会议精神贯彻落实到公司各部门、各项目部和每一位员工，增强安全生产意识。

2. 健全并落实全员安全生产责任制。根据"谁主管谁负责"的原则，制定安全生产工作目标，责任人逐级签订《安全生产目标责任书》，负责人要增强安全生产意识，加强安全生产管理，贯彻"安全生产人人有责"的思想，员工在自己岗位上要认真履行各自的安全生产职责，落实全员安全生产责任制。

3. 每季度协助主要负责人组织召开安全生产委员会会议。总结安全生产工作，针对存在的安全隐患制定整改与预防措施，交流安全工作经验，传达安全生产方面的文件，布置有关安全工作，通报安全检查情况。

4. 组织员工进行相应的安全知识培训，熟悉、掌握必要的安全技术知识和自我防护知识，新员工经考核合格后方可上岗。

5. 按规定做好监理规划（含监理安全方案）的初步审核工作，并提出初审意见。

6. 定期对各在建监理项目部开展安全检查工作，指导项目部对承包人依据相关规定和合同约定开展安全监理工作。

7. 保证安全生产标准化体系有效运行，及时检查、发现问题并予以纠正。

四、目标考核与奖惩

（明确对该部门、项目部或所属单位目标完成情况的考核方法、标准等事项，以及简要说明奖惩的原则）

公司将安全生产工作纳入年度绩效考核，对管理目标未能实现的，将根据公司《安全生产管理考核细则》和有关规定进行考核。对考核期内部门分管范围发生一般及以上等级事故、故意瞒报谎报伤亡事故或行政处罚事件的，将在年终考核时一票否决，并按有关规定追究责任。

五、附则

1. 本责任书自签订之日起生效，至20××年12月31日截止。

2. 本责任书一式二份，公司安全管理部、责任部门各存一份。

总经理（签字）：

×××部门负责人（签字）：

×××年××月××日

（2）监理机构对各承包人开展此项工作的监督检查记录和督促落实工作记录。

【标准条文】

1.1.5　监理单位和监理机构至少每半年对安全生产目标完成情况进行监督检查、评估、考核，并形成记录，必要时，及时调整安全生产目标实施计划。

监理机构应监督检查承包人开展此项工作。

1. 工作依据

《国务院关于进一步加强企业安全生产工作的通知》（国发〔2010〕23 号）

SL 721—2015《水利水电工程施工安全管理导则》

2. 实施要点

（1）安全生产目标检查周期。定期检查目标完成情况的目的是及时发现目标完成情况的偏差，以便调整工作计划，保证目标的实现。安全生产目标完成情况的检查周期设置应合理，至少每半年应开展一次监督检查。如每年开展一次，当年末检查发现目标发生偏差时，已无调整的余地。

（2）目标实施计划的调整。在目标实施过程中，如因工作情况发生重大变化，致使目标不能按计划实施的，或检查过程中发现目标发生偏离时，应调整目标实施计划，而不应调整目标。部分单位工作过程中，在目标不能完成时对安全生产目标进行调整，使目标管理失去了严肃性。

（3）监督检查范围。在进行目标完成情况的监督检查过程中，应对所有签订目标责任书的部门（单位）、人员进行检查，不应遗漏，实现全覆盖。

3. 参考示例

（1）安全生产目标实施情况的检查、评估记录（示例见二维码 6）。

（2）目标实施计划的纠偏、调整文件。

（3）监理机构对各承包人开展此项工作的监督检查记录和督促落实工作记录。

二维码 6

【标准条文】

1.1.6　监理单位应定期对各部门、单位、监理机构目标完成情况进行奖惩。

监理机构应监督检查承包人开展此项工作。

1. 工作依据

《国务院关于进一步加强企业安全生产工作的通知》（国发〔2010〕23 号）

SL 721—2015《水利水电工程施工安全管理导则》

2. 实施要点

（1）考核周期。监理单位在目标管理制度中应明确具体的考核周期，如季度、半年或年度，即评审规程或相关法规规范中要求定期开展的相关工作，落实到单位规章制度时，应将"定期"的时间进行明确。

（2）考核结果是奖惩的依据。考核是奖惩工作的前提，监理单位应定期开展目标完成情况的考核工作，并根据考核结果进行奖惩。部分单位在开展此项工作时，在未提供考核记录的情况，即对相关部门或人员做出奖惩，工作依据不充分。

（3）对承包人的监督检查。监理机构应根据工程承包合同约定，对各承包人安全生产目标考核奖惩情况进行监督检查。

3．文件及记录

（1）奖惩记录（示例见二维码7）。

（2）监理机构对各承包人开展此项工作的监督检查记录和督促落实工作记录。

第二节　机　构　和　职　责

组织机构和职责部分，规定了监理单位安全生产委员会（领导小组）建立、安全生产管理机构设置、安全生产管理人员配备、安全生产责任制建立与考核、全员参与安全生产管理等内容。

【标准条文】

1.2.1　监理单位应成立由主要负责人、分管负责人、各职能部门负责人、所属单位负责人和监理机构负责人等组成的安全生产委员会（或安全生产领导小组），人员变化时及时调整并发布。

监理机构应参加项目法人牵头组建的安全生产委员会（安全生产领导小组），并监督检查承包人开展此项工作。

1．工作依据

《安全生产法》（中华人民共和国主席令第八十八号）

《水利工程建设安全生产管理规定》（水利部令第 26 号）

《国家安全监管总局关于进一步加强企业安全生产规范化建设严格落实企业安全生产主体责任的指导意见》（安监总办〔2010〕139 号）

SL 721—2015《水利水电工程施工安全管理导则》

2．实施要点

（1）监理单位应成立安全生产委会（领导小组）。在《国家安全监管总局关于进一步加强企业安全生产规范化建设严格落实企业安全生产主体责任的指导意见》中要求，生产经营单位应建立安全生产委员会或安全生产领导小组。其主要职责是负责组织、研究、部署本单位安全生产工作，专题研究重大安全生产事项，制订、实施加强和改进本单位安全生产工作的措施。

根据 SL 721—2015 的规定，水利工程建设项目法人单位，应牵头成立包括设计、监理、施工等参建单位主要负责人在内的工程项目安委会（或安全领导小组），监理机构也应加入其中，并视工作需要，决定是否成立监理机构自身的安委会（或安全领导小组）。项目法人牵头成立的安委会（或安全领导小组）主要职责应包括：

1）贯彻落实国家有关安全生产的法律、法规、规章、制度和标准，制订项目安全生产总体目标及年度安全目标、安全生产目标管理计划。

2）组织制订项目安全生产管理制度，并落实。

3）组织编制保证安全生产措施方案和蓄水安全鉴定工作。

4）协调解决项目安全生产工作中的重大问题等。

（2）安委会（安全领导小组）人员组成。安委会（安全领导小组）的成员应包括单位主要负责人、其他负责人和所属单位和各部门、现场监理机构的主要负责人。

（3）主要负责人担任安委会（安全领导小组）主任。根据《企业安全生产责任体系五落实五到位规定》的要求，监理单位必须落实安全生产组织领导机构，成立安全生产委员会，并由董事长或总经理担任主任。必须落实"党政同责"要求，董事长、党组织书记、总经理对本企业安全生产工作共同承担领导责任。

（4）安委会调整。监理单位的安委会（或安全领导小组）成员发生变化时，如离职、工作调动等，应及时进行调整，并以正式文件下发。

3. 参考示例

（1）以正式文件发布的安委会（安全领导小组）成立文件（示例见二维码8）。

（2）以正式文件发布的安委会（安全领导小组）调整文件。

（3）监理机构对各承包人开展此项工作的监督检查记录和督促落实工作记录。

二维码8

【标准条文】

1.2.2　监理单位安全生产委员会（或安全生产领导小组）每季度应至少召开一次会议，跟踪落实上次会议要求，分析安全生产形势，研究解决安全生产工作的重大问题。

监理机构应每月至少召开一次安全生产监理例会，通报工程安全生产监理工作情况，分析存在的问题，并提出解决措施；监督检查承包人开展此项工作。

1. 工作依据

《安全生产法》（中华人民共和国主席令第八十八号）

《水利工程建设安全生产管理规定》（水利部令第26号）

SL 288—2014《水利工程施工监理规范》

SL 721—2015《水利水电工程施工安全管理导则》

2. 实施要点

（1）为实现监理单位安全管理最高议事机构工作常态化，《评审规程》要求至少每季度召开一次安委会（安全领导小组）会议。

监理机构应根据监理合同约定或项目法人的要求，每月至少召开一次安全生产监理例会或在月度监理例会中研究所监理项目的安全生产管理情况，对存在的问题提出解决措施，并督促落实。

（2）安委会（安全领导小组）是单位安全生产管理的领导机构以及最高议事机构。在召开安委会会议时应对单位安全管理工作进行分析、研究、决策、部署、跟踪和落实，处理解决单位的安全管理的重大问题。如安全生产目标、全员安全生产责任制的制定、安全生产风险分析、安全生产考核、奖惩及其他重大事项，日常安全管理工作中的细节问题不宜作为会议的主题。

监理机构的月度安全例会，应重点研究当期施工现场的安全生产管理，针对工程施工过程中存在的安全管理问题逐一解决、处理。

（3）针对每次会议中提出的需要解决、处理的问题，除在会议纪要中进行记录外，还应在会后责成责任部门制定整改措施，并监督落实情况。在下次会议时，对上次会议提出问题的整改措施及落实情况进行监督反馈，实现闭环管理。

监理机构应在月度安全例会结束后，对会议中提出需要解决、处理的问题，涉及承包人的应按合同约定下发监理指令，督促其落实整改。

（4）会议记录资料应齐全、成果格式规范。通常每召开一次会议，应收集整理会议通知、会议签到、会议记录、会议音像等资料。会后应形成会议纪要，会议纪要应符合公文写作格式的要求。监理机构月度安全例会的会议纪要，还应发送参会的各参建单位。

（5）监理机构应参照上述要求，监督检查承包人安委会（领导小组）定期召开会议的情况。

3．参考示例

（1）安委会（安全领导小组）会议纪要（示例见二维码9）。

二维码9

（2）跟踪落实安委会（安全领导小组）会议纪要相关要求的措施及实施记录。

（3）监理机构对各承包人开展此项工作的监督检查记录和督促落实工作记录。

【标准条文】

1.2.3　监理单位应按规定设置安全生产管理机构或者配备专（兼）职安全生产管理人员，建立健全安全生产管理网络。

监理机构应按规定或者合同约定配备专（兼）职安全监理人员，同时监督检查承包人现场主要管理人员、专职安全管理人员、技术人员等是否与工程承包合同一致，任职条件、持证上岗情况是否符合相关规定及合同约定。

1．工作依据

《安全生产法》（中华人民共和国主席令第八十八号）

《职业病防治法》（中华人民共和国主席令第八十一号）

《水利工程建设安全生产管理规定》（水利部令第26号）

《建筑施工企业安全生产管理机构设置及专职安全生产管理人员配备办法》（建质〔2008〕91号）

《水利水电工程施工企业主要负责人、项目负责人和专职安全生产管理人员安全生产考核管理办法》（水监督〔2022〕326号）

SL 721—2015《水利水电工程施工安全管理导则》

2．实施要点

（1）安全生产管理机构及人员。

生产经营活动的安全进行，除了必要的物质保障和制度保障外，还要从人员上加以保障。对于从事一些危险性较大的行业的生产经营单位或者是从业人员较多的生产经营单位，应当有专门的人员从事安全生产管理工作，对生产经营单位的安全生产工作进行经常性检查，及时督促处理检查中发现的安全生产问题，及时督促排除生产事故隐患，提出改进安全生产工作的建议。《安全生产法》第二十四条规定：矿山、金属冶炼、建筑施工、运输单位和危险物品的生产、经营、储存、装卸单位，应当设置安全生产管理机构或者配备专职安全生产管理人员。前款规定以外的其他生产经营单位，从业人员超过一百人的，应当设置安全生产管理机构或者配备专职安全生产管理人员；从业人员在一百人以下的，应当配备专职或者兼职的安全生产管理人员。

监理单位属于《安全生产法》规定的除矿山、金属冶炼、建筑施工、运输单位和危险物品的生产经营、储存、装卸单位外的其他生产经营单位。根据规定，对于从业人员小于一百人的，可不必设置安全生产管理机构，配备专职或兼职的安全生产管理人员即可；从业人员超过100人的，可以根据本单位的规模大小、安全生产风险等实际情况，确定设置安全生产管理机构或者配备专职安全生产管理人员。

除按规定配备安全管理人员外，监理单位还应根据《职业病防治法》第二十条规定，设置或者指定职业卫生管理机构或者组织，配备专职或者兼职的职业卫生管理人员，负责本单位的职业病防治工作。

监理单位安全管理人员的数量，《安全生产法》及相关规定中并无明确的要求，可根据自身工作实际进行配备，以满足本单位的安全生产管理需要为基础。关于监理单位配备的专（兼）职管理人员的资格，在目前相关规定中无明确要求，但应满足《安全生产法》第二十七条的规定，即安全生产管理人员必须具备与本单位所从事的生产经营活动相应的安全生产知识和管理能力。

监理机构安全监理人员的配备，目前也无相关规定进行明确。监理单位可根据监理工作的需要和监理合同的约定，自行决定是否配备安全监理人员。在部分水利工程建设项目中，项目法人如要求监理单位配备安全监理人员的，应按照合同约定配齐相关人员。

（2）安全管理机构及人员的职责。

监理单位安全管理机构及专（兼）职安全管理人员的职责应符合，《安全生产法》第二十五条规定：

（一）组织或者参与拟订本单位安全生产规章制度、操作规程和生产安全事故应急救援预案。

生产经营单位的主要负责人负责组织制定并实施本单位安全生产规章制度和操作规程，组织制定并实施本单位的生产安全事故应急救援预案。生产经营单位的安全生产规章制度和操作规程是根据其自身生产经营范围、危险程度、工作性质及具体工作内容，依照国家有关法律、行政法规、规章和标准，有针对性规定的、具有可操作性的、保障安全生产的工作运转制度及工作方式方法和操作程序。生产安全事故应急救援预案，是指生产经营单位根据本单位的实际，针对可能发生的事故的类别、性质、特点和范围等情况制定的事故发生时组织、技术措施和其他应急措施。安全生产规章制度和操作规程、生产安全事故应急救援预案，是保证生产经营安全进行以及事故发生后，及时开展救援，防止事故扩大，最大限度减少人员伤亡的最基本制度和有效手段，是生产经营单位实现科学发展、安全发展的重要保障。

安全生产管理机构作为本单位具体负责安全生产管理事务的部门，是贯彻落实有关安全生产方针、政策、法律、法规、标准以及规章制度等事项的具体执行者，从某种意义讲，也是主要负责人在安全生产方面的重要助手。安全生产管理机构对本单位的安全生产状况最了解、最熟悉。因此，本条规定，安全生产管理机构有职责和义务，根据主要负责人的安排，负责组织或者参与拟订本单位安全生产规章制度和操作规程、生产安全事故应急救援预案，以确保相关制度、规程和预案符合本单位安全生产的实际，起到应有的作用。

（二）组织或者参与本单位安全生产教育和培训，如实记录安全生产教育和培训情况。

安全生产最关键的是人的因素。生产经营单位的安全生产教育和培训计划是贯彻安全生产法律、法规、标准、规章制度和操作规程，保证安全生产教育和培训质量，提高广大从业人员安全素质和操作技能的重要保障。因此，《安全生产法》规定由生产经营单位的主要负责人负责组织制定并实施本单位安全生产教育和培训计划。安全生产管理机构协助本单位贯彻落实有关安全生产方针、政策、法律、法规、规章制度以及标准，对本单位安全生产工作最了解最熟悉。为了使安全生产教育和培训计划更有针对性、操作性，并保证计划的有效贯彻实施，安全生产管理机构有职责和义务，根据主要负责人的安排，负责组织拟订本单位的安全生产教育和培训计划，或者积极参与人事培训部门组织拟定本单位的安全生产教育和培训，以保证教育和培训计划符合本单位安全生产的实际，起到应有的作用。同时，安全生产管理机构还应当详细记录本单位安全生产教育和培训情况，及时掌握安全生产教育和培训计划的实施进展动向，向本单位主要负责人报告。

（三）组织开展危险源辨识和评估，督促落实本单位重大危险源的安全管理措施。

危险源辨识和评估，是构建安全风险分级管控和隐患排查治理双重预防机制，严防风险演变、隐患升级导致生产安全事故发生的重要举措。加大事故预防的有效性，一定要强调源头防范，只有从源头上、根子上进行危险源辨识并进行科学评估，按照不同安全风险等级进行分级管控，有针对性地强化预防措施，才能做到防患于未然，牢牢把握安全生产工作的主动权。这次修改《安全生产法》，增加规定生产经营单位的安全生产管理机构以及安全生产管理人员负有"组织开展危险源辨识和评估"的职责，要求以上机构和人员充分利用自身专业知识和技能，做好本单位生产经营活动中危险源的发现、辨别和评估工作。

重大危险源，是指长期地或者临时地生产、搬运、使用或者储存危险物品，且危险物品的数量等于或者超过临界量的单元（包括场所和设施）。构成重大危险源，需是危险物品的数量等于或者超过临界量。所谓临界量，是指一个数值，当某种危险物品的数量达到或者超过这个数值时，就有可能发生危险。重大危险源是危险物品大量聚集的地方，具有较大的危险性，如果发生生产安全事故，将会对从业人员及相关人员的人身安全和财产造成比较大的损害。生产经营单位对重大危险源应当严格登记建档，采取有效的防护措施，并定期进行检查、检测、评估；有些重大危险源较多、情况严重的生产经营单位，还应当建立专门的安全监控系统，对重大危险源实施不间断的监控。实践中，一方面，重大危险源与生产作业活动难以分开，分布在生产经营区域内，应由相应的业务部门负责建档、检查、检测、评估等管理；另一方面，重大危险源安全管理的专业性较强，管理人员需要有相应的专业知识背景。安全生产管理人员进行现场检查中发现重大危险源未按照有关规定进行管理的，有权要求相应的业务部门进行整改。对于水利工程建设，其重大危险源除《安全生产法》中规定的危险物品外，还包括诸如深基坑、高边坡、高大模板等超过一定规模的危险性较大单项工程，这些重大危险源也是监理机构开展安全监理工作时的重点。

（四）组织或者参与本单位应急救援演练。

开展应急救援演练是提高应急能力，检验生产安全事故应急救援预案有效性的重要途径。生产经营单位应当定期开展应急救援演练，及时修订应急预案，切实增强应急预案的有效性、针对性和操作性。通过应急救援演练，让每个可能涉及的部门、从业人员熟知出现险情或事故发生后如何进行现场抢救、如何联络人员、如何避灾以及采取何种技术措施的方式和程序，提高广大从业人员的应急处置能力。一旦发生生产安全事故，将起到有效防止事故扩大、极大减少人员伤亡的作用。安全生产管理机构应当根据本单位的安排，积极组织本单位的应急演练，制订详细的工作方案，精心组织实施，确保应急演练取得效果。对于有关主管部门组织的区域应急演练，其中要求本单位参加的应急演练活动，或者本单位其他部门，包括应急救援机构组织的应急演练，安全生产管理机构都应当积极参与，并积极配合做好应急演练的相关工作。

（五）检查本单位的安全生产状况，及时排查生产安全事故隐患，提出改进安全生产管理的建议。

隐患是导致事故的根源，隐患不除事故不断，因此，隐患也称作生产安全事故隐患。安全生产管理机构以及安全生产管理人员的根本职责，就是及时排查生产安全事故隐患。安全生产管理机构应当根据本单位生产经营特点、风险分布、危害因素的种类和危害程度等情况，制订检查工作计划，明确检查对象、任务和频次。安全生产管理机构以及安全生产管理人员应当有计划、有步骤地巡查、检查本单位每个作业场所、设备、设施，不留死角。对于安全风险大、容易发生生产安全事故的地点，应当加大检查频次。对于检查中发现的生产安全事故隐患，应当要求立即整改或排除；不能立即整改或排除的，要求暂时停止作业或施工，责令有关业务部门提出整改措施，限期整改；如果有可能发生生产安全事故，危及从业人员生命健康的，应当立即采取撤离从业人员到安全地点的措施；对于迟迟未整改完成的事故隐患，应当及时向本单位主要负责人或者主管安全生产工作的负责人报告。在排查生产安全事故隐患的过程中，发现本单位在安全生产管理、技术、装备、人员等方面存在问题的，安全生产管理机构以及安全生产管理人员有责任及时提出改进的建议，相关建议应具有科学性、针对性、有效性。

（六）制止和纠正违章指挥、强令冒险作业、违反操作规程的行为。

根据现行的标准规定，生产安全隐患包括三个方面：人的不安全行为、物的不安全状态和管理上的缺陷。根据发生的生产安全事故分析，造成事故发生的主要隐患是人的不安全行为，尤其是违章指挥、强令从业人员冒险作业、违反操作规程的行为较多实践中，有法不遵、有章不循，是生产经营单位普遍存在的问题。有些生产经营单位的负责人、作业人员往往存在侥幸心理，违章指挥作业，甚至强令从业人员冒险作业。有些从业人员对本身安全不够重视，存在侥幸心理，违反操作规程进行作业。针对以上情况，本条明确规定，安全生产管理机构以及安全生产管理人员对检查中发现的违章指挥、强令冒险作业、违反操作规程的行为，应当立即制止和纠正。该项法定义务，必须严格执行，不得讲情面、讲私情。

为促进从业人员遵章守纪，安全生产管理机构还应当将从业人员的违规记录纳入安全生产奖惩的内容，对违规者严肃处理；对于经常违规的人员，重新安排进行安全生产教育和培训；必要时，建议本单位主要负责人及相关负责人、有关职能部门、人事部门调离其原工作岗位；情节严重的，建议本单位予以开除。通过严格执行安全生产有关规定，从根本上扭转违章指挥、强令冒险作业、违反操作规程造成的安全生产隐患。

（七）督促落实本单位安全生产整改措施。

安全生产整改措施，包括重大事故隐患整改措施以及其他不安全问题整改措施，它是一项复杂的系统工程，包括整改的目标和任务、采取的方法和措施、经费和装备物资的落实、负责整改的机构和人员、整改的时限和要求、相应的安全措施和应急预案等，涉及人、财、物多个方面。仅由安全生产管理机构落实安全生产整改措施是难以做到的。按照"管生产经营必须管安全"的原则，落实安全生产整改措施应当由相关业务部门负责。

实践中，业务主管部门了解实际情况，有能力做好此项工作，他们掌握相应资源，包括具有专业人员、丰富的实践经验等。例如，危险物品生产单位某车间发生危险物品管道泄漏，由车间负责人组织相关人员进行整改较为妥当。因此，本条规定，安全生产管理机构以及安全生产管理人员督促落实本单位的安全生产整改措施，这样规定是合适的。为了保证安全生产整改措施及时得到落实，安全生产管理机构以及安全生产管理人员应当加强对有关业务主管部门的监督；对不按照规定落实安全生产整改措施的，应当及时向本单位主要负责人报告。

此外，《安全生产法》还规定：生产经营单位可以设置专职安全生产分管负责人，协助本单位主要负责人履行安全生产管理职责。

有些生产经营单位规模较大、专业性较强，为便于主要负责人更好地履行安全生产管理职责，需要具备安全生产专业知识人员的协助，积极探索生产经营单位设置专职安全生产分管负责人的经验，如安全总监等岗位，协助本单位主要负责人履行安全生产管理职责。

（3）监理机构对承包人安全管理机构设置及相关人员配备的监督检查。

工程开工后，监理机构应按照有关规定及工程承包合同约定，对承包人现场机构的人员配备进行监督检查。督促承包人履行合同约定，保证现场项目机构的主要人员及时到位，保证项目顺利实施。

监理机构对承包人人员的审核应主要包括项目经理、专职安全员、特种作业人员以及合同约定的其他主要技术人员。审核内容包括项目经理、专职安全员及其他主要技术人员与合同约定是否一致；项目经理、专职安全员的考核证书是否有效；如有替换，替换人员的资格条件是否符合合同约定及有关规定；特种作业人员是否持有效特种作业（特种设备作业）证书等。

承包人安全管理机构设置和专职安全管理人员的配备，应符合《水利工程建设安全生产管理规定》第二十条的要求，并按《建筑施工企业安全生产管理机构设置及专职安全生产管理人员配备办法》配备满足数量要求的安全管理人员：

（1）建筑施工单位安全生产管理机构专职安全生产管理人员的配备应满足下列要

求，并应根据企业经营规模、设备管理和生产需要予以增加：

1）建筑施工总承包资质序列企业：特级资质不少于6人；一级资质不少于4人；二级和二级以下资质企业不少于3人。

2）建筑施工专业承包资质序列企业：一级资质不少于3人；二级和二级以下资质企业不少于2人。

3）建筑施工劳务分包资质序列企业：不少于2人。

4）建筑施工单位的分公司、区域公司等较大的分支机构（以下简称分支机构）应依据实际生产情况配备不少于2人的专职安全生产管理人员。

（2）总承包单位配备项目专职安全生产管理人员应当满足下列要求：

1）建筑工程、装修工程按照建筑面积配备：

a）1万 m² 以下的工程不少于1人；

b）1万～5万 m² 的工程不少于2人；

c）5万 m² 及以上的工程不少于3人，且按专业配备专职安全生产管理人员。

2）土木工程、线路管道、设备安装工程按照工程合同价配备：

a）5000万元以下的工程不少于1人；

b）5000万～1亿元的工程不少于2人；

c）1亿元及以上的工程不少于3人，且按专业配备专职安全生产管理人员。

（3）分包单位配备项目专职安全生产管理人员应当满足下列要求：

1）专业承包单位应当配置至少1人，并根据所承担的分部分项工程的工程量和施工危险程度增加。

二维码 10

2）劳务分包单位施工人员在50人以下的，应当配备1名专职安全生产管理人员；50～200人的，应当配备2名专职安全生产管理人员；200人及以上的，应当配备3名及以上专职安全生产管理人员，并根据所承担的分部分项工程施工危险实际情况增加，不得少于工程施工人员总人数的5‰。

监理机构除按上述规定（土木工程类）对承包人安全管理机构及人员配备情况进行监督检查，还应督促承包人加强对分包单位专职安全管理人员配备情况进行管理。

二维码 11

水利工程建设项目承包人（施工单位）的单位主要负责人、项目经理及专职安全生产管理人员资格应满足《水利水电工程施工企业主要负责人、项目负责人和专职安全生产管理人员安全生产考核管理办法》（水监督〔2022〕326号）的规定，经水行政主管部门安全生产考核，考核合格取得安全生产考核合格证书后，方可担任相应职务。

3. 参考示例

（1）监理单位、监理机构安全生产管理机构、职业健康管理机构成立及安全管理人员配备的文件（示例见二维码10、11）。

（2）监理单位相关人员安全培训合格证件及其他有效证明（可以为第三方培训机构或自行提供的培训合格证明文件）。

二维码 12

（3）承包人报审的项目组织机构组成配备文件及相关人员的证件（如项目经理、专职安全员、特种作业（特种设备作业）人员岗位证书等，监理机构的审查（审批）意见（示例见二维码12）。

【标准条文】

1.2.4　监理单位应建立健全并落实安全员安全生产责任制，明确各岗位的责任人员、责任范围和考核标准等内容。主要负责人是本单位安全生产第一责任人，对本单位的安全生产工作全面负责。其他负责人对职责范围内的安全生产工作负责，各级管理人员应按照安全生产责任制的相关要求，履行其安全生产职责；其他从业人员按规定履行安全生产职责。

监理机构应监督检查承包人开展此项工作。

1. 工作依据

《安全生产法》（中华人民共和国主席令第八十八号）

《职业病防治法》（中华人民共和国主席令第八十一号）

《国务院安委会办公室关于全面加强企业全员安全生产责任制工作的通知》（安委办〔2017〕29号）

《水利工程建设安全生产管理规定》（水利部令第26号）

《企业安全生产责任体系五落实五到位规定》（安监总办〔2015〕27号）

SL 721—2015《水利水电工程施工安全管理导则》

2. 实施要点

全员安全生产责任制是生产经营单位岗位责任制的细化，是生产经营单位中最基本的一项安全制度，也是生产经营单位安全生产、劳动保护管理制度的核心。全员安全生产责任制综合各种安全生产管理、安全操作制度，对生产经营单位及其各级领导、各职能部门、有关工程技术人员和生产工人在生产中应负的安全责任予以明确，主要包括各岗位的责任人员、责任范围和考核标准等内容。在全员安全生产责任制中，主要负责人应对本单位的安全生产工作全面负责，其他各级管理人员、职能部门、技术人员和各岗位操作人员，应当根据各自的工作任务、岗位特点，确定其在安全生产方面应做的工作和应负的责任，并与奖惩制度挂钩。实践证明，凡是建立、健全了全员安全生产责任制的生产经营单位，各级领导重视安全生产工作，切实贯彻执行党的安全生产方针、政策和国家的安全生产法规，在认真负责地组织生产的同时，积极采取措施，改善劳动条件，生产安全事故就会减少。反之，就会职责不清，相互推诿，而使安全生产工作无人负责，无法进行，生产安全事故就会不断发生。

2021年9月修订发布的《安全生产法》将"安全生产责任制"修改为"全员安全生产责任制"，是本次修改的内容之一。实践证明，侧重强调单位的主要负责人与其他负责人员是片面的、被动的，不利于调动一线员工安全生产的积极性和主动性，不利于培养和增强一线员工的安全意识和责任意识。企业安全生产工作不单单是安全管理部门、安全管理人员的责任，企业每一个部门、每一个岗位、每一个员工都不同程度地直接或者间接地影响安全生产，迫切需要把全体员工积极性和创造性调动起来，形成人人关心安全生产、人人提升安全素质、人人做好安全生产的局面，提升企业整体安全生产水平，形成全面遏制生产安全事故的良好生产经营环境。

监理单位应当建立纵向到底、横向到边的全员安全生产责任制，也是修订后《安全生产法》中规定的监理单位主要负责人的法定职责之一。全员安全生产责任制应当做到"三定"，即"定岗位、定人员、定安全责任"。根据岗位的实际情况，确定相应的人员，明确岗位职责和相应的安全生产职责，实行"一岗双责"。关于全员安全生产责任制，相关法律和政策文件有以下规定：

——《安全生产法》第二十二条：生产经营单位的全员安全生产责任制应当明确各岗位的责任人员、责任范围和考核标准等内容。生产经营单位应当建立相应的机制，加强对全员安全生产责任制落实情况的监督考核，保证全员安全生产责任制的落实。

——《职业病防治法》第五条：用人单位应当建立、健全职业病防治责任制，加强对职业病防治的管理，提高职业病防治水平，对本单位产生的职业病危害承担责任。

——《国务院安委会办公室关于全面加强企业全员安全生产责任制工作的通知》要求：企业全员安全生产责任制是由企业根据安全生产法律法规和相关标准要求，在生产经营活动中，根据企业岗位的性质、特点和具体工作内容，明确所有层级、各类岗位从业人员的安全生产责任，通过加强教育培训、强化管理考核和严格奖惩等方式，建立起安全生产工作"层层负责、人人有责、各负其责"的工作体系。

监理单位在制定全员安全生产责任制时应注意以下几点：

（1）完整性。

监理单位应按照《安全生产法》《职业病防治法》《企业安全生产责任体系五落实五到位规定》等要求，结合单位自身实际，明确单位的各级负责生产和经营的管理人员，在完成生产或者经营任务的同时，保证本岗位生产安全负责，应满足"横向到边"，即覆盖单位各部门（所属单位、监理机构）；"纵向到底"覆盖从监理单位的主要负责人、各职能部门（监理机构）负责人、一线从业人员（含劳务派遣人员、实习学生等）等各级管理人员，均应明确其岗位的安全生产职责、考核标准等。

当管理架构发生变化，岗位设置调整，从业人员变动时，监理单位应当及时对全员安全生产责任制内容作出相应修改，以适应安全生产工作的需要。努力实现"一企一标准，一岗一清单"，形成可操作、能落实的制度措施。

（2）合规性。

监理单位制定的安全生产责任制必须符合法律法规的要求。关键岗位（部门）的职责应符合国家相关法律、法规、标准、规范的强制性规定，如《安全生产法》对于生产经营单位的主要负责人、安全管理机构（安全管理人员）和工会等的安全管理职责，进行了明确规定。各单位在编制责任制时，涉及上述人员和部门的职责必须符合《安全生产法》的要求：

如《安全生产法》第二十一条规定生产经营单位主要负责人的安全生产管理职责包括：

（一）建立健全并落实本单位全员安全生产责任制，加强安全生产标准化建设；

（二）组织制定并实施本单位安全生产规章制度和操作规程；

（三）组织制定并实施本单位安全生产教育和培训计划；

（四）保证本单位安全生产投入的有效实施；

（五）组织建立并落实安全风险分级管控和隐患排查治理双重预防工作机制，督促、检查本单位的安全生产工作，及时消除生产安全事故隐患；

（六）组织制定并实施本单位的生产安全事故应急救援预案；

（七）及时、如实报告生产安全事故。

《安全生产法》第二十五条规定关于生产经营单位安全管理机构及安全生产管理人员的安全生产职责：

（1）组织或者参与拟订本单位安全生产规章制度、操作规程和生产安全事故应急救援预案；

（2）组织或者参与本单位安全生产教育和培训，如实记录安全生产教育和培训情况；

（3）督促落实本单位重大危险源的安全管理措施；

（4）组织或者参与本单位应急救援演练；

（5）检查本单位的安全生产状况，及时排查生产安全事故隐患，提出改进安全生产管理的建议；

（6）制止和纠正违章指挥、强令冒险作业、违反操作规程的行为；

（7）督促落实本单位安全生产整改措施。

职业卫生方面，在《职业病防治法》第六条规定：

用人单位的主要负责人对本单位的职业病防治工作全面负责。

此外，根据《安全生产法》的规定，生产经营单位的工会依法组织职工参加本单位安全生产工作的民主管理和民主监督，维护职工在安全生产方面的合法权益。生产经营单位制定或者修改有关安全生产的规章制度，应当听取工会的意见。

（3）责任匹配。

安全生产责任制应体现"一岗双责、党政同责"的基本要求，各部门（所属单位）、岗位人员所承担的安全生产责任应与其自身职责相适应。

（4）责任制公示。

《国务院安委会办公室关于全面加强企业全员安全生产责任制工作的通知》要求，企业应对全员安全生产责任制进行公示。公示的内容主要包括：所有层级、所有岗位的安全生产责任、安全生产责任范围、安全生产责任考核标准等。

（5）安全生产责任制教育培训。

监理单位主要负责人应指定专人组织制定并实施本企业全员安全生产教育和培训计划。监理单位应将全员安全生产责任制教育培训工作纳入安全生产年度培训计划，通过自行组织或委托具备安全培训条件的中介服务机构等实施。要通过教育培训，提升所有从业人员的安全技能，培养良好的安全习惯。要建立健全教育培训档案，如实记录安全生产教育和培训情况。

（6）全员安全生产责任制考核管理。

监理单位应根据本单位实际，建立由本单位主要负责人牵头，其他负责人、安全生产管理机构等职能部门人员组成的全员安全生产责任制监督考核领导机构，协调处理全员安全生产责任制执行中的问题。主要负责人对全员安全生产责任制落实情况全面负责，安全生产管理机构负责全员安全生产责任制的监督和考核工作。监理单位应当建立完善全员安全生产责任制监督、考核、奖惩的相关制度（或在《全员安全生产责任制》中做出规定）。实现全员安全生产责任制的落实情况纳入考核体系之中，对于严格履行安全生产职责，应当予以奖励；对于弄虚作假、未认真履行安全生产职责或者存在重大事故隐患、发生生产安全事故等违反责任制考核要求的，给予相应惩罚。同时，在生产经营过程中还充分发挥工会的作用，鼓励从业人员对全员安全生产责任制落实情况进行监督。

3．参考示例

（1）以正式文件发布的全员安全生产责任制。

全员安全生产责任制（示例）

第一章　总　　则

（本章主要编写全员安全生产制定的目的、依据、适用范围及基本原则等）

第一条　为进一步加强公司安全生产工作，明确各级领导、部门和岗位人员在安全生产工作中的安全责任，做到安全职责清晰，责任到人，结合公司具体实际，制定安全生产责任制。

第二条　本制度依据《中华人民共和国安全生产法》《建设工程安全生产管理条例》《×××省安全生产条例》制定。

第三条　本制度适用于公司、所属单位、项目监理部的责任制管理以及项目监理部对承包人相关工作的监督检查。

第二章　安全生产管理领导机构

（本章主要编写监理单位的安全生产管理领导机构，即安全生产委员会或安全领导小组的建立及相应职责）

第四条　公司成立安全生产委员会，负责公司安全生产的领导、决策工作；各子公司应依据本责任制，成立本级安全生产委员会；各监理项目部应参加项目法人牵头组建的所在项目安全生产委员会（或领导小组）。

第五条　公司安全生产委员会主要职责：

——每季度召开安全生产委员会会议，分析公司安全生产形势；

——统筹、指导和督促公司安全生产工作；

——研究、协调和解决公司安全生产重大问题，审定公司中长期规划及年度工作计划（包括年度安全生产目标、安全生产费用使用计划、教育培训计划、文化建设计划等）、公司年度安全生产考核结果；

——制定并实施加强和改进本单位安全生产工作的措施，审定公司安全生产各项规章制度、应急预案。

第六条　公司安全生产委员会办公室设在安全管理部，负责安委会的日常工作。

第三章　各级人员安全生产职责

（本章主要编写监理单位各级人员安全生产职责）

第七条　公司董事长职责。董事长为公司安全生产第一责任人，对公司安全生产工作全面负责：

（一）建立健全并实施公司全员安全生产责任制，加强安全生产标准化建设。

（二）组织制定并实施公司安全生产规章制度和操作规程。

（三）组织制定并实施公司安全生产教育和培训计划。

（四）保证公司安全生产投入的有效实施。

（五）组织建立并落实安全风险分级管控和隐患排查治理双重预防机制，督促检查公司的安全生产工作，及时消除生产安全事故隐患。

（六）组织制定并实施公司生产安全事故应急救援预案。

（七）及时、如实报告生产安全事故。

第八条　公司总经理职责。公司总经理全面协助董事长，负责落实各项安全生产职责：

（一）建立健全并实施公司全员安全生产责任制，加强安全生产标准化建设：

——组织制定并签发公司全员安全生产责任制，明确各岗位责任人员、责任范围和考核标准。

——组织对全员安全生产责任制的落实执行情况进行监督检查。

——签发安全生产总目标和年度安全生产目标，组织逐级签订安全生产责任书。

——全面加强公司安全生产标准化建设。

——依法成立公司安全生产委员会，设立安全生产管理机构，配备安全生产管理人员。

——每季度组织召开安全生产委员会会议。

——每年向全体职工或者职工代表报告一次安全生产情况。

（二）组织制定并实施公司安全生产规章制度：

——组织制定并实施公司安全生产规章制度。

——监督检查公司安全生产规章制度的落实情况。

（三）组织制定并实施公司安全生产教育和培训计划：

——每年初审批公司的年度安全生产教育培训计划；

——督促、检查职能部门实施年度教育培训计划。

（四）保证公司安全生产投入的有效实施：

——组织制定公司年度使用计划，保证安全生产投入的来源以及有效实施。

——监督检查安全生产费用提取和使用情况。

（五）组织建立并落实安全风险分级管控和隐患排查治理双重预防机制，检查公司的安全生产工作，及时消除生产安全事故隐患：

——组织建立并落实公司安全风险分级管控和隐患排查治理双重预防的管理制度。

——督促、检查公司危险源辨识、风险评价以及安全风险管控措施的落实情况。

——组织开展公司安全生产检查工作，督促隐患排查治理的闭环管理，加强对重大事故隐患的排查、治理工作。

（六）组织制定并实施公司生产安全事故应急救援预案：

——组织制定并实施生产安全事故应急预案，每年至少组织一次综合应急救援演练，每半年开展一次专项应急演练以及现场处置方案的演练。

——组织建立应急机构，保障应急资源（资金、设备、设施、物资、人员等）的有效配置。

——发生突发事件后，按照公司发出应该响应指令，组织应急处置和救援。

（七）及时、如实报告生产安全事故：

——按规定及时、如实报告生产安全事故。

——协调指挥或参与事故抢险救援，组织或协助事故调查。

——根据事故调整结果，严格按照"四不放过"的原则处理生产安全事故。

第九条　分管安全副总经理安全生产职责。分管安全副总经理协助公司主要负责人（董事长、总经理）履行安全生产职责：

（一）协助建立健全并实施公司全员安全生产责任制，加强安全生产标准化建设：

——主持制定企业安全生产发展规划和年度安全生产工作计划。

——主持制定、落实并督促检查公司全员安全生产责任制，明确各岗位责任人员、责任范围和考核标准。

——审核年度安全生产目标，逐级签订安全生产责任书。

——主持开展公司安全生产标准化建设。

——每季度参加安全生产领导小组会议，负责落实会议的各项工作要求。

（二）协助组织制定并实施公司安全生产规章制度和操作规程：

——组织起草并实施公司安全生产规章制度。

——监督检查公司安全生产规章制度的落实情况。

（三）协助组织制定并实施公司安全生产教育和培训计划：

——主持制定公司年度安全生产培训计划。

——组织相关部门落实实施教育培训计划，对教育培训效果进行监督检查。

（四）协助保证公司安全生产投入的有效实施：

——负责督促落实年度安全生产投入计划，监督安全生产投入各项资源有效配置和规范使用。

（五）协助组织落实安全风险分级管控和隐患排查治理双重预防机制，督促检查公司的安全生产工作，及时消除生产安全事故隐患：

——建立安全风险分级管控体系，组织开展公司危险源辨识和风险评价工作，组织制定并实施安全风险分级管控措施督。

——组织相关部门实施安全检查及隐患排查治理工作，加强对重大事故隐患的管理。

（六）协助组织制定并实施公司生产安全事故应急救援预案：

——协助制定公司生产安全事故应急救援预案，每半年至少组织一次专项和现场处置方案的应急演练。

——监督检查应急管理组织，配备应急管理人员和应急救援物资、设备、器材的设立和配备情况，保持处于良好状况。

——发生突发事件后，根据所启动的应急响应，组织应急处置和救援。

（七）及时、如实报告生产安全事故：

——按规定及时、如实报告生产安全事故。

——协调指挥或参与事故抢险救援，组织或协助组织事故调查，督促落实事故防范措施。

——开展本单位职业病防治工作，保障从业人员的职业健康。

第十条　技术负责人安全生产管理职责：

（一）负责公司安全生产技术的管理与决策工作。

（二）审批各监理项目部的监理规划。

（三）监督检查监理规划中安全监理工作方案的建立及落实情况。

（四）为公司安全生产管理及安全监理工作提供技术支撑与指导。

（五）协助开展生产安全事故的调查与处理工作。

第十一条　其他分管领导。按照"管业务必须管安全、管生产经营必须管安全"和"一岗双责"的原则，对业务范围内的安全生产负直接领导责任：

（一）建立健全并实施分管业务范围内全员安全生产责任制，加强安全生产标准化建设：

——组织制定分管业务范围内全员安全生产责任制，明确各岗位责任人员、责任范围和考核标准。

——组织对分管业务范围内全员安全生产责任制的落实执行情况进行监督检查。

——组织分管业务范围内年度安全生产目标，逐级签订安全生产责任书。

——加强分管业务范围内安全生产标准化建设。

——组织并督促落实分管业务范围内安全规定动作清单。

——组织召开安全生产工作会议，及时参加公司安全生产领导小组会。

（四）组织制定并实施分管领域安全生产规章制度：

——组织制定并实施分管业务范围内安全生产规章制度和操作规程。

——监督检查分管业务范围内安全生产规章制度的落实情况。

（五）组织制定并实施分管领域安全生产教育和培训计划：

——组织实施分管业务范围内安全生产培训计划。

（六）保证分管领域安全生产投入的有效实施：

——组织落实并督促检查分管业务范围内年度安全费用提取和使用计划，保证安全生产资金、物资、技术、人员投入的有效实施。

（七）组织建立并落实分管业务范围内安全风险分级管控和隐患排查治理双重预防机制，督促检查分管业务范围内的安全生产工作，及时消除生产安全事故隐患：

——组织建立并落实分管业务范围内安全风险分级管控和隐患排查治理双重预防机制；

——督促、检查分管业务范围内安全生产工作，及时消除生产安全事故隐患；

——实施生产安全重大事故隐患排查情况双报告制，协助重大事故隐患排查治理。

（八）组织制定并实施分管业务范围内生产安全事故应急救援预案：

——按职责分工落实应急预案规定职责，组织制定并实施分管业务范围内生产安全事故应急预案；

——监督检查分管业务范围内应急机构的正常运行，保障应急资源的有效配置；

——发生突发事件后，按照所发布的应急响应指令，组织应急处置和救援。

（九）及时、如实报告生产安全事故：

——按规定及时、如实报告生产安全事故；

——协调指挥或参与事故抢险救援，组织或协助组织事故调查，督促落实事故防范措施。

第十二条 公司专职安全管理人员安全生产职责：

（一）参与拟定本单位安全生产规章制度、操作规程和生产安全事故应急救援预案：

——根据职责分工起草或者参与起草并督促实施公司安全生产责任制和安全生产管理制度、操作规程和生产安全事故应急预案；

——组织公司安全生产标准化创建、实施和持续改进；

——起草并督促落实公司中长期安全发展规划和年度安全生产工作计划；

——组织公司各部门、各项目部、所属单位逐级签订安全生产责任书，对责任书的完成情况进行监督检查；

——积极参与各项安全会议，协助跟踪落实会议各项跟踪要求；

——组织或参与公司安全绩效考核，完成安全生产情况统计、分析和报告。

（二）组织或者参与本单位安全生产教育和培训，如实记录安全生产教育和培训情况：

——组织或者参与本单位安全生产教育和培训，如实记录安全生产教育培训情况，制备教育培训档案；组织和督促公司主要负责人、安全管理人员等各级管理人员的取证和教育培训，新员工岗前培训，特种作业人员和特种设备作业人员持证上岗，年度安全培训计划、年度在岗培训、相关方和外来人员的安全教育情况，以及上级要求的安全专题等培训；

（三）组织或参与开展危险源辨识评估，督促落实本单位安全重大危险源的安全管理措施：

——起草或者参与起草并督促落实公司安全风险分级管控和隐患排查治理双重预

防机制，组织开展安全生产风险辨识、评估、分级管控，建立公司安全风险分级管控及隐患排查治理数据库；

——根据检查计划，定期检查本单位安全生产状况，及时排查生产安全事故隐患。

（四）组织或者参与本单位应急救援演练：

——组织或者参与本单位应急救援演练，督促落实每年至少组织一次综合或者专项应急演练，每半年至少1次现场处置方案演练；

（五）组织或者参与检查单位的安全生产状况，及时排查生产安全事故隐患，提出改进安全生产管理建议。

（六）制止和纠正违章指挥、强令冒险作业、违反操作规程的行为。

（七）督促落实本单位安全生产整改措施。

第十三条　公司各部门普通员工安全生产职责：

——遵守公司及本部门、所属公司各项安全生产制度、操作规程、规范；

——按照本人职责分工，做好职责范围内的安全生产工作，并积极配合部门、公司开展相应的安全管理；

——自觉遵守各项安全生产制度和本岗位职责、劳动纪律，提高自我保护意识，细心工作，互相协作，保证自己及他人安全；

——服从公司安全管理，杜绝"三违"行为；

——积极参加各种安全活动，认真学习安全知识，爱护和正确使用劳动保护用品；

——发现异常要及时上报，并听从指挥，及时采取有效的防范措施；

——积极参加消防演练，做到会使用灭火器材，扑救初起火灾、会报警、会逃生；

——完成领导交办的各项安全生产工作任务。

第十四条　总监理工程师安全监理职责：

——主持监理机构安全监理工作，确定项目监理机构人员安全监理的职责权限。

——主持编写含有安全监理内容的监理规划或独立的安全监理规划，明确安全监理内容、工作程序和措施。

——制定监理机构安全监理工作制度，审批安全监理实施细则。

——检查和监督监理人员的工作，根据工程项目的进展情况调配监理人员，对不称职的监理人员调换其工作。

——主持安全监理交底会，签发工程暂停令、复工报审表等重要的安全监理文件和指令。

——审批施工单位编制的施工组织设计中的安全技术措施和危险性较大的分部分项工程安全专项施工方案。

——审核签发建设工程安全生产费用支付证书。

——参加有关单位组织的安全生产专项检查。

　　——督促施工单位报告安全事故，主持或参与工程质量事故的调查。

　　——主持安全监理的协调工作，就安全监理涉及的重大问题与有关各方进行沟通。

　　——组织落实监管部门安全监理工作的整改意见。

　　——组织编写并签发监理月报、监理工作阶段报告、安全监理专题报告和项目监工作总结。

　　——定期审阅监理人员包含安全监理内容的监理日记，并签字。

　　——主持整理安全监理资料。

　　——及时向有关主管部门报告施工单位拒不整改或者不停工整改的情况。

　　第十五条　副总监理工程师安全监理职责：

　　——负责总经理工程师的指定或交办的安全监理工作。

　　——根据总经理工程师的授权，行驶总经理工程师的部分职责和权力。

　　——总经理工程师不得将下列工作委托总经理工程师代表。

　　——主持编写含有安全监理内容的监理规划或独立的安全监理规划，审批安全监理实施细则。

　　——签发工程暂停令，签署建设工程安全生产费用支付证书。

　　——确定项目监理机构人员安全监理的职责权限，根据工程项目的进展情况进行监理人员的调配，调换不称职的监理人员。

　　——签发监理月报、监理工作阶段报告、安全监理专题报告和项目监理工作总结。

　　第十六条　安全副总监安全监理职责：

　　——梳理本项目安全监理适用的法律、法规、规章和标准体系。

　　——参与编制监理规划（重点是安全监理部分），会同专业监理工程师编制安全监理实施细则。

　　——检查施工单位在工程项目上的安全生产规章制度和安全监管机构的建立、健全及专职安全生产管理人员配备情况，督促施工单位检查各分包单位安全生产规章制度的建立情况。

　　——审查施工总承包、专业分包单位的资质和安全生产许可证，以及安全协议签署情况。

　　——审查项目经理建造师注册证书、安全生产考核合格证书，专职安全生产管理人员安全生产考核合格证书，特种作业人员特种作业操作资格证书，特种设备生产许可证、质量合格证、监督检验合格证等。

　　——参与危险性较大单项工程技术方案的审查，并提出审查意见。

　　——对承包人危险性较大单项工程技术方案的落实情况进行监督检查，及时纠正承包人违章作业。

　　——组织开展对承包人的安全生产监督检查，督促承包人及时排查、治理事故隐患。

——组织开展所监理项目的危险源辨识及风险评价工作，监督检查承包人对危险源实行动态管理和风险管控措施的落实情况。

——审查承包人应急管理机构及人员的设立，应急预案体系的建立以及应急演练工作开展情况；监督承包人开展现场应急救援工作。

——会同专业监理工程师审查安全防护措施费用使用计划。

——协助安全事故的调查分析，并督促、检查事故后的现场整改。

——参与编写监理月报、监理工作阶段报告和项目监理工作总结。

——负责编写安全监理工作月报、安全监理专题报告。

第十七条　专业监理工程师安全监理职责：

——编制或协同专职安全监理人员编制本专业的安全监理实施细则。

——协同专职安全监理人员审查施工单位编制的本专业施工组织设计中的安全技术措施和危险性较大的分部分项工程安全专项方案。

——协同专职安全管理人员审查安全防护措施费用使用计划。

——协同专职安全管理人员监督施工单位按照经审批的施工组织设计的安全技术措施和专项施工方案组织施工，及时制止违规施工作业。

——对专业范围内的安全监理工作负责，对安全事故隐患按规定的方法处理，及时向专职安全监理人员通报，必要时向总监理工程师报告；在施工现场巡视、检查时，发现安全违规操作或存在安全隐患时，向施工承包单位提出整改要求，或向总监理工程师（安全监理员）反应。

——协助安全事故及技术质量问题的调查分析。

——参与检查施工单位对进场作业人员的安全教育培训和逐级安全技术交底情况。

——根据本专业监理工作实施情况做好监理日记。

——负责本专业安全监理资料的收集、汇总及整理，参与编写监理月报。

——每天上班之前，要进行安全注意事项说明和提示，工作履职过程中要进行安全巡逻，发现违章或不安全现象立即纠正，并且班后进行安全讲评和总结，并做好每日的安全记录。

——经常组织监理机构人员学习安全监理规定动作，对工作人员进行日常性安全教育，督促监理机构从业人员正确使用个人劳保用品，不断提高自保能力。

——认真落实监理机构层级的安全技术交底，不违章工作，冒险上岗。

——经常检查监理机构在监的施工作业现场安全生产状况，发现问题及时解决并上报总监理工程师。

——发生因工伤亡及未遂事故，保护好现场，立即上报总监理工程师并有权向上级有关领导汇报。

第十八条　监理员安全监理职责：

——在专职安全监理人员、专业监理工程师的指导下开展现场安全监理工作。

——检查承包单位投入工程项目的人力、特种设备及其使用、运行状况，并做好检查记录。

——担任旁站工作，当发现有安全生产违规操作时，及时制止。

——发现安全事故隐患及时向专业监理工程师（或安全副总监）或总监理工程师报告。

——做好监理日记和有关的监理记录。

——接受总监理工程师（总监代表）安排，临时代替安全监理员工作。

第十九条　项目部其他辅助人员安全生产职责：

——根据安全生产投入计划，定期按需为各项目分发劳保用品，保管安全应急物资。

——收集安全管理资料，建立安全管理档案。

——定期检查安全消防应急设备物资，及时更换老化、损坏设备。

——指导后勤服务人员按照安全规范操作各类电器机械设备，传导安全知识，及时纠正错误做法。

——做好食堂食物安全工作，严格食物进货管理，清洁洗净食物，及时丢弃腐坏变质食物。

——定期检查办公生活场所，保持部门环境清洁，及时排查安全隐患。

——参与完成安全检查工作。

第二十条　专职驾驶员安全生产职责：

——严格遵守交通法规，对当班期间所驾驶的车辆安全负责。

——积极参加安全技术培训，条件允许的要提前熟悉行驶路线和车辆的性能、操作。

——遵守交通规则，文明驾驶，杜绝酒后驾驶、疲劳驾驶、超载超速等危险驾驶行为。

——严格按照车辆保养时限、行驶里程对车辆进行检查保养，不得出现未按时保养车辆情况。

——遵守公司及本部门、所属公司各项安全生产制度、操作规程、规范。

——按照本人职责分工，做好职责范围内的安全生产工作，并积极配合部门、公司开展相应的安全管理工作，同时保障自身安全。

——完成领导交办的各项安全生产工作任务。

第四章　各部门及其负责人安全职责

（本章主要编写各部门及其负责人的安全职责）

第二十一条　安全管理部及其负责人安全生产职责：

（一）组织或者参与拟定本单位安全生产规章制度、操作规程和生产安全事故应急救援预案。

——贯彻并督促落实有关安全生产方针、政策、法律、法规、章程、标准以及规章制度。

——起草或者参与起草并督促实施公司安全生产责任制和安全生产管理制度、操作规程和生产安全事故应急预案。

——组织公司安全生产标准化创建、实施和持续改进。

——起草并督促落实公司中长期安全发展规划和年度安全生产工作计划。

——组织公司各部门、所属单位逐级签订安全生产责任书，对责任书的完成情况进行监督检查。

——每季度至少召开一次会议，研究审查有关安全生产的重大事项，协调解决安全生产重大问题，并做好记录；协助主要负责人组织每季度安全生产领导小组会议以及安全总监专题会议。

——组织或参与公司安全绩效考核，完成安全生产情况统计、分析和报告。

（二）组织或者参与本单位安全生产教育和培训，如实记录安全生产教育和培训情况：

——组织或者参与本单位安全生产教育和培训，如实记录安全生产教育培训情况；组织和督促公司主要负责人、安全管理人员等各级管理人员的取证和教育培训，新员工岗前培训，特种作业人员和特种设备作业人员持证上岗，年度安全培训计划、年度在岗培训、分包商和外来人员的安全教育情况，以及上级要求的安全专题等培训，建立健全安全生产教育培训档案资料。

（三）组织开展危险源辨识评估，督促落实本单位安全重大危险源的安全管理措施：

——起草或者参与起草并督促落实公司安全风险分级管控和隐患排查治理双重预防机制，组织开展安全生产风险辨识、评估、分级管控，建立公司安全风险分级管控数据库。

（四）组织或者参与本单位应急救援演练：

——组织或者参与本单位应急救援演练，督促落实每年至少组织一次综合或者专项应急演练，每半年至少1次现场处置方案演练。

（五）检查单位的安全生产状况，及时排查生产安全事故隐患，提出改进安全生产管理建议。

（六）制止和纠正违章指挥、强令冒险作业、违反操作规程的行为。

（七）督促落实本单位安全生产整改措施。

（八）审查各项目监理部上报的监理规划，并提出审查意见。

第二十二条　综合办公室及其负责人安全生产职责：

按照"管业务必须管安全、管生产经营必须管安全"的原则，履行安全生产管理职责。

——贯彻落实有关安全生产法律法规、公司规章制度及相关安全生产工作要求。

——组织建立、健全本部门安全管理责任制，明确本部门人员的安全管理工作职责，层层签订安全生产责任书落实安全生产工作职责。

——将安全管理工作纳入本部门工作计划，负责安全生产相关文件的传达，并协调安全生产工作会议的召开等工作。

——组织召开本部门安全管理工作例会，传达上级工作意见和指令，解决安全管理中存在的问题。

　　——制定部门安全生产和教育培训计划、安全生产资金使用计划；采取多种形式，组织本部门员工参加安全生产培训教育工作，将安全生产工作落实到每个岗位、每个员工。

　　——负责与部门、公司业务的承包、承租、协作等单位签订安全生产管理协议，督促其履行安全生产职责。

　　——落实职业病危害防治措施，及时发放符合相关技术标准规范的劳动防护用品，并做好发放和使用登记建档，保证劳动防护用品、保健用品的支出、购买和供应。

　　——落实安全事故应急救援预案，本部门发生生产安全事故时，须第一时间报告本单位的主要领导，并赶赴事故现场，组织、协调事故抢险救援和善后工作。

　　——负责对运输工具、车辆和驾驶人员进行管理，督促有关人员对车辆的维护保养，做好车辆检审工作，严格车辆进场安全管理工作。

　　——负责所属仓库的安全防火管理和饮食卫生，防止食物中毒，负责急性传染病等疾病预防。

　　——负责食物中毒、盗窃事故、破坏事故事故调查、分析和处理。

　　——完成公司领导交办的其他安全生产工作。

　　第二十三条　人力资源部及其负责人安全生产职责：

　　按照"管业务必须管安全、管生产经营必须管安全"的原则，履行安全生产管理职责。

　　——贯彻落实有关安全生产法律法规、公司规章制度及相关安全生产工作要求。

　　——组织建立、健全本部门安全管理责任制，明确本部门人员的安全管理工作职责，层层签订安全生产责任书落实安全生产工作职责。

　　——将安全管理工作纳入本部门工作计划，负责安全生产相关文件的传达，并协调安全生产工作会议的召开等工作。

　　——组织召开本部门安全管理工作例会，传达上级工作意见和指令，解决安全管理中存在的问题。

　　——制定部门安全生产和教育培训计划、安全生产资金使用计划；采取多种形式，组织本部门员工参加安全生产培训教育工作，将安全生产工作落实到每个岗位、每个员工。

　　——负责与部门、公司业务的承包、承租、协作等单位签订安全生产管理协议，督促其履行安全生产职责。

　　——落实安全事故应急救援预案，本部门发生生产安全事故时，须第一时间报告本单位的主要领导，并赶赴事故现场，组织、协调事故抢险救援和善后工作。

　　——组织或协助安排新进公司人员（包括实习、派遣工、临时工等）进行"三级"安全教育，经考试合格后方可上岗。

　　——认真做好职工的工伤保险工作，对到期的职工保险按时办理转换手续。

　　——完成公司领导交办的其他安全生产工作。

　　第二十四条　财务部及其负责人安全生产职责：

　　按照"管业务必须管安全、管生产经营必须管安全"的原则，履行安全生产管理职责。

　　——按照国家相关规定足额提取安全费用，确保安全生产经费的提取和合理使用，保证安全生产设施建设和设备购置、事故隐患治理、安全教育费用，确保资金到位。

　　——贯彻落实有关安全生产法律法规、公司规章制度及相关安全生产工作要求。

　　——组织建立、健全本部门安全管理责任制，明确本部门人员的安全管理工作职责，层层签订安全生产责任书落实安全生产工作职责。

　　——将安全管理工作纳入本部门工作计划，负责安全生产相关文件的传达，并协调安全生产工作会议的召开等工作。

　　——组织召开本部门安全管理工作例会，传达上级工作意见和指令，解决安全管理中存在的问题。

　　——制定部门安全生产和教育培训计划、安全生产资金使用计划；采取多种形式，组织本部门员工参加安全生产培训教育工作，将安全生产工作落实到每个岗位，每个员工。

　　——完成公司领导交办的其他安全生产工作。

　　第二十五条　其他业务部门及其负责人安全生产职责：

　　——贯彻国家、地方有关安全生产法律、法规、标准、方针、政策，并检查执行。

　　——贯彻落实部门安全生产标准化建设。

　　——根据公司本部安全管理各项制度、指引和管理办法，结合国家法律法规和生产实际，建立健全各部门安全管理体系、全员安全责任制、安全管理规章制度、操作规程、应急预案，并对安全工作实施管理与考核。

　　——制定部门安全年度工作计划，包括不限于安全生产和教育培训计划、安全生产资金使用计划等；向员工宣传公司各项安全生产管理制度，负责员工安全生产操作培训，负责新进员工岗前部门级、项目部级培训；检查特种作业人员持证上岗情况，如实记录安全生产教育和培训情况。

　　——定期主持召开部门安全生产工作例会，及时研究和解决安全生产、职业健康、环境保护工作中存在的问题，组织制定防范措施，及时总结和推广安全生产的先进经验。

　　——开展部门安全生产风险辨识、评估、分级管控，定期检查安全生产状况，及时开展生产安全事故隐患排查，提出改进安全生产管理的建议，落实安全生产整改措施和重大危险源的监控措施。

　　——制止和纠正违章指挥、强令冒险作业、违反操作规程的行为。

　　——负责与部门业务的承包、承租、协作等单位签订安全生产管理协议，督促其履行安全生产职责。

——落实建设项目安全设施和职业病防护设施与主体工程同时设计、同时施工、同时投入生产和使用。

——负责现场安全技术设施、安全装置、防护设施、消防器材的日常维护和管理工作，确保其处于完好有效状态。

——负责设施的配置、标识、维护、保养等工作，确保设施、设备符合环保、安全卫生要求。

——落实职业病危害防治措施，及时发放符合相关技术标准规范的劳动防护用品，并做好发放和使用登记建档。

——负责组织生产现场管理工作，在保证安全的前提下组织指挥生产，发现违反安全生产制度和安全技术规程行为，应及时制止，严禁违章指挥；安排生产任务时，要考虑职工的身体健康和生产设备的承受能力，避免疲劳作业。

——组织或者参与本单位的应急救援演练。

——依法组织或者参与部门生产安全事故调查处理并提交事故处理报告。

——及时传达、贯彻、执行公司有关安全生产的指标，认真履行工作职责。

——完成公司领导交办的其他安全生产工作。

第二十六条　监理机构及其负责人安全生产职责：

——监理机构和监理人员应当按照法律、法规和工程建设强制性标准实施监理，并对水利工程建设安全生产承担监理责任。

——监理机构应审查承包人编制的施工组织设计中的安全技术措施、施工现场临时用电方案，以及灾害应急预案、危险性较大的分部工程或单元工程专项施工方案是否符合工程建设标准强制性条文（水利工程部分）及相关规定的要求。

——监理机构编制的监理规划应包括安全监理方案，明确安全监理的范围、内容、制度和措施，以及人员配备计划和职责。监理机构对中型及以上项目、危险性较大的分部工程或单元工程应编制安全监理实施细则，明确安全监理的方法、措施和控制要点，以及对承包人安全技术措施的检查方案。

——监理机构应按照相关规定核查承包人的安全生产管理机构，以及安全生产管理人员的安全资格证书和特种作业人员的特种作业操作资格证书，并检查安全生产教育培训情况。

——监理机构应督促承包人对作业人员进行安全交底，监督承包人按照批准的安全技术措施及专项施工方案组织施工，检查承包人安全技术措施的落实情况，及时制止违规施工作业。

——监理机构应定期和不定期巡视检查施工过程中危险性较大的施工作业情况。

——监理机构应定期和不定期巡视检查承包人的用电安全、消防措施、危险品管理和场内交通管理等情况。

——监理机构应核查施工现场施工起重机械、整体提升脚手架和模板等自升式架设设施和安全设施的验收等手续。

——监理机构应检查承包人的度汛方案中对洪水、暴雨、台风等自然灾害的防护措施和应急措施。

——监理机构应检查施工现场各种安全标志和安全防护措施是否符合工程建设强制性标准及相关规定的要求。

——监理机构应督促承包人进行安全自查工作，并对承包人自查情况进行检查。

——监理机构应参加发包人和有关部门组织的安全生产专项检查。

——监理机构应检查灾害应急救助物资和器材的配备情况。

——监理机构应检查承包人安全防护用品的配备情况。

——监理机构在实施监理过程中，督促承包人开展安全风险分级管控及隐患排查治理工作。发现存在生产安全事故隐患的，应当要求施工单位整改；对情况严重的，应当要求施工单位暂时停止施工，并及时向水行政主管部门、流域管理机构或者其委托的安全生产监督机构以及项目法人报告。

——当发生生产安全事故时，监理机构应指示承包人采取有效措施防止损失扩大，并按有关规定立即上报，配合安全事故调查组的调查工作，监督承包人按调查处理意见处理安全事故。

——监理机构应监督承包人将列入合同安全施工措施的费用按照合同约定专款专用。

——法律法规、规章以及承包合同、监理合同要求的其他安全监理工作事项。

第五章　检查与考核

（本章主要编写公司安全生产责任制检查、考核等相关规定）

第二十七条　公司安全管理部组织各部门、项目部、所属单位每季度部门、项目部及各人员的安全生产责任制落实情况检查，每年年末对安全生产责任制落实情况进行考核。

第二十八条　各项目监理部应根据合同约定及所监理项目的要求，对承包人安全生产责任制建立、履行、履职检查及考核等工作进行监督检查，对不符合要求的应督促承包人落实整改。

第二十九条　公司安全生产责任制实行分级检查、考核。安全管理部负责对公司领导班子成员、各部门、各项目部、所属单位负责人的安全生产责任制落实情况进行监督检查、考核；各部门、各项目部、所属单位负责人组织对其所管辖人员的安全生产责任制落实情况进行检查考核，并将检查、考核结果上报公司安全管理部汇总。

第三十条　公司将安全生产责任制检查考核情况纳入年度绩效考核，按照公司相关绩效考核办法进行考核，视考核结果，进行奖励或罚款。安全生产责任制考核指标主要结合履职情况，按照已严格履行的各岗位责任制数量占相应安全生产责任制总数的比例原则，达到90%以上的为优，70%以上的为合格，低于70%的为不合格。

第三十一条 公司每年根据安全生产责任制考核结果，组织进行安全生产责任制的适宜性进行评估，必要时进行安全生产责任的调整和修编。

第六章 附 则

第三十二条 本管理制度的由安全管理部负责解释。

第三十三条 本管理制度自发布之日起施行。

附录：

安全生产责任制考核表

（2）对各承包人开展此项工作的监督检查记录和督促落实工作记录（见表3-2）。

表3-2　　　　　　　机构与职责监督检查表（示例）

工程名称：××××××工程　　　　　　　监理机构：××××××公司××××工程项目监理部

被查承包人名称					
序号	检查项目	检查内容及要求	检查结果	检查人员	检查时间
1	机构和职责	（1）承包人是否成立安委会（或领导小组），并定期调整更新； （可在进场后以及每月或每季度的综合检查中开展监督检查）	承包人×××项目部成立了项目部安委会，并于××××年××月××日以正式文件下发。 存在的问题：项目部技术负责人更换，其安委会组成人员未及时更新，已经下发监理通知（文号）要求整改	×××	20××.××.××
		（2）承包人安委会会议召开频次、会议内容是否符合要求； （可在每月或每季度的综合检查中开展监督检查）	承包人每月召开一次安委会会议，并形成会议纪要，会议跟踪落实上次会议要求，分析安全生产形势，研究解决安全生产工作的重大问题	×××	20××.××.××
		（3）承包人是否定期进行责任制检查、考核情况； （可在每季度、每年末或下年初的综合检查中开展监督检查）	承包人于××××年××月××日对项目部责任制落实情况进行检查。于××××年××月××日对项目部的责任制落实情况进行了考核、奖惩。检查考核部门齐全	×××	20××.××.××
其他检查人员			承包人代表		

注：对已按规定或合同约定向监理机构履行了报批或备案手续的工作包括安全管理机构及人员、责任制的建立等，在监督检查表中不必再重复检查。

第三节 全 员 参 与

全员参与是安全生产管理工作取得成效的重要保证。生产经营单位应严格监督各岗位安全生产职责履行情况，鼓励、激励全体员工共同参与到工作中来，积极献言献策，从而提升单位整体的安全生产管理水平。

【标准条文】

1.3.1　监理单位应建立相应的机制，定期对全员安全生产责任制的适宜性、履职情况进行监督考核，保证全员安全生产责任制的落实。

监理机构应监督检查承包人开展此项工作。

1.3.2　监理单位应建立激励约束机制，鼓励从业人员积极建言献策，建言献策应有回复。

1. 工作依据

《安全生产法》（中华人民共和国主席令第八十八号）

《水利工程建设安全生产管理规定》（水利部令第 26 号）

SL 721—2015《水利水电工程施工安全管理导则》

2. 实施要点

（1）履职情况检查。监理单位应依据责任制度对部门和人员履职情况进行全面、真实的检查。检查其工作记录及工作成果，是否认真尽职履责。如监理单位的技术负责人，在其安全职责中包括了对项目监理规划的审批内容，应据此抽查相关工作记录，是否严格执行了此项职责；工会的安全责任制中规定了对单位安全生产进行民主管理和民主监督，应据此抽查工会的相关工作记录，是否履行了此项职责。

检查范围应全面，不应出现遗漏，并留下检查工作记录，定期对尽职履责的情况进行考核奖惩，保证安全生产职责得到有效落实。在落实责任制过程中，通过检查、反馈的意见，应定期对责任制适宜性进行评估，及时调整与岗位职责、分工不符的相关内容。

（2）建立献言献策机制。监理单位应建立相关管理制度或办法，从安全管理体制、机制上营造全员参与安全生产管理的工作氛围，从工作制度、工作习惯和企业文化上予以保证。建立奖励、激励机制，鼓励各级人员对安全生产管理工作积极建言献策，群策群力共同提高安全生产管理水平。

3. 参考示例

（1）各部门、各级人员安全生产职责检查记录（示例见二维码 13）。

（2）激励约束机制或管理办法。

（3）建言献策记录及回复记录。

（4）监理机构对各承包人开展此项工作的监督检查记录和督促落实工作记录。

二维码 13

第四节　安 全 生 产 费 用

安全生产投入是生产经营单位在生产经营过程中防止和减少生产安全事故的重要保障。从众多事故原因分析看出，安全生产资金投入严重不足导致安全设施、设备陈旧甚至带病运转，防灾抗灾能力下降，是事故多发重要原因之一。

【标准条文】

1.4.1　监理单位的安全生产费用保障制度应明确费用的提取、使用、管理的程序、职责及权限。

监理机构制定的安全生产费用监理实施细则应包括安全生产费用的控制要点、工作内容和工作程序等内容；监督检查承包人开展此项工作。

1.4.2 监理单位应编制本单位安全生产费用计划，并按规定进行审批。

监理机构应审批承包人安全生产费用使用计划。

1. 工作依据

《安全生产法》（中华人民共和国主席令第八十八号）

《职业病防治法》（中华人民共和国主席令第八十一号）

《建设工程安全生产管理条例》（国务院令第 393 号）

《水利部关于发布〈水利工程设计概（估）算编制规定〉的通知》（水总〔2014〕429 号）

《企业安全生产费用提取和使用管理办法》（财资〔2022〕136 号）

SL 288—2014《水利工程施工监理规范》

SL 721—2015《水利水电工程施工安全管理导则》

2. 实施要点

（1）投入保证。安全生产费用是安全生产工作的保障，在相关法律、法规中，对于生产经营单位的安全生产费用投入的保证，做出了明确规定，如：

《安全生产法》第二十三条规定，生产经营单位应当具备的安全生产条件所必需的资金投入，由生产经营单位的决策机构、主要负责人或者个人经营的投资人予以保证，并对由于安全生产所必需的资金投入不足导致的后果承担责任。有关生产经营单位应当按照规定提取和使用安全生产费用，专门用于改善安全生产条件。安全生产费用在成本中据实列支。

《职业病防治法》第二十一条规定，用人单位应当保障职业病防治所需的资金投入，不得挤占、挪用，并对因资金投入不足导致的后果承担责任。

《建设工程安全生产管理条例》第八条规定，建设单位在编制工程概算时，应当确定建设工程安全作业环境及安全施工措施所需费用。

（2）水利工程建设项目安全费用计取。水利工程建设项目应计取的安全生产措施费用，项目法人在委托设计单位编制项目概算时，应按《水利工程设计概（估）算编制规定》有关规定计算本项目应列支的安全生产费用；项目法人在招标及签订承包合同时，应足额计入，不得调减，在施工过程中应及时、足额支付。

《水利部关于进一步加强水利建设项目安全设施"三同时"的通知》指出，为保证工程建设施工现场安全作业环境及安全施工需要，在 2014 年颁布的《水利工程设计概（估）算编制规定》（水总〔2014〕429 号）中，专门设置了安全措施费。设计单位应按照文件规定在工程投资估算和设计概算阶段科学计算，足额计列安全措施费，保证安全设施建设资金列支渠道。项目建设单位（项目法人）应充分考虑施工现场安全作业的需要，足额提取安全生产措施费，落实安全保障措施，不断改善职工的劳动保护条件和生产作业环境，保证水利工程建设项目配置必要安全生产设施，保障水利建设项目参建人员的劳动安全。各级水行政主管部门要鼓励和支持水利安全生产新技术、新装备、新材料的推广应用。

（3）监理单位安全生产费用计取标准。监理单位的安全生产措施费用计取标准目前尚无明确规定，但应按《安全生产法》的相关规定，以满足安全生产管理工作的实际需要为原则，可根据年度安全生产工作计划，详细列出计划支出项目及预估费用。在实践中，可参照以下思路计取：

一是明确使用范围。本着安全生产费用专款专用的原则，参照2022年发布的《企业安全生产费用提取和使用管理办法》（财资〔2022〕136号）第五条的规定，确定监理单位安全生产费用的使用范围。

二是确定费用计取标准。在尚无相关主管部门明确费用标准的情况下，监理单位应结合费用范围、考虑企业实际自行确定标准，应以保证《安全生产法》和有关法律、行政法规和国家标准或者行业标准规定的安全生产条件为前提。

如根据培训对象范围估算培训人员数量、频次、培训形式等，计算可能发生的费用；估算需要配置、更新的劳动防护用品品种、数量、单价等，计算可能发生的费用等等，最终汇总出年度需要计取的安全生产费用。计划执行过程中，应根据实际情况进行调整，以满足投入的需要。

（4）监督检查承包人安全生产费用的计取。施工企业的安全生产费用计取标准，应依据2022年发布的《企业安全生产费用提取和使用管理办法》第十七条的规定执行：

建设工程施工企业以建筑安装工程造价为依据，于月末按工程进度计算提取企业安全生产费用。提取标准如下：

（一）矿山工程3.5%；

（二）铁路工程、房屋建筑工程、城市轨道交通工程3%；

（三）水利水电工程、电力工程2.5%；

（四）冶炼工程、机电安装工程、化工石油工程、通信工程2%；

（五）市政公用工程、港口与航道工程、公路工程1.5%。

建设工程施工企业编制投标报价应当包含并单列企业安全生产费用，竞标时不得删减。国家对基本建设投资概算另有规定的，从其规定。

除《企业安全生产费用提取和使用管理办法》外，一些地方为了规范安全生产费用的管理，也出台了地方的规定，如江苏省水利厅发布的《江苏省水利工程建设安全生产管理规定》，在其管辖范围内的相关单位也应遵照执行。

水利工程建设项目的安全生产费用，除遵守《企业安全生产费用提取和使用管理办法》的有关规定外，还应执行水利行业的有关规定。2014年发布的《水利工程设计概（估）算编制规定》（水总〔2014〕429号），规定了安全生产措施费作为建筑安装工程费构成中的其他直接费的一项内容，以基本直接费作为取费基数。关于取费的费率，《水利部办公厅关于调整水利工程计价依据安全生产措施费计算标准的通知》（办水总函〔2023〕38号）统一调整为2.5%。

根据《水利工程设计概（估）算编制规定》规定，水利工程建设项目概算中的安全生产措施费用计取基数为基本直接费，即人工费、材料、机械使用费三项费用之和。

《企业安全生产费用提取和使用管理办法》中规定施工企业的安全生产费用以建筑安装工程造价为依据。两个文件间规定的内容存在差异，在水利工程建设过程中应注意区别。

承包人编制投标文件时应根据招标文件要求、企业规章制度及相关规定，在投标文件中列入安全生产措施费用。

（5）安全生产费用使用计划。监理单位每年应根据需要制定安全生产费用使用计划，按规定履行审批程序。费用计划编制应满足详细、具体、范围准确、符合安全管理实际需要的原则，计划应明确年度安全生产费用使用的额度、支出范围、管理要求等内容，并充分保障资金的落实。

监理机构应制定包括安全生产费用使用内容的监理实施细则，明确对承包人安全生产费用监督管理的工作内容、工作程序等。监理机构在审批承包人安全生产费用计划时，应根据工程的施工计划及施工部署，依据合同约定分类审核安全生产费用计取的额度是否满足本阶段工程施工安全管理的要求，支出范围是否符合工程承包合同约定及相关规定等。

3. 参考示例

（1）监理单位以正式文件发布的安全生产投入管理制度。

安全生产投入管理制度编写示例

×××公司安全生产费用投入管理制度（示例）

第一章 总 则

第一条 为规范公司安全生产费用提取、使用、统计等投入保障管理工作，建立安全生产投入长效机制，依据国家有关企业安全生产费用管理的法律、法规及公司规定，特制定本制度。

第二条 本制度根据《中华人民共和国安全生产法》《企业安全生产费用提取和使用管理办法》等规定编写。

第三条 本制度适用于公司各部门、所属单位、各项目监理部的安全生产费用投入管理以及对承包人的安全生产费用监理工作。

第二章 提取、使用、管理程序及职责

第四条 安全生产费用提取的额度应满足实际安全生产管理工作需要，原则上当年计提的，应在当年使用完毕。当年计提安全费用不足时，超出部分按正常成本费用渠道列支。

第五条 安全管理部负责于每年年初根据本年度安全生产工作计划，以上一年度全部营业收入为计提依据并参考上一年度安全投入使用情况，编制年度安全生产费用使用计划，经公司分管领导审核后，公司董事长审批，以正式文件下发。

　　第六条　　安全生产费用使用计划应明确各有关责任人和责任部门职责，保证安全生产费用的投入，确保该项费用的有效实施，计划应包括主要工作内容、金额、责任部门（人）等（格式详见附件2，略）。

　　第七条　　安全管理部负责编制公司安全生产费用投入管理台账并监督检查公司范围内安全生产费用的提取、投入和使用；各项目监理部负责编制本项目部的安全生产费用投入计划和管理台账。新成立的项目监理部参照本制度或根据项目实际情况及时制定。

　　第八条　　财务部负责安全生产费用的计提、资金筹措、保证费用及时到位。负责相关凭证的记录保存并在年度财务会计报告（或财务决算报表）中，应阐述安全生产费用提取和使用的具体情况。

　　第九条　　财务部、综合办公室部门协助工程管理部进行安全生产费用投入统计、汇总工作。

　　第十条　　安全生产费用应在规定的范围使用，应做到专款专用，原则上不得超范围使用（详见附件3，略）：

　　（一）完善、改造和维护安全防护设施、设备支出（不含"三同时"要求初期投入的安全设施），包括监理机构开展工作自身的临时安全防护等设施、设备支出。

　　（二）配备、维护、保养应急救援器材与设备支出和应急预案制定与应急演练支出（包括警示标志、安全防护用品、灭火器等常规消耗品项目应明确材质、规格、数量、单价、使用具体位置等信息）。

　　（三）开展重大危险源检测、评估、监控和整改支出，安全风险分级管控和事故隐患排查整改支出，安全生产信息化建设、运维支出。

　　（四）安全生产检查、职业健康评价（不包括新建、改建、扩建项目安全评价）、咨询和标准化建设等支出。

　　（五）配备和更新人员安全防护用品支出（个体防护装备的配备应执行 GB 39800.1—2020《个体防护装备配备规范　第1部分：总则》。

　　（六）安全生产宣传、教育、培训和从业人员发现并报告事故隐患的奖励支出（包括安全生产月等安全宣传活动及拟培训的名称、学时、费用等，要与年度教育培训计划一致）。

　　（七）用于保障安全生产的新技术、新标准、新工艺、新装备的推广应用支出。

　　（八）安全设施及特种设备、其他设施设备检测检验支出（包括监理机构的检测、测量等）。

　　（九）其他与安全生产直接相关的支出（安全管理体系的运行、维护费用；员工意外伤害保险等）。

　　第十一条　　为员工办理的工伤保险、医疗保险、相关人员工资、奖励等费用直接列入经营成本，不得作为安全生产费用支出。

　　第十二条　　各部门应落实安全生产投入计划，保证本部门安全生产费用的有效投入，如发生重大变化时，应及时调整计划，按本制度规定的程序审批后执行，以保证安全生产工作需要。

第十三条　公司各部门根据职责分工，在计划使用安全生产费用前提出使用申请，经部门负责人签署意见后，报工程管理部初审，经分管安全领导审核、董事长审批后支出。

第十四条　各部门在费用支出后，应及时履行费用使用验收及报销程序（详见附表3，略），并将相关费用凭证按财务部要求及时入账，工程管理部根据需要收集相关费用支出凭证存档。

第十五条　工程管理部应建立安全生产费用投入使用台账（格式详见附表4，略），详细统计、记录安全生产费用使用情况。

第十六条　公司财务部按财务管理制度及时对发生的安全生产费用进行列支，会计处理应符合国家统一的会计管理制度规定。利用安全生产费用形成的资产，应当纳入相关资产进行管理。

第十七条　各项目监理部应依据相关规定和施工合同约定对施工单位报审的安全生产费用投入计划、使用及施工进度款结算等进行检查、审核，对确保安全措施经费及时准确专款专用。

第十八条　监理项目部应坚持"规范计取、计量支付、确保投入"的原则，要求施工单位建立安全生产投入台账，按合同约定及时审核、批复承包人安全生产费用。

第十九条　监理项目部的监理月报、监理年报等应包括对施工单位安全生产费用使用情况的监督检查等内容。

第三章　检 查 与 考 核

第二十条　安全管理部牵头、各部门配合，每半年对安全生产费用计划执行情况和使用情况进行检查，及时解决、处理发现的问题，并在安委会会议上进行通报。检查的内容包括资金投入保障情况、安全生产费用计划执行情况和支出范围情况等，检查结果应形成书面记录。

第二十一条　安全管理部每年年末对公司安全生产费用进行总结考核，并形成总结报告，以正式文件下发。

第二十二条　每年末公司将安全生产费用投入保障情况统计汇总报送集团公司。

第四章　附　　则

第二十三条　本制度由公司安全管理部负责归口并解释。

第二十四条　本制度自下发之日起施行。

二维码 14

（2）监理单位安全生产投入年度计划（示例见二维码14）。

（3）监理机构包括安全生产费用监理内容的监理细则。

（4）监理机构对承包人安全生产费用使用计划的审批记录。

（5）原各承包人开展此项工作的监督检查记录和督促落实工作记录。

【标准条文】

1.4.3 监理单位应落实安全生产费用使用计划，并保证专款专用；定期对使用情况进行统计、汇总，建立安全生产费用使用台账。

监理机构应按合同约定审核承包人安全生产费用计划落实及使用情况，主要用于施工安全防护用具及设施的采购和更新、安全施工措施的落实、安全生产条件的改善等，保证专款专用，不应挪作他用；监督检查承包人对安全生产费用使用情况定期进行统计、汇总，建立安全生产费用使用台账，并在监理月报中反映安全生产费用监理的工作情况。

1. 工作依据

《安全生产法》（中华人民共和国主席令第八十八号）

《建设工程安全生产管理条例》（国务院令第 393 号）

水利部关于发布《水利工程设计概（估）算编制规定》的通知（水总 2014〔429〕号）

《企业安全生产费用提取和使用管理办法》（财资〔2022〕136 号）

SL 721—2015《水利水电工程施工安全管理导则》

2. 实施要点

（1）计划的落实。监理单位应按年度安全生产费用使用计划严格落实各项费用的支出，并确保在规定的范围内使用。

（2）安全生产费用使用范围。监理单位的安全生产费用使用范围，可参照《企业安全生产费用提取和使用管理办法》第五条执行，包括安全防护设施、职工安全防护用具、安全技术和劳动保护措施、应急管理、安全评价、风险分级管控、事故隐患排查治理、安全监督检查、安全教育及安全生产月活动等与安全生产密切相关的其他方面。

监理机构对承包人安全生产措施费使用范围的监督检查，应主要依据工程承包合同、审批的承包人年度安全生产费用使用计划、《企业安全生产费用提取和使用管理办法》和《水利水电工程施工安全管理导则》等。《企业安全生产费用提取和使用管理办法》规定了建筑施工企业安全生产措施费用的十项使用范围，分别是：

1）完善、改造和维护安全防护设施设备支出（不含"三同时"要求初期投入的安全设施），包括施工现场临时用电系统、洞口或临边防护、高处作业或交叉作业防护、临时安全防护、支护及防治边坡滑坡、工程有害气体监测和通风、保障安全的机械设备、防火、防爆、防触电、防尘、防毒、防雷、防台风、防地质灾害等设施设备支出。

2）应急救援技术装备、设施配置及维护保养支出，事故逃生和紧急避难设施设备的配置和应急救援队伍建设、应急预案制修订与应急演练支出。

3）开展施工现场重大危险源检测、评估、监控支出，安全风险分级管控和事故隐患排查整改支出，工程项目安全生产信息化建设、运维和网络安全支出。

4）安全生产检查、评估评价（不含新建、改建、扩建项目安全评价）、咨询和标准化建设支出。

5）配备和更新现场作业人员安全防护用品支出。

6）安全生产宣传、教育、培训和从业人员发现并报告事故隐患的奖励支出。

7）安全生产适用的新技术、新标准、新工艺、新装备的推广应用支出。

8）安全设施及特种设备检测检验、检定校准支出。

9）安全生产责任保险支出。

10）与安全生产直接相关的其他支出。

（3）费用使用的管理。在使用过程中，监理单位应本着专款专用的原则，在计划编制符合相关规定（重点是使用范围）的前提下，应严格按计划落实，不得出现超范围使用、与计划出入较大的情况发生。在管理过程中确需调整的，应按程序调整使用计划，履行审批手续。

安全生产费用支出后，应及时收集、汇总使用凭证，并按规定的格式建立费用使用台账，详细记录每笔费用使用情况。使用凭证一般包括发票、结算单、设备租赁合同和费用结算单等，并应与台账记录相符。监理单位应定期检查安全生产措施费用使用情况，检查的时间及频次应在管理制度中规定。实践中可结合单位组织的安全检查工作一并进行，如在综合检查中增加费用使用情况的检查内容。

监理机构应按合同约定，对承包人安全生产费用使用支付申请进行审核，并提请项目法人及时支付；应对承包人安全生产费用使用的统计、汇总情况进行监督检查，督促承包人安全生产费用支出后，及时收集、汇总使用凭证，并按规定的格式建立费用使用台账，详细记录每笔费用使用情况，承包人的费用支出凭证一般包括发票、工程结算单、设备租赁合同和费用结算单等，并应与台账记录相符。监理机构在编制监理月报时，应在月报中对安全生产费用监理的工作情况进行如实记载和反映。

3. 参考示例

（1）监理单位安全生产费用投入使用台账。

（2）监理单位安全生产费用投入使用凭证。

（3）监理单位安全生产费用投入使用检查记录。

（4）监理单位安全生产费用投入使用总结、考核记录。

（5）监理机构对承包人安全生产费用的审核、支出记录。

（6）监理月报。

（7）监理机构对各承包人开展此项工作的监督检查记录和督促落实工作记录。

【标准条文】

1.4.4 监理单位应每年对本单位安全生产费用的落实情况进行检查，并以适当方式公开安全生产费用提取和使用情况。

监理机构应监督检查承包人开展此项工作。

1. 工作依据

《安全生产法》（中华人民共和国主席令第八十八号）

《建设工程安全生产管理条例》（国务院令第 393 号）

《企业安全生产费用提取和使用管理办法》（财资〔2022〕136 号）

SL 721—2015《水利水电工程施工安全管理导则》

2. 实施要点

监理单位每年末，对本单位年度安全生产费用的使用情况进行全面的检查，并形成费用使用情况的总结报告。全面、如实反映本单位年度安全生产费用计划提取、支出情况，以及存在的问题、整改措施等，并以适当的方式，如公司网站、下发文件、安全生产公告牌等方式在单位范围内进行公开。

监理机构也应以适当的方式，监督检查所监理项目承包人此项工作的开展情况。

3. 参考示例

（1）监理单位的年度安全生产费用总结报告（示例见二维码 15）。

（2）监理机构对各承包人开展此项工作的监督检查记录和督促落实工作记录。

二维码 15

【标准条文】

1.4.5　监理单位应按照有关规定，为本单位从业人员及时办理相关保险。

监理机构应监督检查承包人开展此项工作。

1. 工作依据

《安全生产法》（中华人民共和国主席令第八十八号）

《中华人民共和国建筑法》（中华人民共和国主席令第四十六号）

《建设工程安全生产管理条例》（国务院令第 393 号）

《工伤保险条例》（国务院令第 586 号）

《人社部交通部水利部能源局铁路局民航局关于铁路、公路、水运、水利、能源、机场工程建设项目参加工伤保险工作的通知》（人社部发〔2018〕3 号）

2. 实施要点

标准条文中的相关保险主要是指工伤保险和意外伤害保险。工伤保险的作用是为了保障因工作遭受事故伤害或者患职业病的职工获得医疗救治和经济补偿；意外伤害是指意外伤害所致的死亡和残疾，不包括疾病所致的死亡，投保该险种，是为了弥补工伤保险补偿不足的缺口。

监理单位应按照有关规定，为本单位各类用工形式的用工人员及时办理相关保险。关于企业员工的保险，在相关法律法规及相关要求中有明确的规定：

《安全生产法》第五十一条规定，生产经营单位必须依法参加工伤保险，为从业人员缴纳保险费。国家鼓励生产经营单位投保安全生产责任保险。《工作保险条例》第二条规定，中华人民共和国境内的企业、事业单位、社会团体、民办非企业单位、基金会、律师事务所、会计师事务所等组织和有雇工的个体工商户（以下称用人单位）应当依照本条例规定参加工伤保险，为本单位全部职工或者雇工（以下称职工）缴纳工伤保险费。

监理机构应依据合同约定和有关规定监督检查承包人相关保险投保的情况，如：

《安全生产法》第五十一条规定，生产经营单位必须依法参加工伤保险，为从业人员缴纳保险费。国家鼓励生产经营单位投保安全生产责任保险；属于国家规定的高危行业、领域的生产经营单位，应当投保安全生产责任保险。具体范围和实施办法由国务院应急管理部门会同国务院财政部门、国务院保险监督管理机构和相关行业主管部门制定。由国家安全监管总局、保监会、财政部 2017 年发布的《安全生产责任保险实施办法》中规定，建筑施工、民用爆炸物品、金属冶炼、渔业生产等高危行业领域的生产经营单位应当投保安全生产责任保险，对生产经营单位已投保的与安全生产相关的其他险种，应当增加或将其调整为安全生产责任保险，增强事故预防功能。

《中华人民共和国建筑法》（以下简称《建筑法》）第四十八条规定，建筑施工企业必须为从事危险作业的职工办理意外伤害保险，支付保险费。《建设工程安全生产管理条例》第三十八规定，施工单位应当为施工现场从事危险作业的人员办理意外伤害保险。意外伤害保险费由施工单位支付。实行施工总承包的，由总承包单位支付意外伤害保险费。意外伤害保险期限自建设工程开工之日起至竣工验收合格止。

《国务院办公厅关于促进建筑业持续健康发展的意见》（国办发〔2017〕19号）强调要"建立健全与建筑业相适应的社会保险参保缴费方式，大力推进建筑施工单位参加工伤保险"，明确了做好建筑行业工程建设项目农民工职业伤害保障工作的政策方向和制度安排。确保在各类工地上流动就业的农民工依法享有工伤保险保障。

《人社部交通部水利部能源局铁路局民航局关于铁路、公路、水运、水利、能源、机场工程建设项目参加工伤保险工作的通知》（人社部发〔2018〕3号）。通知要求按照"谁审批，谁负责"的原则，各类工程建设项目在办理相关手续、进场施工前，均应向行业主管部门或监管部门提交施工项目总承包单位或项目标段合同承建单位参加工伤保险的证明，作为保证工程安全施工的具体措施之一。未参加工伤保险的项目和标段，主管部门、监管部门要及时督促整改，即时补办参加工伤保险手续，杜绝"未参保，先开工"甚至"只施工，不参保"现象。各级行业主管部门、监管部门要将施工项目总承包单位或项目标段合同承建单位参加工伤保险情况纳入企业信用考核体系，未参保项目发生事故造成生命财产重大损失的，责成工程责任单位限期整改，必要时可对总承包单位或标段合同承建单位启动问责程序。

监理机构应督促承包人总承包单位加强对分包单位保险工作的监督管理，要求分包人建立职工花名册、考勤记录、工资发放表等台账，对项目施工期内全部施工人员实行动态实名制管理。施工人员发生工伤后，以劳动合同为基础确认劳动关系，对未签订劳动合同的，由人力资源社会保障部门参照工资支付凭证或记录、工作证、招工登记表、考勤记录及其他劳动者证言等证据，确认事实劳动关系。

3. 参考示例

（1）监理单位（略）。

1）员工花名册、考勤记录、工资发放表。

2）员工工伤保险、意外伤害保险清单及凭证。

3）受伤工伤认定决定书、工伤伤残等级鉴定书等员工保险待遇档案记录。

4）企业缴纳工伤保险凭证。

5）保险理赔凭证。

（2）监理机构。

1）承包人相关保险的申报记录，监理机构审核记录。

2）对各承包人开展此项工作的监督检查记录和督促落实工作记录（监督检查示例见表3-3）。

表 3-3　　　　　　　　　　安全生产费用投入监督检查表（示例）

工程名称：×××××工程　　　　　　　　监理机构：××××××公司××××工程项目监理部

被查承包人名称					
序号	检查项目	检查内容及要求	检查结果	检查人员	检查时间
1	机构和职责	（1）承包人安全生产费用台账及使用凭证的整理情况（可在每月或每季度的综合检查中开展监督检查）	承包人×××项目建立了安全费用使用台账；收集了相关费用使用的凭证，在项目监理部的月支付审核中已确认	×××	20××.××.××
		（2）承包人安全生产费用总结、公开情况（每年末或下年初开展一次监督检查）	承包人于×××年××月的施工月报中，已将相关内容进行描述，并报项目监理部备案。或：承包人于×××年××月对本项目部的×××年度安全生产费用使用情况进行了检查、总结，并在项目部范围内进行了公示	×××	20××.××.××
其他检查人员			承包人代表		

注：对已按规定或合同约定向监理机构履行了报批或备案手续的工作，包括安全生产费用投入制度、安全生产费用使用年度计划、费用专款专用（每月的计量支付中已审核）、意外伤害险、安全生产责任险等，在监督检查表中不必再重复检查。

第五节　安全文化建设

　　企业安全文化是企业在实现企业宗旨、履行企业使命而进行的长期管理活动和生产实践过程中，积累形成的全员性的安全价值观或安全理念、员工职业行为中所体现的安全性特征、以及构成和影响社会、自然、企业环境、生产秩序的企业安全氛围等的总和。

　　真正建设好企业的安全文化，并不断将其推动和发展，不能仅停留在对安全文化理念的空洞宣教上，也不能仅着眼于局部的、个别的文化形式，企业安全文化建设问题应该作为一个系统工程常抓不懈。

【标准条文】

1.5.1　监理单位应确立安全生产和职业病危害防治理念及行为准则，并教育、引导全体人员贯彻执行。

1.5.2　监理单位应制定安全文化建设规划和计划，按照 AQ/T 9004、AQ/T 9005 的要求开展安全文化活动。

　　1. 工作依据

　　AQ/T 9004—2008《企业安全文化建设导则》

　　AQ/T 9005—2008《企业安全文化建设评价准则》

2. 实施要点

（1）确立安全生产管理理念和行为准则。监理单位应根据自身安全生产管理特点及要求，建立安全生产管理的理念和行为准则。例如，美国杜邦公司在生产经营过程中形成安全生产管理理念包括：

1）所有安全事故都可以预防。

2）各级管理层对各自的安全直接负责。

3）所有危险隐患都可以控制。

4）安全是被雇佣的条件之一。

5）员工必须接受严格的安全培训。

6）各级主管必须进行安全审核。

7）发现不安全因素必须立即纠正。

8）工作外的安全和工作中的安全同样重要。

9）良好的安全等于良好的业绩。

10）安全工作以人为本。

（2）长期建设。安全文化建设是一项长期、系统性的工程，非一朝一夕、举办几次活动就能达到的目标。安全意识的提高，是一个潜移默化的过程。因此，生产经营单位要编制安全文化建设的长期规划（可结合企业文化建设和中长期安全生产规划等工作一并开展），明确安全文化建设的目标、实现途径、采取的方法等内容，各级管理者应对安全承诺的实施起到示范和推进作用，形成严谨的制度化、规范化工作方法，营造有益于安全的工作氛围，培育重视安全的工作态度。

监理单位每年的安全生产工作计划中应包括安全文化建设的计划（也可单独编制），结合国家、行业和企业自身情况，策划丰富多彩、寓教于乐的安全文化活动，使安全生产深入人心，形成良好的工作习惯。

（3）管理者示范。企业安全文化建设关键在各级管理者的带头示范作用，因此《评审规程》中要求企业主要负责人应参加企业文化活动。工作过程中应注意收集安全文化建设活动的档案资料，并对企业主要负责人参加相关活动进行记载。

3. 参考示例

（1）防治理念及行为准则。

1）安全生产文化和职业病危害防治理念及行为准则（示例见二维码 16）。

2）安全生产文化和职业病危害防治理念及行为准则教育资料。

（2）安全文化建设。

1）企业安全文化建设规划（示例见二维码 17）。

2）企业安全文化建设计划（示例见二维码 18）。

3）企业安全文化活动记录。

第六节　安全生产信息化建设

当今经济社会各领域，信息已经成为重要的生产要素，渗透到生产经营活动的全过

二维码 16

二维码 17

二维码 18

程，融入安全生产管理的各环节。安全生产信息化就是利用信息技术，通过对安全生产领域信息资源的开发利用和交流共享，提高安全生产管理水平，推动安全生产形势稳定好转。

【标准条文】

1.6.1　监理单位及监理机构应根据监理工作需要，建立安全生产电子台账管理、重大危险源监控、职业病危害防治、应急管理、安全风险管控和隐患排查治理、安全生产预测预警等信息系统，利用信息化手段加强安全生产管理工作。

1. 工作依据

《安全生产法》（中华人民共和国主席令第八十八号）

水利部关于贯彻落实《中共中央国务院关于推进安全生产领域改革发展的意见》实施办法（水安监〔2017〕261号）

《关于印发安全生产信息化总体建设方案及相关技术文件的通知》（安监总科技〔2016〕143号）

2. 实施要点

《安全生产法》第四条规定，生产经营单位应加强安全生产信息化建设。安全生产信息化建设是加强安全生产管理的重要手段和途径，相较于传统的信息管理模式，可以大幅提升企业安全生产工作效率和工作成效。因此在评审规程中要求监理单位根据自身实际情况，开发、建立安全生产管理信息系统，系统内容包括电子台账、重大危险源监控、职业病危害防治、应急管理、安全风险管控和隐患自查自报、安全生产预测预警等功能模块。

3. 参考示例（略）

安全生产信息管理系统或利用信息化手段开展安全生产管理工作的材料。

第四章 制度化管理

安全生产管理必须坚持法治的原则。监理单位应及时辨识、获取适用于本单位安全生产管理的法律、法规、规章、技术标准和其他要求，并严格遵守。在此基础上，结合单位实际，研究制定本单位安全生产规章制度，并在安全管理工作中贯彻执行。

第一节 法规标准识别

我国已建立起了安全生产管理的法律法规及标准体系，每个生产经营单位所处行业不同，生产经营的范围不同，所涉及的法律、法规、规章、技术标准和其他要求也不尽相同，准确辨识、获取适用的法律、法规、规章、技术标准和其他要求，是为了充分保证安全生产管理工作和安全生产标准化建设工作的合规性。

监理单位在开展安全生产管理及安全监理工作时，也应根据实际辨识、获取适用于本单位、监理机构安全生产相关的法律、法规、规章、技术标准和其他要求，为相关工作的开展提供依据。

【标准条文】

2.1.1 监理单位的安全生产和职业健康法律法规及其他要求的管理制度应明确归口管理部门、识别、获取、评审、更新等内容。

监理机构应监督检查承包人开展此项工作。

1. 工作依据

SL/T 789—2019《水利安全生产标准化通用规范》

SL 721—2015《水利水电工程施工安全管理导则》

2. 实施要点

（1）制度应明确此项工作的主管部门，并明确工作职责。

（2）制度应结合实际，明确通过何种渠道，如网络、出版社、上级通知等，获取法律、法规、规章、标准规范。

（3）制度中应明确辨识、评审法律、法规、规章、标准规范的工作程序和工作要求，最终达到及时、准确获得工作所需、适用的工作依据。

（4）监理机构还应对承包人相关工作的开展情况进行监督检查。

3. 参考示例

（1）监理单位以正式文件发布的安全生产和职业健康法律法规及其他要求的管理制度。

安全生产法律、法规、标准规范管理制度（编写示例）

第一章　总　　则

第一条　为确保公司安全生产和职业健康行为符合国家及行业颁布的有关安全生产和职业健康的法律、法规、规章和技术标准，有效识别、获取、评审、更新适用的安全生产和职业健康的法律、法规、规章和技术标准，特制定本制度。

第二条　本制度根据《中华人民共和国安全生产法》《水利水电工程施工安全管理导则》等制定。

第三条　公司所属各部门、各分（子）公司及各项目监理部的安全生产法律、法规、标准规范管理，适用本制度。

第二章　工　作　职　责

第四条　安全管理部：

（一）对适用于公司的安全生产和职业健康法律、法规、规章和技术标准进行统一管理，作为本制度的归口管理部门，负责识别、获取、评审、更新、培训及检查评估工作。

（二）发布适用于公司的安全生产和职业健康法律、法规、规章和技术标准清单，建立文本数据库，向相关岗位员工传达并配备适用的文本数据库，各部门、项目部可自行组织相关员工和相关方学习，做好记录。

（三）对各部门、各项目部执行安全生产和职业健康法律、法规、规章和技术标准的情况进行监督检查。

第五条　各部门、各项目部

负责识别、获取、管理、监督实施本部门、本项目部适用的安全生产和职业健康法律、法规、规章和技术标准。建立与其业务相关的文件档案，并将有关信息及时通报安全管理部。

第三章　工作程序与要求

第六条　识别、获取

各部门、各项目部在公司发布的安全生产和职业健康法律、法规、规章和技术标准清单基础上识别、获取本部门、本项目部适用的安全生产和职业健康法律、法规、规章和技术标准，每年12月末前反馈给安全管理部更新。

安全管理部每年1月末前识别、发布有效的适用于公司本年度的安全生产和职业健康法律、法规、规章和技术标准清单。

在有安全生产和职业健康法律、法规、规章和技术标准有最新版本发布时，安全管理部应及时更新清单并下发。

第七条　识别、获取范围

（一）法律。

（二）法规。

（三）部门及地方政府规章。

（四）国家和行业技术标准。

（五）规范性文件及其他要求。

第八条　获取途径

（一）通过全国人大、国务院、各部委、××省及省外项目所在地人民政府等网站获取。

（二）通过相关的法律、法规、规章和技术标准的专业网站获取。

（三）通过图书、报纸、杂志等渠道获取。

（四）通过政府主管部门、上级主管部门的通知、文件、公报等。

第九条　文本数据库的建立及配备

各部门、各项目监理部在识别、获取基础上，建立文本数据库，负责向职工发放、登记，发放形式包括纸质文件或电子文件。

第十条　安全管理部每年1月末前对上一年度发布的法律、法规、规章和技术标准的适用性、有效性进行评价确认，并及时更新清单。

第十一条　各项目监理部应依据监理合同约定，按照项目法人要求和项目所在地安全生产管理的具体要求，及时辨识并更新适用于本项目的法律、法规、规章和技术标准清单，在工程监理过程中严格执行，同时监督检查承包人相关工作的开展情况。重点检查以下内容：

（一）承包人是否准确、全面辨识了本标段适用的法律法规及其他要求清单。

（二）承包人是否配备了相关要求的文本（包括电子版、纸质版）。

（三）承包人是否将辨识的法律法规及其他要求转化为本项目部的规章制度。

承包人是否每年末对法律、法规、规章和技术标准的适用性、有效性进行评价确认，并及时更新清单。

第十二条　培训

各部门、各项目部结合安全生产年度工作计划，将安全生产和职业健康法律、法规、规章和技术标准的相关培训内容纳入教育培训计划。

第十三条　检查

结合年末安全生产考核工作，安全管理部对安全生产和职业健康法律、法规、规章和技术标准的管理情况进行监督检查。

第四章　附　　则

第十四条　本制度由公司安全管理部负责解释。

第十五条　本制度自下发之日起施行。

（2）监理机构对各承包人开展此项工作的监督检查记录和督促落实工作记录。

【标准条文】

2.1.2　各职能部门、监理机构应及时识别和获取适用的安全生产法律法规和其他要求，归口管理部门每年发布一次适用的清单，并建立文本数据库。

监理机构应监督检查承包人开展此项工作。

1. 工作依据

SL/T 789—2019《水利安全生产标准化通用规范》

SL 721—2015《水利水电工程施工安全管理导则》

2. 实施要点

（1）基本要求。辨识准确、适用的法律、法规、规章、技术标准和其他要求，是有效开展安全生产和职业健康管理的前提和基础。只有明确了安全管理工作过程中的工作依据，才能保证安全生产管理工作依法合规、不出现偏差。因此，在安全生产标准化建设工作过程中，对法律、法规、规章、技术标准和其他要求的辨识工作，应予以高度重视。在安全管理过程中，一些单位经常出现无意识的违反了法律、法规、规章、技术标准的规定，导致生产安全事故，大多与对应执行的安全生产法律、法规、规章、技术标准不熟悉、不了解有直接的关系。

（2）及时辨识。各职能部门和所属单位应结合自身工作实际，及时识别适用的安全生产法律、法规、规章、技术标准和其他要求，并统一汇总到公司。

（3）辨识范围。与安全生产管理相关的法律、行政法规、地方性法规、规章（包括部门规章和地方政府规章）、规范性文件以及技术标准都要纳入辨识范围。法律，如《安全生产法》《职业病防治法》《特种设备安全法》等；行政法规，如《建设工程质量管理条例》《建设工程安全生产管理条例》《水库大坝安全管理条例》《工伤保险条例》等；地方性法规，包括省级地方性法规和较大的市地方性法规、自治条例和单行条例，主要辨识单位或工程所在地的地方性法规，如《××省安全生产条例》等；规章，包括部门规章和地方政府规章，如《水利工程建设安全生产管理规定》《中华人民共和国水上水下活动通航安全管理规定》《建筑业企业资质管理规定》等；适用的技术标准，包括强制性国家标准、推荐性国家标准、行业标准、地方标准、团体标准等；行政规范性文件，是除国务院的行政法规、决定、命令以及部门规章和地方政府规章外，由行政机关或者经法律、法规授权的具有管理公共事务职能的组织（以下统称行政机关）依照法定权限、程序制定并公开发布，涉及公民、法人和其他组织权利义务，具有普遍约束力，在一定期限内反复适用的公文，如《国务院关于全面加强应急管理工作的意见》《国务院关于进一步加强企业安全生产工作的通知》《水利水电工程施工企业主要负责人、项目负责人和专职安全生产管理人员安全生产考核管理办法》等。

（4）适用性辨识。评价辨识出的法律、法规、规章、技术标准，从中筛选出与本单位安全管理工作相关且适用的法律、法规、规章、技术标准。部分单位在开展此项工作时，未考虑适用性，将与本单位无关的法律、法规、规章、技术标准纳入辨识、获取范围，不加选择地求多、求全，反而会导致执行出现问题。例如，部分单位辨识的技术标准中几乎没有水利行业的规程规范。

（5）版本有效。辨识过程中应注意法律、法规、规章、技术标准的版本有效性，避免将过期、作废法规、规范纳入清单范围。

（6）辨识深度。为保证贯彻执行法律、法规、规章、技术标准的准确性，法规和其他要求文件（不含技术标准）应辨识到法律法规的适用条款。

（7）统一组织、分级管理。首先由单位统一组织，可结合管理需要，与其他方面如质量、经营管理等适用法规、规范辨识工作同步开展，保证单位运行管理工作的整体性、系统性和一致性。如某些生产经营单位开展的质量管理体系认证工作，也要求开展适用法律法规和标准规范的辨识工作，因此，在实际工作过程中，可以考虑将此类工作合并进行。其次，单位所属各部门（项目部）要结合本部门（项目部）的工作实际，在单位辨识清单的基础上进一步辨识、获取适用于本部门（项目部）的法律、法规、规章、技术标准。

（8）定期更新发布。按评审标准要求，及时对清单进行更新，每年发布一次适用的清单。在实际工作过程中，各部门应实时关注业务范围内所涉及的法律、法规、规章、技术标准的修订、发布情况，及时把最新的法律、法规、规章、技术标准和其他要求传达到单位相关部门或岗位，并适时组织教育培训工作。

（9）建立文本数据库。适用的法律、法规、规章、技术标准和其他要求一经正式发布后，生产经营单位及所属下级单位或部门，应及时建立响应文本数据库，方便查阅、执行。数据库的形式纸质和电子版均可。

（10）监理机构对承包人的监督检查。一项水利工程建设项目，参建单位可能涉及几家或几十家，为了统一项目建设的标准和建设管理行为，监理机构应协助或提醒项目法人及时组织有关参建单位识别适用于本项目的安全生产、职业健康的法律、法规、规章、技术标准和其他要求，并于工程开工前将《适用的安全生产法律、法规、规章、制度和标准清单》书面通知各参建单位。各参建单位应将法律、法规、规章、技术标准的相关要求转化为内部管理制度贯彻执行。对国家、行业主管部门新发布的安全生产法律、法规、规章、技术标准，项目法人应及时组织参建单位识别，并将适用的文件清单及时通知有关参建单位。

3. 参考示例

（1）监理单位。

1）法律法规、标准规范辨识清单（示例见二维码19）。

2）法律法规、标准规范发放记录。

（2）监理机构对各承包人开展此项工作的监督检查记录和督促落实工作记录。

【标准条文】

2.1.3　及时向员工传达并配备适用的安全生产法律法规和其他要求。

监理机构应监督检查承包人开展此项工作。

1. 实施要点

（1）辨识工作完成后，应重点解决如何执行、应用的问题。很多生产安全事故的发生，多是由于当事人对相关法律法规、技术标准不了解、不掌握所致。因此，监理单位应结合相关部门及岗位人员的岗位职责，为其配备适用的法规及规范文本，电子版或纸质版形式均可。

（2）对辨识出适用的法律法规及其他要求，监理单位应根据需要组织教育培训，使从业人员能及时、准确掌握相关内容。在开展教育培训工作时，考虑到辨识出的法规、规范种类、数量较多，统一开展教育培训工作难度较大，可根据需要分批、分类开展有针对性的教育培训工作。

2．参考示例

（1）监理单位。

1）发放法律法规、标准规范记录。

2）法律法规、标准规范教育培训记录。

3）适用法律法规、标准规范文本数据库（包括电子版）。

（2）监理机构对各承包人开展此项工作的监督检查记录和督促落实工作记录。

第二节 规 章 制 度

生产经营单位的安全生产规章制度，是以安全生产责任制为核心，指引和约束人们在安全生产方面的行为，是安全生产的行为准则。其作用是明确各岗位安全职责，规范安全生产行为，建立和维护安全生产秩序，也称为内部劳动规则，是生产经营单位内部的"法律"。建立健全安全生产规章制度是企业安全生产重要的基础性工作。实践中一些生产经营单位不重视安全规章制度的建设，认为可有可无，导致安全生产责任制不落实，发生生产安全事故。《评审规程》规定监理单位的安全生产管理规章制度体系包括单位本级和监理机构两个层级。

【标准条文】

2.2.1 监理单位应及时将识别、获取的安全生产法律法规和其他要求转化为本单位规章制度，结合本单位实际，建立健全安全生产规章制度体系，制度内容应包括（但不限于）：

1．目标管理；

2．全员安全生产责任制；

3．安全生产会议；

4．安全生产投入；

5．法律法规、标准管理；

6．文件、记录和档案管理；

7．安全生产教育培训；

8．安全技术措施审查；

9．设备设施管理；

10．消防安全管理；

11．职业健康管理；

12．劳动防护用品管理；

13. 安全风险分级管控；

14. 安全检查及生产安全事故隐患排查治理；

15. 变更管理；

16. 应急管理（含施工现场紧急情况报告管理）；

17. 事故管理；

18. 标准化绩效评定。

监理机构应根据工程建设实际、本单位及项目法人要求，建立安全生产管理制度。制定下列监理工作制度（或监理实施细则），制度内容应包括（但不限于）：

1. 全员安全生产责任制；

2. 监理会议；

3. 安全技术措施审查；

4. 工程建设强制性标准审查；

5. 消防管理；

6. 安全检查、巡视、旁站等工作；

7. 安全防护设施、生产设施及设备、危险性较大的单项工程验收；

8. 安全风险分级及隐患排查管理；

9. 安全检查及隐患排查治理；

10. 应急管理；

11. 事故报告（紧急情况报告）；

12. 信息管理（包括文件、记录、档案等内容）；

监理机构应监督检查承包人开展此项工作。

1. 工作依据

SL/T 789—2019《水利安全生产标准化通用规范》

SL 288—2014《水利工程施工监理规范》

SL 721—2015《水利水电工程施工安全管理导则》

2. 实施要点

《评审规程》规定了监理单位需要制定包含 18 项内容的规章制度，此处与项目法人、施工企业等评审标准规定不同，未要求监理单位必须以单项制度的形式进行编制，规定了只要相关制度中包含这些内容即可，并不要求必须独立编制。

监理机构应根据监理单位、所承担项目实际以及项目法人的要求，建立健全现场安全监理工作制度体系，内容应包括监理工作制度、监理实施细则及相关管理办法等。监理机构的部分规章制度、监理实施细则的编制，应符合《水利工程施工监理规范》的规定。监理单位及监理机构制定规章制度（或实施细则）时，应注意以下事项：

（1）合规性。监理单位应将所辨识出的法律法规及其他要求转化为本单位的规章制度，以法律法规及其他要求为依据、结合工作实际进行编写。单位的规章制度，是其安全生产管理的顶层设计文件，是内部的"法律"，规章制度必须保证符合法律、法规、规章、技术标准和其他相关要求，制度中不应出现与法律、法规、规章、技术标准和其他要求相抵触的内容。单位所编制的规章制度存在错误、违规的情况，将导致安全管理工作出现偏差。如有的单位《事故报告、调查与处理制度》中规定："40小时上报，不属于迟报""现场人员在事故发生后半小时内应上报公司安全部"等内容，违反了国务院《生产安全事故报告和调查处理条例》（国务院令第493号）的相关规定。

监理单位制定或者修改有关安全生产方面的规章制度时，还应根据《安全生产法》第七条的规定，听取工会的意见。工会作为职工维权的第一知情人、第一责任人和第一实施人，参与单位安全生产管理规章制度的制定，即保证了员工的参与权，也是保证规章制度合规性的重要途径。

（2）适用性。规章制度体系应与单位管理实际相符，并与现有管理制度体系充分融合，以提高单位的管理效率，避免出现"两张皮"的情况。

（3）可操作性。制度的作用是规范、指导安全生产管理工作，要解决做什么、由谁去做、怎么去做的问题。规章制度内容应齐全、详细、具体，即在《评审规程》各三级评审项目中要求开展的各项工作，均应在制度中做出规定，给出明确工作程序和人员职责。使从业人员可以在制度的指导下，准确的开展工作。如目标管理制度中应明确安全生产总目标应由谁来制定、如何制定、应将哪些作为安全生产总目标；年度目标应由谁来制定、如何制定（流程）、应制定哪些目标等；再如目标分解的相关规定，分解到哪些部门、人员，由谁来分解，怎么去分解；检查工作、考核、奖惩等工作如何开展等。另外在编制制度时，应同步制定各项工作的记录表单，作为制度的附件，便于工作的开展。如SL 721—2015规定，规章制度应明确以下内容：

1）明确相关工作的内容。

2）确定相关工作的责任人（部门）以及职责与权限。

3）明确相关工作的工作程序及标准。

（4）层次清晰。关于制度制定的层次《评审规程》中未强制要求，以满足安全生产管理工作要求为基础。监理单位应根据《评审规程》要求制定安全生产管理规章制度，所属单位、监理机构贯彻执行单位的制度即可，也可根据需要，自行决定是否编制本部门（单位）的管理制度。如企业规模较小、管理层次少，监理单位管理制度编制的深度能满足各级安全管理工作的需要，二级单位及下属部门可不必制定自身的管理制度，统一执行单位的制度。监理机构只需根据《评审规程》要求，补充相关现场安全监理的工作制度即可。对于管理层级较多、规模较大或单位总部管理制度的深度不能满足基层安全管理工作的需要，则各基层单位及项目部应在总部制度的基础上，编制适合本单位（下属单位、项目部）的管理制度或实施细则。

（5）种类齐全。《评审规程》中所列举出的安全生产管理制度，是相关生产经营单位进行安全管理时要制定的最基本的制度，而不是全部。生产经营单位应结合管理实际需要，制定覆盖单位全部安全管理行为的管理制度，使各项工作均有章可循。

（6）正式发布。管理制度在编制完成后，应根据《评审规程》的规定，以正式文件进行发布实施，形式上单独发布或汇编发布均可。

（7）监理机构对各承包人开展此项工作的监督检查记录和督促落实工作记录。

3．参考示例

（1）以正式文件发布的满足评审标准及安全生产管理工作需要的各项规章制度；

（2）监理机构对承包人的监督检查记录。

【标准条文】

2.2.2　监理单位及监理机构应将安全生产规章制度发放到相关工作岗位，并组织教育培训。

监理机构应监督检查承包人开展此项工作。

1．工作依据

《安全生产法》（中华人民共和国主席令第八十八号）

SL 721—2015《水利水电工程施工安全管理导则》

2．实施要点

（1）制度发放。监理单位从业人员应知晓、掌握本单位的安全管理规章制度，因此，规章制度编制完成后应下发至各部门、各岗位。

（2）教育培训。监理单位应将规章制度的教育培训，纳入单位的教育培训计划。按计划对从业人员开展规章制度的教育培训，具体工作的开展应符合第五章"教育培训"的相关要求。

关于对规章制度的培训，《安全生产法》第二十八条、第四十四条分别做了规定：

第二十八条　生产经营单位应当对从业人员进行安全生产教育和培训，保证从业人员具备必要的安全生产知识，熟悉有关的安全生产规章制度和安全操作规程，掌握本岗位的安全操作技能，了解事故应急处理措施，知悉自身在安全生产方面的权利和义务。未经安全生产教育和培训合格的从业人员，不得上岗作业。

第四十四条　生产经营单位应当教育和督促从业人员严格执行本单位的安全生产规章制度和安全操作规程。

3．参考示例

（1）监理单位。

1）满足评审标准及安全生产管理工作需要的各项规章制度。

2）规章制度的印发记录。

3）规章制度教育培训记录。

（2）监理机构对各承包人开展此项工作的监督检查记录和督促落实工作记录。

第三节　监理规划及监理实施细则

监理规划是指在监理单位与项目法人签订监理合同之后，由总监理工程师主持编制，并经监理单位技术负责人批准的用以指导监理机构全面开展监理工作的指导性文件。

监理实施细则是在监理规划指导下，在落实了各专业监理责任后，由专业监理工程师针对项目的具体情况制定的更具实施性和可操作性的业务文件。它起着具体指导监理实施工作的作用。

【标准条文】

2.3.1 监理机构应依据 SL 288 及相关规定，由总监理工程师主持编制包含施工安全监理工作方案的监理规划，明确安全监理的范围、内容、制度和措施，以及人员配备计划和职责；监理规划应符合现场实际情况，根据工程实际情况及工作需要定期进行修订、完善；监理规划经监理单位技术负责人审批后实施。

1．工作依据

《水利工程建设安全生产管理规定》（水利部令第 26 号）

SL 288—2014《水利工程施工监理规范》

SL 721—2015《水利水电工程施工安全管理导则》

2．实施要点

（1）监理规划编制的要求。

1）编写监理规划的内容应具有针对性、指导性监理规划作为指导监理单位的项目监理组织全面开展监理工作的纲领性文件，应和施工组织设计一样，具有很强的针对性、指导性。对工程项目而言，没有两个项目是完全相同的，每个项目都有其特殊性，因而对于每个项目都要求有自己的工程建设监理规划。每个项目的监理规划既要考虑项目自身的本质特点，也要根据承担这个项目监理工作的工程建设监理单位的情况来编制，只有这样，监理规划才有针对性，才能真正起到指导作用，因而才是可行的。在工程监理规划中要明确规定项目监理组织在工程实施过程中，每个阶段要做什么工作及由谁来做这些工作；在什么时间和什么地点做这些工作及怎样才能做好这些工作。只有这样的监理规划才能起到有效的指导作用，真正成为项目监理组织进行各项工作的依据，也才能被称为纲领性的文件。

2）由项目总监理工程师主持工程建设监理规划的编制。工程建设监理规定中明确我国工程项目建设监理实行总监理工程师负责制。监理规划既然是指导项目监理组织全面开展监理工作的纲领性文件，编写时就应当而且必须在总监理工程师的主持下进行，同时要广泛征求各专业监理工程师和其他监理人员的意见。在监理规划的编写过程中还要听取建设单位和被监理单位的意见，以便使监理工程师的工作得到有关各方的支持和理解。

3）建设监理规划的编写要遵循科学性和实事求是的原则。科学性和实事求是是做好每项工作的前提，也是做好每项工作的重要保证。因此在编写监理规划时必须要遵循这两项原则。

4）建设监理规划内容的书面表达方式。工程建设监理规划内容的书面表达应注意文字简洁、直观、意思确切。因此表格、图示及简单文字说明是经常采用的基本方法。

（2）监理规划编制要点。

监理规划是在工程建设监理合同签订以后编制的指导监理机构开展监理工作的纲领性文件，它起着对工程建设监理工作全面规划和进行监督指导的重要作用。因此，监理规划比监理大纲在内容与深度上更为详细和具体，而监理大纲是编制监理规划的依据。监理规划应在项目总监理工程师的主持下，以监理合同、监理大纲为依据，根据项目的特点和具体情况，充分收集与项目建设有关的信息和资料，结合监理单位自身的情况认真编制。

1）监理规划的具体内容应根据不同工程项目的性质、规模、工作内容等情况编制，格式和条目可有所不同。

2）监理规划的基本作用是指导监理机构全面开展监理工作。监理规划应当对项目监理的计划、组织、程序、方法等做出表述。

3）总监理工程师应主持监理规划的编制工作，主要监理人员应根据分工，参与监理规划的编制。

4）监理规划应在监理大纲的基础上，结合承包人报批的施工组织设计、施工总进度计划编制，并报监理单位技术负责人批准后实施。

5）监理规划应根据工程项目实施情况、工程建设的重大调整或合同重大变更等对监理工作要求的改变进行修订。

（3）监理规划中安全监理工作方案的主要内容。

根据《水利工程施工监理规范》的规定，监理规划中应包含安全监理工作方案，具体有以下内容：

1）施工安全监理的范围和内容。

2）施工安全监理的制度。

3）施工安全监理的措施。

4）文明施工监理。

（4）监理规划的审批。

建设监理规划在总监理工程师主持下编制好以后，应由监理单位的技术负责人批准。监理过程中，如项目实际情况或条件发生重大变化而需要调整监理规划时，应进行修改或补充，重新经单位技术负责人批准后执行，批准后的监理规划在监理合同约定的期限内报送项目法人。

3．参考示例

（1）监理规划。

（2）监理单位技术负责人审批记录。

【标准条文】

2.3.2 监理机构应依据 SL 721 及相关规定，对达到一定规模和超过一定规模的危险性较大单项工程，编制安全工作监理实施细则，明确工作方法、措施和控制要点，以及对承包人安全技术措施、方案执行情况的监督检查等内容。监理实施细则应经总监理工程师审批。

1．工作依据

《水利工程建设安全生产管理规定》（水利部令第 26 号）

SL 288—2014《水利工程施工监理规范》

SL 721—2015《水利水电工程施工安全管理导则》

2．实施要点

（1）细则编写要求。

在施工措施计划批准后、专业工程（或作业交叉特别复杂的专项工程）施工前或专业工作开始前，负责相应工作的监理工程师应组织相关专业监理人员编制监理实施细则。监理实施细则应符合监理规划的基本要求，充分体现工程特点和监理合同约定的要求，结合工程项目的施工方法和专业特点，明确具体的控制措施、方法和要求，具有针对性、可行性和可操作性。

监理实施细则应针对不同情况制定相应的对策和措施，突出监理工作的事前审批、事中监督和事后检验。监理实施细则可根据实际情况按进度、分阶段编制，但应注意前后的连续性、一致性。总监理工程师在审核监理实施细则时，应注意各专业监理实施细则间的衔接与配套，以组成系统、完整的监理实施细则体系。

在监理实施细则条文中，应具体写明引用的规程、规范、标准及设计文件的名称、文号；文中涉及采用的报告、报表时，应写明报告、报表所采用的格式。在监理工作实施过程中，监理实施细则应根据实际情况进行补充、修改和完善。

（2）安全监理实施细则的主要内容。

根据 SL 288—2014 的规定，安全监理实施细则应包括以下内容：

1）适用范围。

2）编制依据。

3）施工安全特点。

4）一般性安全监理工作内容和控制要点。

5）专项安全监理工作内容和控制要点（包括施工现场临时用电和达到一定规模的基坑支护与降水工程、土方和石方开挖工程、模板工程、起重吊装工程、脚手架工程、爆破工程、围堰工程和其他危险性较大的工程，参照 SL 721—2015 附录 A 的相关内容）。专项安全监理工作内容和控制要点，也可以根据需要，单独编制监理实施细则。

6）安全监理的方法和措施。

7）安全检查记录和报表格式。

（3）监理实施细则的审批。

监理实施细则由专业监理工程师编写，经总监理工程师审批后实施。为了使项目法人和承包人了解监理工作程序、工作要求，通常也可将监理实施细则抄送给上述单位。

3. 参考示例

（1）危险性较大单项工程监理实施细则（示例见二维码20）。

（2）监理实施细则审批记录。

（3）监理实施细则发放和抄送记录。

二维码 20

【标准条文】

2.3.3　监理机构应监督检查承包人引用或编制安全操作规程；在新技术、新材料、新工艺、新设备新设施投入使用前，组织编制或修订相应的安全操作规程，并确保其适宜性和有效性；监督检查承包人将安全操作规程发放到相关作业人员。

1. 工作依据

《安全生产法》（中华人民共和国主席令第八十八号）

SL 401—2007《水利水电工程施工作业人员安全操作规程》

SL 721—2015《水利水电工程施工安全管理导则》

2. 实施要点

安全操作规程是指在生产经营活动中，为消除能导致人身伤亡或者造成设备、财产破坏以及危害环境的因素而制定的具体技术要求和实施程序的统一规定。安全操作规程与岗位紧密联系，承包人应结合工作实际编制操作规程，监理机构应对承包人操作规程的编制、发放及实施进行监督检查。监理机构在监督检查时，应注意以下几点：

（1）操作规程编制。督促承包人对本单位生产经营过程中可能涉及的工种、岗位和机械设备进行详细梳理，并列出清单，再有针对性的编制操作规程。操作规程可自行编制也可直接引用、借鉴国家或行业已经颁布的技术标准，如 SL 401—2007《水利水电工程施工作业人员安全操作规程》、JGJ 33—2012《建筑机械使用安全技术规程》等。

（2）全面性和适用性。承包人所编制的操作规程一是应覆盖本单位所涉及的工种、岗位；二是应结合本单位生产工艺、作业任务特点以及岗位作业安全风险与职业病防护要求，不得存在明显违反相关安全技术规定的内容。编制过程中，应创造条件吸收相关岗位、工种的从业人员参与操作规程的编制，以提高操作规程的适用性和针对性，并能使其更深入掌握操作规程的内容。

（3）操作规程发放。操作规程是为作业工种、岗位操作人员服务和使用的技术文件，所以承包人的操作规程应发放到所对应的工种、岗位操作人员手中，并要求签收，仅发放到工作队或班组的做法是不妥的。

（4）教育培训。操作规程编制、发放后，应督促承包人根据《安全生产法》的规定，组织教育培训。《安全生产法》第二十八条规定，生产经营单位应当对从业人员进行安全生产教育和培训，保证从业人员具备必要的安全生产知识，熟悉有关的安全生产规章制度和安全操作规程，掌握本岗位的安全操作技能，了解事故应急处理措施，知悉自身在安全生产方面的权利和义务。未经安全生产教育和培训合格的从业人员，不得上岗作业。操作规程的教育培训工作应纳入承包人的教育培训计划，按照《评审规程》中的相关要求开展教育培训工作，并对教育培训情况进行如实记录形成教育培训档案。

3. 参考示例

监理机构对各承包人开展此项工作的监督检查记录和督促落实工作记录。监督检查内容应包括：

（1）以正式文件发布的安全操作规程。

（2）安全操作规程编制、审批记录。

（3）从业人员参与编制操作规程的工作记录。

（4）安全操作规程发放记录（至岗位）。

（5）安全操作规程教育培训记录。

第四节　文　档　管　理

　　文件及记录是对生产经营单位安全生产管理活动的记载，也是开展安全生产管理活动的重要手段及方法，规范的文档管理是生产经营单位安全生产管理工作的重要内容之一。

【标准条文】

2.4.1　监理单位的文件管理制度应明确文件的编制、审批、标识、收发、使用、评审、修订、保管、废止等内容，并严格执行。

2.4.2　监理单位的记录管理制度应明确记录管理职责及记录的填写、收集、标识、保管和处置等内容，并严格执行。

2.4.3　监理单位的档案管理制度应明确档案管理职责及档案的收集、整理、标识、保管、使用和处置等内容，并严格执行。

　　监理机构应制定信息管理制度（或监理实施细则），明确档案管理要求；监督检查承包人开展此项工作。

2.4.4　监理单位及监理机构每年应至少评估一次安全生产法律法规、标准规范、规范性文件、规章制度的适用性、有效性和执行情况。监理机构应监督检查承包人开展此项工作。

2.4.5　监理单位及监理机构根据评估、检查、自评、评审、事故调查等发现的相关问题，及时修订安全生产规章制度。监理机构应监督检查承包人开展此项工作。

　　1. 工作依据

　　SL 288—2014《水利工程施工监理规范》

　　SL/T 789—2019《水利安全生产标准化通用规范》

　　SL 721—2015《水利水电工程施工安全管理导则》

　　2. 实施要点

　　（1）文件及记录管理制度的编制。监理单位的安全文件及记录管理制度，可以单独制定，也可以与其他类型文件、记录管理制度相融合。应提醒项目法人单位以工程建设项目为单位，对各参建单位提出工程建设过程文件、记录与档案管理做统一要求。

　　监理机构应按《水利工程施工监理规范》的要求，编制信息管理制度或监理实施细则，明确监理文件、记录、档案等的监理工作内容、工作程序和工作要求。

　　（2）文件及记录检查。检查文件与记录管理制度的执行、落实的情况，通常采取抽查的方式，查看其已形成的文件和记录，是否符合管理制度的要求。检查记录的真实性，各类型记录内容应如实反映安全生产和职业健康管理工作过程和工作成果，记录中相关责任人员签字（手签）齐全。

　　（3）安全档案管理。安全生产管理档案是对水利工程建设安全生产管理过程的真实记录，档案应完整、准确、系统、规范和安全，满足水利工程建设项目建设、管理、监督、运行和维护等活动在证据、责任和信息等方面的需要。

根据水利工程建设的特点，应由项目法人对项目档案工作负总责，实行统一管理、统一制度、统一标准。在工程建设初期，明确档案工作的分管领导，设立或明确与工程建设管理相适应的档案管理机构，配备具有档案专业知识和技能、掌握一定的工程管理和水利工程技术专业知识的档案工作人员；建立档案管理机构牵头、工程建设管理相关部门和参建单位参与、权责清晰的项目档案管理工作体系。制定项目文件管理和档案管理相关制度，包括档案管理办法、档案分类大纲及方案、项目文件归档范围和档案保管期限表、档案整编细则等。

参建各单位应建立符合项目要求文件管理和档案管理制度，报项目法人确认后实施，并按合同约定，负责本单位所承担项目文件收集、整理和归档工作，接受项目法人的监督和指导。监理单位负责对所监理项目承包人的归档文件的完整性、准确性、系统性、有效性和规范性进行审查，形成监理审核报告。实行总承包的建设项目，总承包单位应负责组织和协调总承包范围内项目文件的收集、整理和归档工作，履行项目档案管理职责和任务。各分包单位负责其分包部分文件的收集、整理，提交总承包单位审核，总承包单位应签署审查意见。

监理机构及承包人的安全生产和职业健康管理档案收集内容应齐全，档案管理符合国家、行业相关规范要求，并有专人进行保管；档案保管的场所及设施符合有关规定。水利工程建设项目安全生产档案管理应严格执行《水利部关于印发水利工程建设项目档案管理规定的通知》（水办〔2021〕200 号）的有关规定。项目文件组卷及排列可参照 DA/T 28—2018《建设项目档案管理规范》；案卷编目、案卷装订、卷盒、表格规格及制成材料应符合 GB/T 11822—2008《科学技术档案案卷构成的一般要求》；数码照片文件整理可参照 DA/T 50—2014《数码照片归档与管理规范》；录音录像文件整理可参照 DA/T 78—2019《录音录像档案管理规范》。

水利工程建设各参建单位应根据自身安全生产管理的职责及工作内容，对安全生产管理过程中形成的文件及时制备、收集、整理和归档。档案的内容应真实、准确，与工程实际相符；档案的形式应统一，文字清晰、页面整洁、编号规范、签字及盖章完备，满足耐久性要求。各参建单位需要收集、归档的安全生产档案可参考《水利水电工程施工安全生产管理导则》（SL 721—2015）附录 B、附录 C 和附录 D 的内容。

（4）评估。监理单位应定期（至少每年开展一次）对所辨识的法律、法规、规章、技术标准和编制的规章制度、操作规程进行全面评估。评估的内容应包括适宜性、合规性及执行情况。

对法律、法规、规章、技术标准的评估内容应包括有效性、适宜性和执行情况；对规章制度、操作规程的评估内容应包括适用性、合规性和执行情况。

评估工作完成后应形成评估报告，内容应包括检查评估过程、检查评估结论，以及针对评估结论中存在问题的处理解决措施等，评估结论应真实、准确、符合实际。

（5）修订。监理单位及监理机构规章制度和操作规程在执行过程中因为法律、法规、规章、技术标准更新，工作环境改变等导致不完全适用时，以及根据评估、检查、自评、评审、事故调查等发现的相关问题，应及时进行修订，以保证其适用性、合规性。

3. 参考示例

（1）以正式文件发布的文件管理制度。

文件管理制度（编写示例）

第一章 总　　则

第一条　为规范公司文件管理的职责、管理活动的内容与方法、检查与考核、报告和记录等要求，特制定本制度。

第二条　本制度适用于公司及各项目监理部文件的管理。

第三条　本制度所称文件是指安全生产相关的信息及其载体。示例：记录、规范、程序文件、图样、报告、标准。

注1：载体可以是纸张，磁性的、电子的、光学的计算机盘片，照片或标准样品，或它们的组合。

注2：一组文件，如若干个规范和记录。

注3：某些要求（如易读的要求）与所有类型的文件有关，而另外一些对规范（如修订受控的要求）和记录（如可检索的要求）的要求可能有所不同。

第二章 职　　责

第四条　安全管理部负责公司安全生产管理性文件的管理与控制，负责文件的核发及校对。

第五条　分管安全副总经理（安全总监）负责公司安全生产管理性文件的审批。

第六条　其他各部门编写的安全生产标准化体系管理文件，应符合公司文件管理制度的要求。

第七条　各项目监理部负责按有关规定和合同约定，制定项目监理部文件管理制度或监理实施细则（或包含），收集、处理、归档本项目安全监理相关文件，监督检查承包人开展相关工作。

第三章　管理内容与方法

第八条　文件编制和审批

（一）公司层安全生产标准化体系管理性文件由安全管理部组织编制，分管安全副总经理审核，单位主要负责人批准签发。

（二）其他各专业操作性、技术性文件由各相对应部门主管负责组织相关技术人员编制，部门负责人审核，分管安全领导批准，报公司安全管理部备案。

（三）当公司的组织结构、操作流程等发生改变或适用的法律法规和标准发生变化时，应对原文件进行评审、修改、批准，并保留评审记录。

（四）各项目监理部的安全管理文件，根据《水利工程施工监理规范》规定以及监理合同、承包合同约定的权限，由总监理工程师负责处理。

第九条　文件的标识

（一）公司文件编号：按顺序编号，不同类别文件编号分别编排，仅有一个顺序号则该顺序号可省略。

版号：A/O，

A——首次版本　　O——修编次数

文件的标识统一格式

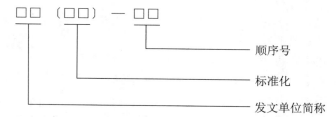

（二）各项目监理部文件编号规则，应根据所在项目项目法人的统一要求下，在信息管理实施细则进行明确。

第十条　文件的收发

（一）文件的收发实施分类控制，安全管理部负责组织安全生产文件收发，规定文件发放的范围及相应的分发号。

（二）文件的发放可采取内部网络发布或书面登记发放两种方式。

（三）文件归口部门编制"文件发放登记表"，确定文件发放范围、份数，受控文件须经文件归口部门负责人或单位主管负责人审批，非受控文件有文件发放部门确定自行确定。

（四）文件接收部门应指定人员接收文件，收文者要在"文件发放登记表"中签名，若在内部网络发布，则备注发布形式。

第十一条　文件的评审与修订

（一）文件归口部门定期组织对文件的适应性进行评审，当文件不适应需要更改时，实施具体修订工作。

（二）文件修订的起草、审核、批准有原文件起草、审核、批准部门/人员按文件管理程序进行，更改内容应由文件更改人填写"文件修订通知单"，并由文件审核人、批准人审批签字。若指定其他部门或人员审查、批准时须获得相关背景资料，否则不得擅自更改。

（三）文件修改内容较少时，可以采用划改、换页的方式进行更改；文件更改超过三次或更改较大或单位组织结构、管理体系发生重大变化或管理体系执行的标准发生变化时应进行换版。

（四）文件更改内容必须及时到达文件使用场所，对文件的宣贯、实施情况有文件归口部门进行检查，并确认更改效果。

第十二条　文件的使用与保管

（一）部门需要借阅文件时可向文件归口部门办理借阅手续，各部门文件管理人员应建立"文件借阅登记表"，管理文件的借出和归还。

（二）文件和资料在使用过程中不得随意涂改、外借和复制。

（三）文件的持有者若跨部门调动或离职，应办理文件交接、归还手续。

（四）所有经批准发布的文件皆应登记编目并归档保存于文件的归口部门，文件持有者使用有效版本，并确保文件清晰易于识别。

第十三条　文件的废止与销毁

（一）各部门使用中的文件已被更改且有新版文件发布时，原文件应作废收回，作废文件应加盖红色"作废"印章，隔离存放。

（二）失效文件、记录保存期满后，由文件归口部门鉴定文件是否已无保存价值，填写"文件/记录销毁审批记录表"，经办公室审核，公司分管领导批准后，由文件保管部门销毁。

第十四条　外来文件的管理

（一）上级下发的文件、行业来文及其他单位来函等安全类的文件由综合办公室统一接收，建立接收记录，填写"收文登记簿"，并由综合办公室提出拟办意见后，通过 OA 送分管安全领导签批处理意见。

（二）承办部门按文件内容及分管安全领导批示组织人员执行文件。需要反馈结果的，由承办部门将执行结果反馈至安全管理部。

（三）由安全管理部对文件执行结果进行审查，审查内容为是否达到文件要求及分管安全领导批示要求。

（四）对于已确认作废的外来文件，由各部门文件管理人员按管理范围从使用现场及时撤出（在网上的要进行删除），书面文件的作废要有见证人见证销毁。

第四章　附　　则

第十五条　本管理制度由公司安全管理部负责解释。

第十六条　本管理制度自发布之日起施行。

第五章　附录（示例见二维码 21）

二维码 21

附录 A：文件审批记录表

附录 B：安全生产管理制度执行情况评估表

附录 C：安全生产管理制度学习记录表

附录 D：文件修改申请表

附录 E：文件收发文登记表

附录 F：文件记录销毁清单

附录 G：安全法律法规规程规范评估报告（无固定格式）

（2）记录制度编写示例。

安全生产记录管理制度（示例）

第一章　总　　则

第一条　为规范公司安全生产记录管理的职责、管理活动的内容与方法、检查与考核、等要求，制定本制度。

第二条　本制度适用于公司及各项目监理部安全记录的管理。

第三条　本制度所称记录是指公司安全生产管理活动所取得的结果或提供所完成活动的证据的文件。

注1：记录可用于正式的可追溯性活动，并为验证、预防措施和纠正措施提供证据。

注2：通常，记录不需要控制版本。

第二章　职　　责

第四条　安全管理部

（一）收集、汇总各部门安全生产记录清单，建立中心安全生产记录清单。

（二）组织检查、考核各部门安全生产记录的执行情况。

（三）指导、监督各部门安全生产记录的归档管理工作。

第五条　各部门

（一）负责各职责范围内安全记录填写、收集、整理、贮存、归档的具体工作。

（二）在职责范围内，编制安全生产记录表格或文本样式，与文件一起报送安全管理部备案。

（三）定期整理记录有效清单，送安全管理部备案。

第六条　各项目监理部

（一）根据有关规定及合同约定，编制包括安全记录管理的项目监理部的信息管理实施细则。

（二）按照有关规定及监理合同、施工合同约定，负责所监理项目安全监理工作记录的收集、整理、归档与移交工作。

（三）负责对所监理的承包人安全记录进行审核，并对存在的问题督促整改。

第三章　管理内容与工作要求

第七条　记录的形式

记录可采用纸质、磁盘、光盘、胶片、照片等形式。

第八条　记录的填写

（一）按记录设置的项目随工作进展逐项填写，某些项目不需要填写时，用"/"明示。

（二）填写时字迹要清晰、整齐，能准确识别、内容要完整、齐全，数据要准确，语言要简练。

（三）记录一经填写完成，原则不上允许涂改。如经证实原有记录不准确或笔误，可在原记录上采用"划改"形式进行更改。

第九条　记录的标识与检索

（一）记录标识，包括记录名称、识别和记录的顺序号。记录名称、识别号均在有关文件中规定。

（二）记录顺序号填写要求。

（三）如果记录的表格号单页，直接在适当位置填写顺序号。

（四）如果是多页的记录表格，则将多页表格装订成一份，在每页标出共几页第几页。

（五）记录编号按顺序编号，不同类别文件编号分别编排，仅有一个顺序号则该顺序号可省略。

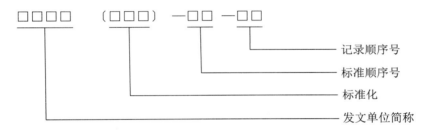

第十条　记录的收集、存放

（一）各记录保存的责任部门负责收集和管理本部门在生产和管理活动中形成的记录，项目部相关责任人员及时收集供方生成的记录，统一分类保管，并按分类编制"记录表式清单"，以方便按类存取和查阅。

（二）到期的记录，应在"记录表式清单"的"备注"栏中注明"作废"；销毁的记录在"记录表式清单"的"备注"栏中注明"已销毁"。

（三）记录由记录保管人存放在方便查找的地方，其存放环境应保持干燥、清洁、防火、防盗并安全可靠。

（四）记录以计算机软件形式保存的，应进行备份，并要防止突然断电和计算机病毒的侵害。

第十一条　记录的使用与保护

查阅/借阅应当经记录管理人员同意；查阅/借阅人员应爱护记录，不得在记录上任意划线或做其他任何标记，不得擅自涂改、污损、拆散、转借或丢失，保持记录的清洁完整。归还时应检查是否有拆页、更改等情况发生。

第十二条　记录的保管与处置

（一）属于管理体系运行的记录，由各部门整理保管，保存期限为3年，到期后应将记录整理成册，移交安全管理部保存，保存期一般为3年。

（二）记录保存期满后，保管人员请示部门负责人，由部门负责人做出处理决定，批准销毁的记录，由保管人员负责销毁，做好"文件销毁登记表"。

（三）记录到期仍有保存价值予以保留的，保管人请示部门负责人批准后，在记录的右上方标明"作废留存"字样。若部门不适宜继续保存，应移交公司档案室保存。

（四）各项目部的安全监理工作记录，应根据监理合同约定定期整理、汇总，并按项目法人要求进行移交，并形成移交记录。

第十三条　项目监理部对承包人相关工作的监督检查：

（一）记录管理制度的制定情况，是否以正式文件发布，制度是否符合有关规定和实际工作需要。

（二）相关记录收集、整理、归档情况，是否符合有关规定及合同约定。

第四章　附　则

第十四条　本管理制度由公司安全管理部负责解释。

第十五条　本管理制度发布之日起施行。

（3）以正式文件发布的档案管理制度。

档案管理制度编写示例（通用管理制度，包括安全等公司各类档案的管理要求）。

档案管理制度（示例）

第一章　总　则

第一条　为规范公司各类档案管理的职责、管理活动的内容与方法、检查与考核、等要求，制定本制度。

第二条　本制度适用于公司及各类档案的管理。

第三条　本制度所称档案是指公司在生产经营活动中形成的、具有查考、利用和保存价值的各种形式、各种载体的历史记录。

第二章　职　责

第四条　安全管理部为公司安全档案管理的归口部门。

第五条　其他各部门按照本制度规定做好部门档案管理工作。

第六条　各项目监理部应按监理合同约定，做好本项目部监理工作档案的收集、整理、归档工作，项目结束时按约定向委托人移交；督促承包人按承包合同约定做好工程施工档案的管理工作。

第三章　管理内容及工作要求

第七条　有关收文、发文和公司规定的各种文件、记录应由各职能部门及时送交办公室档案室归档。

第八条　各项目的档案资料由各项目组按照《水利工程建设项目档案管理规定》（水办〔2021〕200 号）规定填写清单后送档案室归档。

第九条　人事劳资、工伤保险、职业健康档案由人力资源负责收集并填写清单后送交档案室归档。

第十条　重大设备、特种设备、关键设备的购置合同、发票、验收资料、技术文件，由各相关部门收集并填写清单后送交档案室归档。

第十一条　安全资料由各相关部门负责收集并填写清单后送交安全管理部，安全管理部审核后交档案室归档。

第十二条　各种证照、产权证书、资质证书由各相关部门负责收集并填写清单后送交办公室归档。

第十三条　工程咨询文件、施工图审查文件、招标代理文件、水土保持文件以及类似项目宜按独立项目立卷。

第十四条　施工监理等建设工程类项目文件宜按《水利工程建设项目档案管理规定》（水办〔2021〕200 号）等相关规定立卷、归档，并按监理合同约定及时移交项目法人。

第十五条　公司投标文件在项目中标公告发布之日算起，1 个月内完成资料归档（未中标项目的文件由相关部门自行保存）。

第十六条　招标代理项目按独立标段的投标有效期到期之日算起，1 个月内完成资料归档。

第十七条　工程咨询文件、施工图审查文件、水土保持文件以及类似项目，自项目完成之日算起，1 个月内完成资料归档（部分合同期限在 1 年以上的项目，可在年度验收后归档）。

第十八条　施工监理项目按合同完工验收或阶段验收之日起算 3 个月内、市政公用工程按竣工验收之日起算 2 个月内完成相应的资料归档。受外部因素影响，部分必须到后期才能收集的资料，可分期归档。

第十九条　其他项目应在成果提交委托方后 1 个月内完成资料归档。

第二十条　有条件的部门或派出机构经与公司档案管理人员协商同意后，可以将部分归档文件临时存放在部门管理。

第二十一条　保管维护

（一）必须采取防火、防潮、防霉、防蛀等有效措施，配备必要消防设备、器具，并应定期检查，发现问题及时调整。

（二）档案库房应采取必要的保安措施，确保档案、技术资料的安全。

（三）应严格执行国家和公司有关保密的规定。对有密级要求的档案应定期检查，及时按有关规定对密级提出调整意见。

第二十二条　档案使用

（一）档案管理人员应按用户需要，准确迅速地提供资料和咨询服务。对文档的调阅，一般应在档案室范围内查阅，特殊情况确需借出时，应征得档案管理部门负责人的同意。

（二）借阅人有对所借档案内容对外保密的责任。

（三）借阅公司投标文件、标底文件、重要咨询成果类文件须经公司分管以上领导批准；借阅公司一般性的技术档案须经部门主管以上人员批准。

（四）档案办理借阅手续后方可借出。

（五）外单位借阅档案时，必须经公司技术档案分管领导批准后方予借阅。

（六）查阅时必须爱护案卷，不准折叠，不准拆卷，不准在文件上涂写或修改，不得抽走卷内任何材料。

（七）借阅技术档案应按时归还，预计到期不能归还者，应提前办理续借手续。

第二十三条 档案资料的销毁

（一）档案的保管期限应遵照国家及相关法规、标准、所服务项目委托人的规定。短期保管的项目档案，其保管期限为 10 年以下；长期保管的项目档案，其保管年限应至该工程被彻底拆除，永久保管的项目档案，本制度暂不规定。

（二）在保管期限内如认为确无保存价值的文件，相关人员可以提出销毁的建议，经公司分管领导审批销毁。

（三）凡是决定销毁的档案，必须认真登记造册，并必须履行签字手续，销毁时应有专人监销，销毁后监销人应签字确认。

第二十四条 监督检查

（一）工程技术资料的收集、整理与归档是项目负责人和部门主要负责人的责任，工程资料应与工程进度同步。

（二）部门应督促项目部及时进行资料归档，相关人员调离时部门应指定专项责任人负责项目资料的归档工作。公司不定期组织相关人员对项目归档情况进行检查，向全公司公开通报相关情况。

（三）对项目完成后在本制度规定时限内未归档的项目负责人及有关责任人予以通报并限期归档，被通报的人员当年考核不得评为优良。

第二十五条 项目监理部对承包人相关工作的监督检查：

（一）档案管理制度的制定情况，是否以正式文件发布，制度是否符合有关规定和实际工作需要；

（二）包括安全管理在内的档案收集、整理、归档情况，是否符合有关规定及合同约定。

第四章 附 则

第二十六条 本制度由公司安全管理部负责解释。

第二十七条 本制度自下发之日起施行。

（4）法律法规、规程规范、规章制度的评估报告（示例见二维码22）

（5）对各承包人开展此项的监督检查记录和督促落实工作记录（监督检查示例见表4-1）。

表4-1 　　　　　　　　　　　**安全生产费用投入监督检查表（示例）**

工程名称：×××××工程　　　　　　　　监理机构：×××××公司××××工程项目监理部

被查承包人名称					
序号	检查项目	检查内容及要求	检查结果	检查人员	检查时间
1	制度化管理	（1）承包人安全生产法律法规及其他要求清单建立以及相关文本的配备、发放情况； （可在承包人进场后以及每年初的综合检查中开展监督检查）	承包人×××项目部于×××年××月××日，辨识了适用于本项目的安全生产法律法规及其他要求清单，并以正式文件（文号）进行了发布。 存在的问题：承包人未为相关岗位和部门配备必要的法律法规及其他要求文本。已于××月××日通过监理通知（文号）要求承包人进行整改	×××	20××.××.××
		（2）承包人是否对规章制度组织教育培训。 （可在承包人进场后，或相关规章制度发布后开展监督检查）	承包人×××项目部于××月××日，针对本项目部（或其单位层级）制定的安全生产规章制度，组织进行了教育培训，教育培训档案资料齐全，共有××人参加了教育培训	×××	20××.××.××
		（3）承包人的操作规程管理（包括编制、内容、发放等）。 （可在承包人相关工种、设备进场后进行监督检查）	承包人×××项目部结合本项目所涉及的工种、岗位以及施工机械设备，制定了××项操作规程；操作规程内容符合SL 401的规定；操作规程已下发至作业工人	×××	20××.××.××
		（4）承包人文件、档案、记录制度制定情况以及执行情况； （制度制定的检查，可通过申报审批的方式完成；执行情况可在每月或每季度综合检查中开展监督检查）	承包人严格执行项目法人以及项目部下发的有关文档管理制度	×××	20××.××.××
		（5）承包人规章制度的评估修订	承包人×××项目部于××月××日，对其项目部的规章制度进行了检查、评估，根据评估结论对《风险分级管控制度》进行了修订		
其他检查人员			承包人代表		

注：对已按规定或合同约定向监理机构履行了报批或备案手续的工作，包括各类规章制度等，在监督检查表中不必再重复检查。

第五章 教 育 培 训

安全生产教育培训是安全生产管理工作的重要组成部分，是一项基础性工作。教育培训是生产经营单位从业人员获取安全生产管理知识、提高安全管理能力和水平的重要途径，通过安全生产教育和培训，可以使广大从业人员掌握安全知识，提高安全技能，改变行为习惯，认识生产安全事故发生规律，及时发现和消除事故隐患，保证安全生产。

第一节 教 育 培 训 管 理

《评审规程》中规定了监理单位安全生产教育培训制度的制定、计划编制、组织实施，各类教育培训工作开展的要求，教育培训档案整理，以及安全生产文化建设等方面的内容。

【标准条文】

3.1.1 监理单位的安全教育培训制度应明确归口管理部门、培训的对象与内容、组织与管理、检查与考核等要求。

监理机构应监督检查承包人开展此项工作。

3.1.2 监理单位及监理机构应定期识别安全教育培训需求，编制年度教育培训计划，按计划进行培训，对培训效果进行评价，并根据评价结论进行改进，建立教育培训记录、档案。

监理机构应监督检查承包人开展此项工作。

1. 工作依据

《安全生产法》（中华人民共和国主席令第八十八号）

《职业病防治法》（中华人民共和国主席令第五十二号）

《国务院安委会关于进一步加强安全培训工作的决定》（安委〔2012〕10号）

《安全生产培训管理办法》（安监总局令第44号）

SL 398—2007《水利水电工程施工通用安全技术规程》

SL 721—2015《水利水电工程施工安全管理导则》

2. 实施要点

（1）明确主管部门及管理要求。

监理单位制定的教育培训制度应明确本单位教育和培训的归口管理部门，教育培训的对象、培训的内容等基本要求。应建立健全单位的教育和培训体系，明确相关工作的组织、管理以及检查与考核等的要求。

（2）培训需求分析。

监理单位和监理机构应当至少每年在单位范围内进行培训需求调研，了解相关部门、项目部及从业人员的培训需求，整理汇总后形成需求分析报告，并据此编制年度培训计划，以提高培训工作的针对性和实效性。

（3）教育培训计划。

监理单位及监理机构，每年根据培训需求的调研，制定切实可行的教育培训年度计划。计划的内容应详细、具体、有可操作性，包括培训题目、培训时间、培训地点、授课人员、培训对象、培训学时等。

编制教育培训计划时，首先在培训内容上，应统筹考虑《评审规程》的要求及实际需要，将法律法规、规章制度、应急管理、重大危险源等，均应列入计划当中；其次是培训范围，应将单位主要负责人、安全管理人员以及其他在岗从业人员等的教育培训在年度实现全员覆盖；再次是在教育培训的形式上，可以采取集中培训、现场教学、网络培训、知识竞赛等。对于规模较大、人员分散的监理单位，可以采取统一制定计划，分级组织实施的模式，提高教育培训的效率、节约管理成本。

（4）教育培训内容。

监理单位的教育培训内容，以及监理机构监督检查承包人教育培训的内容通常包括：

1）法律法规规章、技术标准及其他要求；

2）安全生产责任制及其他规章制度；

3）安全生产管理知识；

4）安全生产技术、"四新"技术；

5）操作规程（不包括监理单位，是对承包人的监督检查内容）；

6）职业健康；

7）应急救援；

8）典型案例。

（5）培训对象。

1）单位主要负责人及安全生产管理人员；

2）三类人员继续教育培训（不包括监理单位，是对承包人的监督检查内容）；

3）新员工；

4）特种作业人员（不包括监理单位，是对承包人的监督检查内容）；

5）在岗从业人员（全员）；

6）相关方；

7）被派遣劳动者、实习学生。

（6）教育培训的组织。

（7）教育培训的形式。

教育培训形式可以采用集中面授、现场培训、分类培训、小组讨论等，也可以采取网络、视频、板报、图片、电视、知识问答等丰富多彩、喜闻乐见、易于接受的形式，重在培训效果。目前国内不少水利重点工程施工现场设置了安全体验馆，VR体验馆等，取得了很好的培训效果。

（8）教育培训效果评价。

教育培训工作结束后，可采取总体综合评价和全员评价的方式，对教育培训的组织、授课内容、授课形式等进行全面评价。认真总结、分析本次教育培训工作中存在的问题，提出改进的意见、建议，不断提高教育培训的质量。

（9）教育培训档案。

《安全生产法》第二十八条规定了生产经营单位建立安全生产教育和培训档案的要求：

第二十八条　生产经营单位应当建立安全生产教育和培训档案，如实记录安全生产教育和培训的时间、内容、参加人员以及考核结果等情况。

对安全生产教育和培训档案管理的要求，不仅是从业人员安全生产教育和培训情况的如实记载、了解从业人员是否掌握足够安全生产知识的重要参考，也是生产安全事故发生后追究相关人员责任的重要依据。

监理单位应加强对档案资料的收集整理工作，建立从业人员安全培训档案，如实记录安全生产教育和培训的时间、内容、参加人员以及考核结果等情况。形成并收集教育培训需求、培训计划、培训通知、培训签到、教育培训记录、现场培训音像资料、考试考核材料、考试成绩单及教育培训效果评估等在内的档案资料。档案应当按照有关要求进行保存，不得擅自修改、伪造，档案除电子文档形式保存外，原则上还应当以纸质文件形式进行存档。

（10）监理机构除完成自身的教育培训工作外，还应依据合同约定，参照以上各项要求检查各承包人安全生产教育培训制度及计划的制定、落实及档案整理情况，并形成检查记录。

3. 参考示例

（1）以正式文件发布的教育培训制度。

教育培训制度（示例）

第一章　总　　则

第一条　为规范公司安全教育培训管理工作，明确公司员工能力培训需求分析、培训计划、培训实施、培训考核评估记录等要求，制定本制度。

第二条　本制度根据《中华人民共和国安全生产法》《生产经营单位安全培训规定》《安全生产培训管理办法》《水利部关于贯彻落实〈国务院安委会关于进一步加强安全培训工作的决定〉进一步加强水利安全培训工作的实施意见》等规定编写。

第三条　本制度适用于公司安全生产教育培训工作。

第二章　工　作　职　责

第四条　董事长。组织制定并实施本单位安全生产教育和培训制度和计划。

第五条 分管安全领导。协助主要负责人组织制定并实施本单位安全生产教育和培训计划。

第六条 人力资源部

（一）负责组织编制公司教育培训计划，经董事长审批后发布实施。

（二）负责员工教育培训统筹、组织协调、具体实施和控制工作。包括培训需求分析、设计培训项目、制定公司年度培训计划、培训实施、评估员工培训效果并反馈、建立培训档案等。

（三）检查和评估培训的实施情况，追踪和评价培训效果。

第七条 安全管理部

（一）负责提出公司安全教育培训需求，指导、督促各部门提出部门安全教育培训需求。

（二）制定部门安全培训计划，是公司安全教育培训的归口部门。

（三）负责组织公司全体从业人员的安全生产培训，建立培训档案，对安全生产教育培训情况进行检查。

（四）负责对各部门、项目部、所属单位的安全生产教育培训工作进行指导、监督和检查。

（五）负责新员工入职培训教材和题库的开发，组织新员工开展公司级安全培训。

第八条 各部门、所属单位

（一）根据实际工作需要、人员技能水平提出安全培训需求。

（二）负责编制本部门安全培训计划，报安全管理部备案。

（三）负责本部门培训工作的具体实施。

（四）组织员工参加外部培训，鼓励员工自我培训，督促项目部开展培训。

（五）负责开展培训成效的测评和培训计划完成情况的考核。

（六）负责组织新进员工部门级/项目部安全培训，如实记录相关材料，登记三级安培训卡，督促部门特种作业人员证件管理。

（七）负责员工教育培训档案管理和班组培训情况登记，妥善保管原始培训资料，及时向上级提出培训的相应建议。

第九条 各项目监理部

（一）根据实际工作需要、人员技能水平提出安全培训需求。

（二）负责编制本项目部安全培训计划，报公司安全管理部备案。

（三）负责本项目部（项管部）培训工作的具体实施。

（四）织员工参加外部培训，鼓励员工自我培训，督促项目部开展培训。

（五）负责开展培训成效的测评和培训计划完成情况的考核。

（六）负责组织新进员工项目部级安全培训，如实记录相关材料。

（七）负责员工教育培训档案管理和班组培训情况登记，妥善保管原始培训资料，及时向上级提出培训的相应建议。

（八）根据有关规定和合同约定，监督检查承包人教育培训开展、项目经理、专职安全员、特种作业（设备）人员持证上岗、对分包单位教育培训工作的管理情况等。

第三章 管理内容与方法

第十条 人力资源部每年年初发布培训需求调查，分别从公司、部门、员工个人三个层面进行调研，根据调研结果汇总培训需求，进行培训需求分析。

第十一条 安全管理部每年年初负责提出公司安全教育培训需求，指导、督促各部门提出本部门的安全教育培训需求。

第十二条 各部门可根据各自业务发展的需要及培训需求调查，编制部门培训计划，并经分管领导审批后报人力资源部门备案，涉及安全生产教育培训还应报安全管理部备案。

第十三条 人力资源部依据对员工培训需求调查的结果，以及公司相关培训的政策，统筹各部门的需求，结合公司整体战略目标及发展计划，每年年底拟订下一年度培训计划，经分管人力资源和安全生产领导审核后，报公司董事长审批。

第十四条 计划内容应包括培训对象、培训项目或主题、培训类型、培训讲师、培训实施形式、培训时间、培训课时等。

第十五条 人力资源部负责对培训实施过程进行管理，包括培训记录、保存培训资料。

第十六条 安全管理部根据计划开展公司层级安全培训，并负责该项培训的所有事宜，包括培训场地安排、培训通知、教材分发、培训考核等，督促检查各部门安全培训工作的开展。

第十七条 公司主要负责人、分管安全的负责人及安全管理人员初次安全培训时间不得少于32学时，每年再培训时间不得少于12学时。

第十八条 安全管理部负责组织对新员工应进行二级安全生产教育培训。经过公司、部门/项目部二级培训，经过考试合格后方可上岗工作，培训时间不得少于24学时。

第十九条 新员工应严格根据公司要求按时参加各类培训，严格遵守培训纪律，并填写《培训效果评估表》，客观公正的评价授课情况：

（一）公司级安全教育主要内容包括：

——国家、省市及有关部门制定的安全生产方针、政策、法规；

——安全生产基本知识；

——安全生产情况及安全生产规章制度和劳动纪律；

——从业人员安全生产权利和义务；

——有关事故案例等。

（二）项目（部门）级安全教育主要内容包括：

——本项目的安全生产状况；

——本项目工作环境、工程特点及危险因素；

——所从事工种可能遭受的职业伤害和伤亡事故；

——所从事工种的安全职责、操作技能及强制性标准；

——自救互救、急救方法、疏散和现场紧急情况的处理、发生安全生产事故的应急处理措施；

——安全设施设备设施、个人防护用品的使用和日常维护；

——预防事故和职业危害的措施及应注意的安全事项；

——有关事故案例。

第二十条　对临时办事、外来参观、学习、检查等人员进入项目现场应由项目部总监理工程师安排相关人员进行相应的安全生产教育和培训及安全注意事项的告知，提供必要的劳动防护用品，并有专人陪同。

第二十一条　公司使用被派遣劳动者的，应当将被派遣劳动者纳入本单位从业人员统一管理，对被派遣劳动者进行岗位安全操作规程和安全操作技能的教育和培训。督促劳务派遣单位应当对被派遣劳动者进行必要的安全生产教育和培训。

第二十二条　员工接受教育一天按 8 学时计算，半天按 4 学时计算。

第二十三条　公司建立安全培训教育档案，对每一位员工建立安全教育培训记录卡，实施一人一卡制度，主要包括需要培训内容、学时、培训人、时间、地点以及考核成绩等。

第二十四条　各部门及相关人员应对安全生产教育培训情况做好记录，培训结束后将培训计划、培训人员名单、培训内容、培训过程记录包括签到、课件、过程映像、考核、评估等有关资料存入培训档案，并报人力资源部备案，涉及安全生产教育培训的，应报安全管理部备案。

第二十五条　项目监理部按合同约定监督检查承包人安全生产教育培训管理制度、年度教育培训计划的制订，教育培训工作开展情况，项目经理、专职安全员、特种作业人员持证上岗情况；以及其对分包方按照规定进行安全生产教育培训，经考核合格后进入项目现场，需持证上岗的岗位，不安排无证人员上岗作业。

第四章　培训考核与评估

第二十六条　各培训组织部门应组织培训结束后的考核和评估工作，以判断培训是否取得预期培训效果。培训考核可按照笔试、现场问答等方式开展。培训效果评价内容包括：培训对象、内容和方法的适宜性；计划执行和员工参与的依从性、员工知识、技能、意识提高和应用效果。

第二十七条　培训效果评价途径包括：学员反馈、绩效改善、管理层反馈、领导反馈、测试结果的分析、现场应用能力的观察等。

第二十八条　培训效果评估程序：每项培训结束时，培训组织部门应组织员工填写《培训效果反馈评估表》，由组织部门对反馈评估情况进行统计汇总，并根据实际培训情况编写评估报告。培训评估主要包括以下内容：

（一）对授课讲师的评估，包括对培训课程内容、讲师、讲课技巧及效果等的评估。

（二）对学员的评估，主要通过课后考核的方式检查学员的接受程度和效果。

（三）对培训的整体有效性进行评价，判断培训是否取得预期效果。

第二十九条　培训总结：每年12月末，人力资源部组织各部门对本年度的培训需求、培训计划、培训实施和培训效果评估进行总结、评估，并提出有针对性的改进意见，持续改进次年员工能力培训标准、培训需求、培训计划。

第三十条　安全管理部会同人力资源部，定期对各部门的安全教育培训情况进行检查，检查的主要内容包括：

（一）是否制定并落实了安全教育培训教育培训计划。

（二）新进职人员三级教育记录。

（三）公司、部门、承包商等第三方的安全教育培训情况及资料（包含教育培训签到表和培训学时记录）。

（四）检查变换岗位时是否进行安全教育。

（五）检查从业人员对本岗位安全技术操作规程的熟悉程度。

（六）检查安全生产管理人员的年度培训考核情况。

（七）特种作业员工持证情况。

第三十一条　所有培训课程均提前3天发布通知，受训人员须提前做好安排，公司员工特殊原因不能全勤参加培训的，普通员工必须提前向部门负责人请假，中层人员必须提前向分管副总经理请假，管理层必须提前向总经理请假。

第三十二条　凡在公司内部举办的培训课（包括外部讲师的内部集训、内部培训讲座及各种内部研讨会、交流会等），参加人员必须严格遵守培训规范，课前准时签到，考勤状况将作为培训考核的一项因素。

第三十三条　参加外部培训的员工，应在培训结束后向公司提交学习总结、现场培训照片，并根据公司要求将所学内容向公司相关人员进行培训。

第三十四条　项目监理部对承包人的监督检查：

（一）承包人教育培训制度的制定情况，是否以正式文件发布，制度内容符合有关规定。

（二）承包人教育培训计划的制定情况，是否符合项目部的实际，是否按计划要求开展教育培训工作。

（三）项目经理、专职安全员持行政主管部门安全考核合格证书的情况，特种作业人员是否持特种作业证书，相关证书是否在有效期内。

（四）教育培训档案收集、整理、归档情况。

（五）督促分包单位开展教育培训情况。

第五章　附　　则

第三十五条　本制度由人力资源部负责解释。

第三十六条　本制度自发布之日起施行。

第六章　附录（示例见二维码23）

附录A：××年度培训需求

附录B：××年度安全培训计划

附录C：培训签到

附录D：×××培训考核试题

附录E：效果评估表

附录F：培训改进表

附录G：安全培训记录

附录H：主要负责人和安全管理人员取证情况及培训登记表

附录I：新进员工三级安全教育卡

附录J：三级安全教育培训汇总表

附录K：相关方培训、持证上岗检查登记表

附录L：培训学时统计表

二维码24

（2）以正式文件发布的年度培训计划（示例见二维码24）。

（3）教育培训档案资料，包括：培训通知、回执、培训资料、照片资料、考试考核记录、成绩单、培训效果评价等（示例见二维码25）。

（4）根据效果评价结论而实施的改进记录。

（5）对各承包人此项工作开展情况的监督检查记录和督促落实工作记录。

二维码25

第二节　人　员　教　育　培　训

《评审规程》此部分内容规定了监理单位开展人员教育培训的要求，主要包括各级管理人员、新员工、在岗人员，以及对承包人的监督检查等。

【标准条文】

3.2.1　监理单位应对各级管理人员［包括单位主要负责人，各级专（兼）职安全管理人员、各部门、所属单位、监理机构负责人等］进行教育培训，确保其具备正确履行岗位安全生产职责的知识与能力，每年按规定进行再培训。

监理机构应监督检查承包人开展此项工作。

1. 工作依据

《安全生产法》（中华人民共和国主席令第八十八号）

《国务院安委会关于进一步加强安全培训工作的决定》（安委〔2012〕10号）

《生产经营单位安全培训规定》（安监总局令　第3号）

《水利部关于进一步加强水利安全培训工作的实施意见》（水安监〔2013〕88号）

《水利水电工程施工企业主要负责人、项目负责人和专职安全生产管理人员安全生

产考核管理办法》（水监督〔2022〕326 号）

SL 721—2015《水利水电工程施工安全管理导则》

2. 实施要点

（1）基本要求。根据相关规定，包括监理单位在内的各类生产经营单位的主要负责人和各级管理人员应参加安全生产教育培训。《安全生产法》第二十七条规定，生产经营单位的主要负责人和安全生产管理人员必须具备与本单位所从事的生产经营活动相应的安全生产知识和管理能力，通常这种能力是通过教育培训渠道获得。其中施工企业安全管理人员即"三类人员"的教育培训及考核有明确的内容、学时等方面规定且实行准入制。根据《生产经营单位安全培训规定》，生产经营单位主要负责人安全培训应当包括下列内容：

1）国家安全生产方针、政策和有关安全生产的法律、法规、规章及标准；

2）安全生产管理基本知识、安全生产技术、安全生产专业知识；

3）重大危险源管理、重大事故防范、应急管理和救援组织以及事故调查处理的有关规定；

4）职业危害及其预防措施；

5）国内外先进的安全生产管理经验；

6）典型事故和应急救援案例分析；

7）其他需要培训的内容。

安全生产管理人员安全培训应当包括下列内容：

1）国家安全生产方针、政策和有关安全生产的法律、法规、规章及标准；

2）安全生产管理、安全生产技术、职业卫生等知识；

3）伤亡事故统计、报告及职业危害的调查处理方法；

4）应急管理、应急预案编制以及应急处置的内容和要求；

5）国内外先进的安全生产管理经验；

6）典型事故和应急救援案例分析；

7）其他需要培训的内容。

《水利部关于贯彻落实〈国务院安委会关于进一步加强安全培训工作的决定〉进一步加强水利安全培训工作的实施意见》对水利生产经营单位安全管理人员培训提出了要求，施工企业主要负责人、项目负责人、安全生产管理人员（以下简称"三类人员"）和各生产经营单位特种作业人员应 100%持证上岗，以班组长、新工人、农民工为重点的从业人员 100%培训合格后上岗；其他水利生产经营单位安全生产管理人员和一线从业人员 100%培训合格后上岗。

（2）培训组织。根据规定，生产经营单位的安全教育培训工作，可以自行组织，由单位主要负责人、安全管理人员等负责。关于施工企业的"三类人员"教育培训，根据《水利部办公厅关于进一步加强水利水电工程施工企业主要负责人、项目负责人和专职安全生产管理人员安全生产培训工作的通知》的要求：对于施工单位的"三类人员"，自行组织或采用委托培训机构培训、远程教育培训等方式开展"三类人员"安全生产新上岗培训和再培训，并详细、准确做好培训记录，培训记录应包括培训时间、培训内容、培训教师、培训人员名单及签到表、考核结果等内容。水利部不再组织对水利水电工程施工总承包一级（含一级）以上资质、专业承包一级资质以及部直属施工单位"三类人员"进行安全生产继续教育，可自行组织或参加社会力量办学举办的教育培训。在"三类人员"考核和延期审核时，水利水电工程施工单位应将新上岗培训或每年的再培训证明记录交水行政主管部门核验，必要时对企业培训情况进行核查。

（3）培训学时。《评审规程》未对各项教育培训的学时给出明确规定，要求生产经营单位根据相关法规、规章和技术标准的规定，在教育培训制度和计划中明确教育培训学时。生产经营单位所开展的各项教育培训，对于有培训学时要求的，应满足相关规定。在《水利部关于贯彻落实〈国务院安委会关于进一步加强安全培训工作的决定〉进一步加强水利安全培训工作的实施意见》《水利部办公厅关于进一步加强水利水电工程施工企业主要负责人、项目负责人和专职安全生产管理人员安全生产培训工作的通知》和 SL 721—2015 中均对相关人员的教育培训学时给出了要求，实施过程中应执行上述规定。如在《水利部关于贯彻落实〈国务院安委会关于进一步加强安全培训工作的决定〉进一步加强水利安全培训工作的实施意见》中规定：水利生产经营单位（包括监理单位）应加强新职工上岗安全生产教育培训，水利水电工程施工企业新职工上岗前至少进行 32 学时安全培训，每年进行至少 20 学时再培训；其他水利生产经营单位（包括监理单位在内）的新职工上岗前至少进行 24 学时培训，每年进行至少 8 学时再培训。

3．参考示例

（1）监理单位主要负责人及安全生产管理人员教育培训记录。

（2）监理机构对承包人进场人员验证资料及此项工作开展情况的监督检查记录。

【标准条文】

3.2.2 新员工上岗前应经过监理单位和监理机构的安全教育培训，培训内容和培训时间应符合有关规定。

监理机构应监督检查承包人开展此项工作。

3.2.4 监理单位每年对在岗从业人员进行安全生产教育培训，培训时间和培训内容应符合有关规定。

监理机构应监督检查承包人开展此项工作。

1．工作依据

《安全生产法》（中华人民共和国主席令第八十八号）

《国务院安委会关于进一步加强安全培训工作的决定》（安委〔2012〕10 号）

《生产经营单位安全培训规定》（安监总局令第 3 号）

《水利部关于贯彻落实〈国务院安委会关于进一步加强安全培训工作的决定〉进一步加强水利安全培训工作的实施意见》（水安监〔2013〕88 号）

《特种作业人员安全技术培训考核管理规定》（安监总局令第 30 号）

《特种设备作业人员监督管理办法》（质检总局令第 70 号）

SL 721—2015《水利水电工程施工安全管理导则》

2. 实施要点

（1）监理单位新员工培训及在岗从业人员的再培训，应按《安全生产法》和《水利部关于贯彻落实〈国务院安委会关于进一步加强安全培训工作的决定〉进一步加强水利安全培训工作的实施意见》规定的内容开展教育培训工作。教育培训学时应满足《水利部关于贯彻落实〈国务院安委会关于进一步加强安全培训工作的决定〉进一步加强水利安全培训工作的实施意见》规定，即其他水利生产经营单位新职工上岗前至少进行 24 学时培训，每年进行至少 8 学时再培训。考虑到监理单位的生产经营特点，在《评审规程》中规定了监理单位的新员工开展监理单位、监理机构两级教育培训即可，未要求开展三级教育培训，各级教育培训内容可参照施工企业的有关规定。

（2）监理机构对承包人新员工教育培训的监督检查。监理机构应督促承包人对新员工组织培训，要求承包人首先识别新入职人员，新工艺、新技术、新材料、新设备投入使用和离岗、转岗人员教育培训需求，开展教育培训工作，教育培训内容、学时、档案资料等应满足相关规定。

承包人新员工上岗前应进行公司、项目、班组三级安全教育培训，并经考核合格。三级安全教育培训应符合 SL 721—2015 的相关规定，教育培训主要内容应包括：

1）公司安全教育培训：国家和地方有关安全生产法律、法规、规章、制度、标准、企业安全管理制度和劳动纪律、从业人员安全生产权利和义务等。

2）项目安全教育培训：工地安全生产管理制度、安全职责和劳动纪律、个人防护用品的使用和维护、现场作业环境特点、不安全因素的识别和处理、事故防范等。

3）班组安全教育培训：本工种的安全操作规程和技能、劳动纪律、安全作业与职业卫生要求、作业质量与安全标准、岗位之间衔接配合注意事项、危险点识别、事故防范和紧急避险方法等。

（3）在岗人员的教育培训。在岗作业人员是指监理单位除主要负责人、安全管理人员和特种作业人员外的其他人员，也应按《安全生产法》等有关规定，开展经常性安全教育培训工作，最终实现覆盖全员的经常性安全生产教育培训，具体要求可参照《水利部关于贯彻落实〈国务院安委会关于进一步加强安全培训工作的决定〉进一步加强水利安全培训工作的实施意见》有关内容。生产经营单位在开展此项工作时，在制定教育培训计划阶段就应考虑此要求，对全员教育培训工作进行全面、系统的策划。每年度对教育培训工作开展情况进行统计、汇总、分析，计算出全员教育培训率。

3. 参考示例

（1）监理单位新进人员教育培训记录及相关统计资料（示例见二维码 26）。

（2）监理机构对承包人此项工作开展情况的监督检查记录和督促落实工作记录。重点检查承包人以下内容：

1）新员工（施工企业，三级）教育记录及档案。

2）"四新"教育记录及档案。

3）转岗离岗重新上岗人员二级（部门及班组）教育培训记录及档案。

二维码 26

【标准条文】

3.2.3　监理机构应监督检查承包人特种作业人员及特种设备作业人员持证上岗情况。

1. 工作依据

《安全生产法》（中华人民共和国主席令第八十八号）

《特种作业人员安全技术培训考核管理规定》（安监总局令第 30 号）

《特种设备作业人员监督管理办法》（质检总局令第 70 号）

SL 288—2014《水利工程施工监理规范》

SL 721—2015《水利水电工程施工安全管理导则》

2. 实施要点

根据《安全生产法》第三十条的规定，生产经营单位的特种作业人员必须按照国家有关规定经专门的安全作业培训，取得相应资格，方可上岗作业。

特种作业，是指容易发生事故，对操作者本人、他人的安全健康及设备、设施的安全可能造成重大危害的作业。《安全生产法》做出授权规定，由国务院应急管理部门会同国务院有关部门确定特种作业人员的范围。有关特种作业人员的范围应以国务院应急管理部门会同国务院有关部门确定的为准。有关部门应当相互协作，科学、合理、及时确定特种作业人员范围，满足实际工作需要。根据原国家安全生产监督管理总局颁布的《特种作业人员安全技术培训考核管理规定》，特种作业的范围由特种作业目录规定。根据现行特种作业目录，特种作业大致包括：①电工作业，指对电气设备进行运行、维护、安装、检修、改造、施工、调试等作业（不含电力系统进网作业）；②焊接与热切割作业，指运用焊接或者热切割方法对材料进行加工的作业（不含《特种设备安全监察条例》规定的有关作业）；③高处作业。指专门或经常在坠落高度基准面 2m 及以上有可能坠落的高处进行的作业；④制冷与空调作业，指对大中型制冷与空调设备运行操作、安装与修理的作业；⑤煤矿安全作业；⑥金属非金属矿山安全作业；⑦石油天然气安全作业；⑧冶金（有色）生产安全作业；⑨危险化学品安全作业，指从事危险化工工艺过程操作及化工自动化控制仪表安装、维修、维护的作业；⑩烟花爆竹安全作业，指从事烟花爆竹生产、储存中的药物混合、造粒、筛选、装药、筑药、压药搬运等危险工序的作业；⑪原国家安全生产监督管理总局认定的其他作业。

直接从事以上特种作业的从业人员，即特种作业人员。《特种作业人员安全技术培训考核管理规定》第五条规定，特种作业人员必须经专门的安全技术培训并考核合格取得《中华人民共和国特种作业操作证》后，方可上岗作业。没有取得特种作业相应资格的，不得上岗从事特种作业。特种作业人员的资格是安全准入类，属于行政许可范畴，由主管的负有安全生产监督管理职责的部门实施特种作业人员的考核发证工作。特种作业人员未按照规定经专门的安全作业培训并取得相应资格就上岗作业的，其所在的生产经营单位将根据规定承担相应的法律责任。除此之外，原质监总局发布的《特种设备作业人员监督管理办法》中确定的特种设备作业人员，也属于特种作业人员。

根据《特种作业人员安全技术培训考核管理规定》，特种作业人员应当符合以下条件：年满18周岁，且不超过国家法定退休年龄；经社区或者县级以上医疗机构体检健康合格，并无妨碍从事相应特种作业的器质性心脏病、癫痫病、美尼尔氏症、眩晕症、癔病、震颤麻痹症、精神病、痴呆症以及其他疾病和生理缺陷；具有初中及以上文化程度；具备必要的安全技术知识与技能；相应特种作业规定的其他条件。危险化学品特种作业人员还应当具备高中或者相当于高中及以上文化程度。

监理机构对承包人的监督检查，首先应检查承包人特种作业人员台账建立、特种作业人员的基本信息，如身份信息、工作履历、持证情况等信息的收集情况，重点检查两类特种作业人员的资格证书是否在有效期内。

3. 参考示例

（1）承包人特种作业人员进场申报及监理机构审核记录（示例见二维码27）。

（2）对承包人的监督检查记录［可由（1）中的申报记录代替］。

【标准条文】

二维码27

3.2.5 监理机构应监督检查承包人对其分包单位进行安全教育培训管理情况。

3.2.6 监理机构应监督检查承包人对外来人员进行安全教育，主要内容包括安全管理要求、可能接触到的危险有害因素及其防护措施、应急知识等，并由专人带领，并做好相关监护工作。

1. 工作依据

《安全生产法》（中华人民共和国主席令第八十八号）

SL 288—2014《水利工程施工监理规范》

SL 721—2015《水利水电工程施工安全管理导则》

2. 实施要点

（1）监理机构监督检查承包人对分包方人员教育培训的管理，主要包括：①分包方应在人员进场前就人员数量、资格等基本资料，向总包单位进行报验，总包单位应履行审核、验证手续；②总包单位应要求分包方对进场人员分工种开展教育培训，并经考核合格后方可进入现场；③分包方相关岗位人员包括专职安全员、特种作业人员等应按前述相关规定持证上岗。总包单位在开展上述工作时，应做好相关工作记录。

（2）监督检查承包人对进入其施工现场参观、学习、检查等人员，均应针对现场安全管理实际，进行教育和告知，并为相关人员配备必要的个人防护用品，在专人带领下进入施工现场。

3. 参考示例

监理机构对各承包人此项工作开展情况的监督检查记录，重点检查以下内容（监督检查示例见表5-1）：

（1）承包人对分包单位（相关方）进场人员验证资料档案。

（2）承包人对分包单位（相关方）各工种安全生产教育培训、考核的管理情况。

（3）分包单位（相关方）的岗位作业及特种作业人员证书。

（4）对外来参观、学习等人员进行安全教育或危险告知的记录。

表 5－1　　　　　　　　　　　　　　**教育培训监督检查表（示例）**

工程名称：××××××工程　　　　　　监理机构：××××××公司××××工程项目监理部

被查承包人名称					
序号	检查项目	检查内容及要求	检查结果	检查人员	检查时间
1	教育培训	（1）承包人教育培训计划制定及开展情况。 （教育培训计划可在承包人进场后以及每年初监督检查；教育培训开展情况，可在每季度或半年的综合检查中进行检查）	承包人×××项目部于×××年××月××日，制定了××××年度教育培训计划，并以正式文件（文号……）发布。 截至检查日期，承包人已按计划开展了××次教育培训，教育培训记录、档案齐全、完整、真实	×××	20××.××.××
		（2）新员工教育培训 （有新员工进场后，结合相关检查工作一并开展）	承包人×××项目部于××月××日，对本项目部新进场的××名员工，组织开展了三级教育培训，教育培训内容、学时等符合 SL 721—2015 的规定	×××	20××.××.××
		（3）在岗从业人员教育培训 （可在每年末监督检查）	经统计，承包人×××项目部对本年度××现场在岗从业人员，实行了全覆盖的教育培训，学时、教育培训内容等符合 SL 721—2015 的规定	×××	20××.××.××
		（4）承包人对分包单位的教育培训管理 （分包单位人员进场后，或每月综合检查过程中进行监督检查）	承包人×××项目部，于××××年××月××日，对劳务分包方××××公司的××名进场人员进行了验证，专职安全管理人员××名、特种作业人员××名，均持证上岗。 分包方对××名进场人员进行了进场前的安全教育培训，培训考核全部合格	×××	20××.××.××
		（5）外来人员教育培训 （可在每月综合检查过程中进行监督检查）	承包人×××项目部对外来人员进入现场前，均进行了安全告知，配发了安全防护用品，并安排专人带领	×××	20××.××.××
其他检查人员			承包人代表		

注： 对已按规定或合同约定向监理机构履行了报批或备案手续的工作，包括教育培训制度，项目经理、专职安全员、特种作业（设备）人员的持证上岗情况等，在监督检查表中不必再重复检查。

第六章 现 场 管 理

施工现场是监理单位安全生产工作的重点，应要求监理机构依据相关法律法规、技术标准以及监理合同、工程承包合同，履行安全监理职责、开展安全监理工作。监督检查承包人的安全生产管理行为是否符合上述规定或约定，最大限度消除人的不安全行为、物的不安全状态和管理上的缺陷，排查治理事故隐患，预防和减少生产安全事故。《评审规程》从设备设施管理、作业安全管理、职业健康和警示标志及安全防护设施等四方面，对监理单位现场管理的安全标准化建设进行了规定。

第一节 设 备 设 施 管 理

监理单位的设备设施管理工作，主要内容包括协助项目法人向承包人提供符合要求的施工现场和施工条件，开展自身设备设施的安全管理工作，监督检查承包人设施设备安全管理工作是否符合相关要求。

【标准条文】

4.1.1 监理机构应按合同约定协助项目法人向承包人提供现场及施工可能影响的毗邻区域内供水、排水、供电、供气、供热、通信、广播电视等管线资料，拟建工程可能影响的相邻建筑物和构筑物、地下工程的有关资料；开工前分别检查发包人提供的施工条件和承包人的施工准备情况是否满足开工要求。

1. 工作依据

《建设工程安全生产管理条例》（国务院令第 393 号）

《水利工程建设安全生产管理规定》（水利部令第 26 号）

SL 288—2014《水利工程施工监理规范》

SL 721—2015《水利水电工程施工安全管理导则》

2. 实施要点

(1) 协助项目法人移交有关资料。

根据《建设工程安全生产管理条例》第六条规定，建设单位（项目法人，下同）在开工前应当向施工单位提供施工现场及毗邻区域内供水、排水、供电、供气、供热、通信、广播电视等地下管线资料，气象和水文观测资料，相邻建筑物和构筑物、地下工程的有关资料，并保证资料的真实、准确、完整。项目法人单位因建设工程需要，向有关部门或者单位查询前款规定的资料时，有关部门或者单位应当及时提供。

对于实行监理制的水利工程项目，根据合同约定及监理规范的规定，项目法人一般不直接向承包人发送文件或直接接收承包人的文件，均是通过监理机构转发，因此《评审规程》中规定了监理单位应按合同约定协助项目法人移交相关资料。《评审规程》编制时，强调了"合同约定"，即监理单位的职责除相关法规、规章规定的法定职责外，其他职责均是通过监理合同或工程承包合同授权而确定的。当法律、法规无明确规定、相关合同中也无约定的职责，监理机构在监理过程中可不开展此方面的工作。因此，在《评审规程》的三级评审项目中，关于监理单位相关工作均注明了"合同约定"这一前提。监理单位在安全标准化建设，以及对监理单位的现场评审过程中，应注意这一问题。

工程建设项目施工可能对毗邻区域地表及地下的设备、设施和建筑物等产生干扰和影响。为保证施工期间将干扰和影响降到最低，确保生产安全，项目法人应组织勘察设计等单位在工程规划设计阶段，全面摸排施工现场及可能影响的毗邻区域内供水、排水、供电、供气、供热、通信、广播电视等地下管线资料，拟建工程可能影响的相邻建筑物和构筑物、地下工程的情况。在招标时将有关资料提供给潜在投标人，并确保有关资料真实、准确、完整，满足有关技术规范要求。这样做的主要目的一是便于在潜在投标人在编制投标文件过程中，采取必要的措施进行防护或规避；二是可据此来计算相应部分的投标报价。

（2）开工条件检查。

在水利工程建设的施工准备阶段，即开工通知发布之前，监理机构应对项目法人（或发包人，下同）、承包人开工条件的准备情况进行检查，参加设计交底、组织图纸会审等工作，以确保工程能顺利、按时开工，是保证水利工程建设安全的前提和基础性工作。监理机构进行的开工条件检查，包括项目法人和承包人，只有二者均具备开工条件后，才能发布开工通知。

项目法人开工条件的检查。监理机构在开工前检查发包人应提供的施工条件是否满足开工要求，重点包括首批开工项目施工图纸的提供，测量基准点的移交，施工用地的提供，施工合同约定应由发包人负责的道路、供电、供水、通信及其他条件和资源的提供情况等。对不满足开工要求的，应及时提示项目法人按合同约定开展相关工作，避免因项目法人原因导致工期延误。

承包人开工条件的检查。承包人在施工准备完成后应向监理机构递交合同工程开工申请报告，并附相关开工准备情况的证明文件，监理机构应对承包人的开工准备情况进行逐项审核，经确认并报发包人同意后发布工程开工通知。具体包括：

1）人员情况。

重点检查承包人派驻现场的项目经理、技术负责人、质量和安全管理人员及其他关键岗位等主要管理人员、技术人员是否与施工合同文件一致，如有变化，应提出审查意见并报发包人确认。除主要管理人员外，施工单位的特种作业人员（含特种设备作业人员），如电工、电焊工、架子工、塔吊司机、塔吊司索工、塔吊信号工、爆破工等，应检查其持证上岗情况。

2）施工设备。

监理机构应对承包人进场施工设备的数量、规格和性能是否符合施工合同约定，进场情况和计划是否满足开工及施工进度的要求进行检查。对承包人进场施工设备的检查应包括数量、规格、生产能力、完好率及设备配套的情况是否符合施工合同的要求，是否满足工程开工及随后施工的需要。对存在严重问题或隐患的施工设备，应及时书面督促承包人限时更换。

3）原材料、中间产品和工程设备质量。

根据工程承包合同约定，监理机构应检查由承包人采购的进场原材料、中间产品和工程设备的质量、规格是否符合施工合同约定，原材料的储存量及供应计划是否满足开工及施工进度的需要。

4）检测条件。

根据合同约定及有关规定，承包人在施工过程中应对原材料、中间产品及工程质量等进行自检。承包人应具备与工程规模、工程内容相适应的质量检测条件，当条件不具备时可以委托有相应资质和能力的检测机构检测。监理机构检查承包人的检测条件或委托的检测机构的主要内容包括：

a）检测机构的资质等级和试验范围的证明文件。

b）法定计量部门对检测仪器、仪表和设备的计量检定证书、设备率定证明文件。

c）检测人员的资格证书。

d）检测仪器的数量及种类。

5）测量基准点。

监理机构检查承包人对发包人提供的测量基准点的复核，以及承包人在此基础上完成施工测量控制网布设及施工区原始地形图的测绘情况。

6）临时设施工程。

监理机构对砂石料系统、混凝土拌和系统或商品混凝土供应方案以及场内道路、供水、供电、供风及其他施工辅助加工厂、设施的准备情况进行检查。

7）质量保证体系。

监理机构检查承包人的质量保证体系、承包人的安全生产管理机构和安全措施文件。检查承包人质量保证体系的内容主要包括：质检机构的组织和岗位责任、质检人员的组成、质量检验制度和质量检测手段等。

8）施工技术方案。

根据合同约定，监理机构应审批承包人提交的施工组织设计、专项施工方案、施工措施计划、施工总进度计划、资金流计划、安全技术措施、度汛方案和灾害应急预案。审批施工组织设计等技术方案的工作程序及基本要求主要包括：

承包人编制及报审。承包人应及时完成技术方案的编制及自审工作，并填写技术方案申报表，报送监理机构。

监理机构审核。总监理工程师应在约定时间内，组织监理工程师审查，提出审查意见后，由总监理工程师审定批准。需要承包人修改时，由总监理工程师签发书面意见，退回承包人修改后再报审，总监理工程师应组织重新审定，审批意见由总监理工程师（施工措施计划可授权副总监理工程师或监理工程师）签发。必要时与项目法人协商，组织有关专家会审。

承包人应按批准的技术方案组织施工，实施期间如需变更，应重新报批。

9）工艺试验及料场规划。

监理机构检查承包人按照施工合同约定和施工图纸的要求需进行的施工工艺试验，如混凝土配合比、土石方碾压试验、爆破试验、灌浆试验等，以及各种料场规划、复勘情况。

10）承包人提供的图纸。

监理机构核查由承包人负责提供的施工图纸和技术文件。若承包人负责提供的设计文件和施工图纸涉及主体工程的，监理机构应报项目法人批准。

3．参考示例

（1）提供施工场地内的工程地质图纸和报告，以及地下障碍物图纸等施工场地有关资料的记录（示例见二维码28）。

（2）设计交底记录（示例见二维码29）。

（3）图纸会审记录（示例见二维码30）。

二维码28

（4）项目法人开工条件检查记录，以及施工图纸签发、基准测量点移交记录。

（5）承包人开工条件检查记录，承包人组织机构及进场人员、施工机械设备进场、原材料及中间产品、检测条件、测量基准点和原始地形测绘、临时设施方案、质量保证体系、施工技术方案（含施工组织设计、专项施工方案、度汛方案）、工艺试验及料场复勘、承包人提供的图纸等的报验及审批记录（示例分别见二维码31、32）。

二维码29

【标准条文】

4.1.2　监理单位的设备设施管理制度应明确设备设施管理的责任部门或专（兼）职管理人员，并形成设备设施安全管理网络，负责自有设备设施管理。

监理机构应制定设备设施管理制度（或监理实施细则）明确责任部门或专（兼）职监理人员，内容应包括自有设备的管理和对承包人设备设施的管理情况的监督检查；监督检查承包人开展此项工作。

二维码30

4.1.3　监理单位设备设施采购及验收严格执行设备设施管理制度，购置合格的设备设施，验收合格后方能投入使用。

监理机构应对承包人进场的设备（含特种设备）及其合格性证明材料进行核查，经确认合格后方可进场；监督检查承包人的安全防护用具、施工机械设备、施工机具及配件、消防设施和器材是否符合安全生产和职业健康要求。对不符合要求或报废的设备应监督检查承包人及时进行封存或退场。

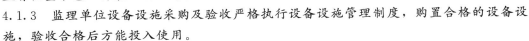

二维码31

1．工作依据

《建设工程安全生产管理条例》（国务院令第393号）

《水利工程建设安全生产管理规定》（水利部令第26号）

SL 288—2014《水利工程施工监理规范》

SL 721—2015《水利水电工程施工安全管理导则》

二维码32

113

2. 实施要点

（1）管理制度。

监理单位的设备设施管理工作包括两部分内容：一是监理单位自身设备设施管理；二是监理机构对承包人设备设施的安全监理工作。监理单位是以提供咨询、服务为主的生产经营单位，自身除交通工具、检测设备、仪器等之外，几乎不涉及大型施工、作业类的设施设备。因此对于监理单位而言，《评审规程》中规定的设备设施管理的工作重点在监理机构对承包人相关工作的监理。

《评审规程》要求监理单位制定设施、设备管理制度，明确责任部门或专（兼）职管理人员；监理机构应制定包含设备设施管理的制度或监理实施细则，明确对承包人设施设备安全监理的工作内容、工作程序和工作要求。

监理单位及监理机构应设置负责设备管理的机构或配备设备专（兼）职管理人员；并组建由企业设备管理相关部门及各级人员组成的设备安全管理网络，并有相关文件作为支撑。

（2）设备验收。

监理单位及监理机构对自有（含租赁）设备，在采购或承租后，应按单位的管理制度规定进行验收，验收合格后方可投入使用。

承包人的施工设备。根据《水利水电工程标准施工招标文件（2009 年版）》合同通用条款第 6.1.1 项的约定：承包人应按合同进度计划的要求，及时配置施工设备和修建临时设施。进入施工场地的承包人设备需经监理人核查后才能投入使用。承包人更换合同约定的承包人设备的，应经监理人批准。

根据《水利工程施工监理规范》的规定，监理机构应监督承包人按照施工合同约定安排施工设备及时进场，并对进场的施工设备及其合格性证明材料进行核查，核查前应首先要求承包人自检，自检合格后方可向监理机构报验，以强化对承包人设备设施安全管理主体责任的落实。检查的内容一般包括：型号规格、生产能力、机容机貌、技术状况；核对设备制造厂合格证、役龄期；核对强制年检设备的（如运输车辆、起重设备、压力容器等）检验合格证，对不满足合同条件的设备拒绝进场。未办理进场验收手续的设备不得投入使用。

3. 参考示例

（1）监理单位及监理机构的设备设施管理制度（监理实施细则）。

设备设施管理制度（示例）

第一章　总　　则

第一条　为规范公司自有设备设施及对项目监理部所监理项目施工现场设备设施的安全管理，保证设备的正常使用及其安全工作，预防设备原因引发的事故，确保安全生产，制定本制度。

第二条　本制度根据《中华人民共和国安全生产法》《中华人民共和国特种设备安全法》《特种设备安全监察条例》《建设工程安全生产管理条例》《水利工程施工监理规范》等要求编写。

第三条　本制度适用于公司范围内的试验检测设备、测量仪器、车辆等自有设备设施及监理项目施工现场设备设施的管理。

第二章　工　作　职　责

第四条　综合办公室负责管理公司办公场所内和后勤保障类设备设施，应当明确管理人员，制定并落实设备设施管理责任制。制度应涵盖选购、验收、调配、检查检测、维修保养、报废、监督检查等环节。对租赁设备应纳入本单位设备设施安全管理范围，进行统一管理。

第五条　安全管理部对各项目监理部的设备设施管理工作进行监督检查。监督检查设施设备的安全管理制度执行情况、运行管理状况和相关记录。

第六条　财务部负责对所有与设备采购、租赁、维修、保养等相关流程所产生的费用进行审核。

第七条　各项目监理部负责管理公司统一配发的自有设备设施，各项目监理部配合公司管理，由总监理工程师负责，相关管理人员为公司自有设备设施专（兼）职管理人员；依据有关规定和合同约定对施工单位的设备设施管理工作进行监督检查。

第八条　分发到个人的设备遵循"谁使用，谁负责"的原则进行管理。

第三章　公司设备设施管理要求

第九条　公司级按需采购的设备设施应事先向综合部提出申请，并填写《设备购置申请表》，申请购置流程及限额标准按照公司《关于修订项目部采购办公用品管理制度的通知》执行。

第十条　公司级采购的设备设施，由采购部门填写《设备采购验收表》，同时将购货凭证和发票交予财务部报销，新购置设备需按分类统一编号、标记并存放到库房或与设备申购部门签订《设备移交验收表》后发放设备申购部门使用。

第十一条　设备购入后，申购部门和综合办公室联合检查验收出厂合格证、安装使用说明书、维修报修记录等，确保设备设施的牌证齐全、有效。

第十二条　综合办公室按照公司固定资产管理办法，负责建立设备台账，对现有暂时闲置的设备进行性能、状况等方面的详细评估，在满足使用条件的情况下按需求进行分配。

第十三条　综合办公室负责对到期和存在安全隐患的无改造、无维修价值或超过使用年限的陈旧设备做报废处理，填写《设备报废申请表》，并向财务部提出申请，由财务部鉴定后确需报废的设备经公司董事会审批后方可实施报废，报废的设备应退出工作现场。

第四章　项目监理部设备设施管理

第十四条　项目监理部设备由总监理工程师统一调配，并指定专人负责使用和保管，凡损坏、遗失设施设备者，应予赔偿。检测设备、测量仪器由专业工程师负责管理，非专业人员未经同意不得自操作。

第十五条　项目监理部应对承包人上报的进场设备（包括工程设备和施工设备）报验手续进行审核，对设备进行检查、验收，验收合格后，方可投入使用。

检查验收内容包括：设备实物、制造许可证、质量合格证、安装及使用维修说明、监督检验证明、检测证明材料、检测检定有效期、安装单位及其作业人员的资格证书、安装（租赁）协议、操作人员的资格证书、管理制度、操作规程、技术交底等。

第十六条　监督检查施工单位在安装、拆除大型设施设备时，应遵守下列规定：

（一）安装、拆除单位应具有相应资质。

（二）应编制专项施工方案，报监理机构审批。

（三）安装、拆除过程应确定施工范围和警戒范围，进行封闭管理，由专业技术人员现场监督。

（四）拆除作业开始前，应对风、水、电等动力管线妥善移设、防护或切断，拆除作业应自上而下进行，严禁多层或内外同时拆除。

第十七条　监督检查承包人在设备使用前必须按要求安装安全防护措施，安全措施应符合法律、法规要求，运行性能完好，满足施工安全的需要。

第十八条　监督检查承包人安全防护设施应使用经国家认可的合格产品，并按相应规定进行保养、使用和维护，确保处于有效状态。

第十九条　监督检查承包人设置专人负责设施、设备的维护和检查，建立完善、专门的安全检查和运行维护记录。

第二十条　监督检查承包人根据设备的状态，达到淘汰、报废标准的应及时进行处理，并退出施工现场。

第二十一条　监督检查承包人建立设施设备台账、档案并及时更新。档案资料应齐全、清晰，管理规范，内容包括安全设施设备的出厂证明、技术说明书、主要性能参数、设备履历、投用时间和地点、日常检查记录、历次检修保养记录、检测记录和设备更新情况等，对全过程进行记录。属于特种设备的，应符合《特种设备安全法》的规定。

第五章　附　　则

第二十二条　本制度由公司安全管理部负责解释。

第二十三条　本制度自下发之日起施行。

附件：（示例见二维码33）

1. 设备设施购置申请表

二维码33

2. 设备设施采购验收表

3. 设备设施维修保养记录

4. 设备设施报废申请表

5. 设备设施登记台账

6. 设备设施安全管理检查表

（2）监理单位以正式文件明确设施设备管理机构及人员。

（3）监理机构对承包人设备管理部门及人员设立情况的检查记录或上报文件的审批记录或监督检查记录。

（4）监理机构对承包人采购、租赁施工设施设备的监督检查记录或审批记录。

（5）监理机构对承包人开展设施设备运行检查的监督检查记录（可与其他检查工作合并进行）。

【标准条文】

4.1.4 监理单位及监理机构应对自有检测、测量、车辆等设备（仪器）定期进行检查、维修和保养，保证完好有效。

监理机构应监督检查承包人对设备设施运行前及运行中的设备性能、运行环境等实施必要的检查；监督检查承包人设备设施维护保养、防护措施到位情况，确保设备设施处于良好状态并安全运行。

1. 工作依据

《水利工程建设安全生产管理规定》（水利部令第 26 号）

SL 288—2014《水利工程施工监理规范》

SL 398—2007《水利水电工程施工通用安全技术规程》

SL 721—2015《水利水电工程施工安全管理导则》

2. 实施要点

（1）设备运行检查。

监理单位应按规章制度及有关规定，对自有的检测、测量、车辆等设备定期进行检查、维修和保养，确保自身使用的设备状态良好。

监理机构为保证投入使用的施工机械设备处于良好、安全状态，应监督检查承包人在施工机械设备投入使用前进行全面、系统的检查，检查合格后再向监理机构履行设备进场报验工作，对不满足要求的设备应拒绝进场。

在施工过程中，监理机构应监督承包人对施工设备及时进行补充、维修和维护，以满足施工需要。对于承包人使用的旧施工设备（包括租赁的旧设备）应进行试运行，监理机构确认其符合使用要求和有关规定后方可投入使用。

监理机构发现承包人使用的施工设备影响施工质量、进度和安全时，应及时要求承包人增加、撤换。监理机构对承包人的进场设备，应按合同约定及监理规范的规定，进行检验。

监理机构应监督检查承包人在设备运行过程中按相关规定对设备开展各项检查工

117

作。关于设备检查的要求，水利行业目前主要依据 SL 398—2007、SL 399—2007 等技术标准，但其可操作性和内容全面性不足。实际工作中可参照 JGJ 160—2016《施工现场机械设备检查技术规范》，规定了 11 大类共 50 种施工机械设备的检查技术要求。如动力设备：发电机、空气压缩机；土方及筑路机械：推土机、挖掘机、压路机、液压破碎锤、沥青洒布车等；起重机械：履带起重机、汽车起重机、轮胎起重机、塔式起重机、桥（门）式起重机、施工升降机、电动卷扬机、物料提升机；高空作业设备：高处作业吊篮、附着整体升降脚手架升降动力设备、自行式高空作业平台；混凝土机械：混凝土搅拌机、混凝土喷射机组、混凝土输送泵、混凝土输送泵车、混凝土振捣器；焊接机械：交流电焊机、直流电焊机、钢筋点焊机、钢筋对焊机、竖向钢筋电渣压力焊机；钢筋加工机械：钢筋调直机、钢筋切断机、钢筋弯曲机；非开挖机械：顶管机、盾构机、凿岩台车等。

监理机构应监督检查承包人，定期对其所使用的设备设施进行定期的维修保养，以确保设备设施处于安全运行状态。重点检查以下内容：

1）设备维修保养计划。承包人的设备维修保养计划应详细、具体、有可操作性，针对有特殊要求的设备，还应符合相关技术标准、规范及设备自身的技术要求，必要时还应制定维修保养安全措施。内容应具体到每台设备维修保养时间、维修保养项目、责任人等。

2）承包人应依据设备维修保养计划，开展维护保养工作，对于大型设施设备在维修保养过程中，应安排专人进行监护，严格落实各项安全措施，并形成工作记录。

3）验收。检查维修保养工作结束后，承包人应组织维修、设备管理等人员进行验收，对维修保养过程进行验证，确认维修保养工作满足相关要求，杜绝维修保养后未经验收或验收不合格的设备投入使用。

4）维修保养记录。设备使用单位应对维修保养工作进行详细记录，内容应齐全、完整、保证真实。包括维修保养的时间、人员、项目、维修保养过程、验收检查记录、责任人签字等内容。

5）起重机械的维修保养。在 SL 398—2007、TSGQ 5001—2009 中规定，对起重机械的日常维护保养的重点是对主要受力结构件、安全保护装置、工作机构、操纵机构、电气（液压、气动）控制系统等进行清洁、润滑、检查、调整、更换易损件和失效的零部件。如对起重机械的自行检查至少包括以下内容：

①整机工作性能；

②安全保护、防护装置；

③电气（液压、气动）等控制系统的有关部件；

④液压（气动）等系统的润滑、冷却系统；

⑤制动装置；

⑥吊钩及其闭锁装置、吊钩螺母及其放松装置；

⑦联轴器；

⑧钢丝绳磨损和绳端的固定；

⑨链条和吊辅具的损伤；

⑩金属结构的变形、裂纹、腐蚀，以及其焊缝、铆钉、螺栓等连接；

⑪主要零部件的变形、裂纹、磨损；

⑫指示装置的可靠性和精度；

⑬电气和控制系统的可靠性。

必要时还需要进行相关的载荷试验。使用单位可以根据起重机械工作的繁重程度和环境条件的恶劣状况，确定高于相关技术标准的日常维护保养、自行检查和全面检查的周期和内容。

（2）设备性能及运行环境。

监理机构应要求承包人对照相关技术标准、规范和管理制度检查现场设备性能及运行环境是否合规，并形成检查记录。承包人应针对此项工作，根据不同设备特点，依据相关技术标准、规范和设备技术文件编制详细的检查要求（表格），可结合设备检查工作一并开展。除开展定期的检查工作外，还应做好日常的动态检查工作，确保设备性能及运行环境始终处于安全状态。

应重点检查现场设备之间是否存在发生碰撞的可能，如多台起重机械成群或相邻布置、土方施工机械交叉作业等。施工单位应制定设备运行管理措施，通过科学合理的调度运行、可靠的防护措施、设置必要的安全警示标志等，确保设备不互相发生碰撞，避免生产安全事故的发生。

（3）设备运行管理。

监理机构应要求承包人针对不同设备制定设备运行检查工作要求，设备运行期间由操作人员及时、准确、真实地记录设备运行的情况，以保证设备处于良好的运行状态，杜绝带病运行的情况发生。运行记录本建议装订成册，并随设备携带、随时记录，记满后由项目部及时收回存档。

3. 参考示例

（1）监理单位。

自有设备检查、维修和保养记录。

（2）监理机构。

监督检查承包人对设备性能、运行环境、维修保养等的监督检查记录。

【标准条文】

4.1.5　监理机构应监督检查承包人建立设备设施台账及档案管理资料。

4.1.6　监理机构应监督检查承包人将租赁的设备和分包方的设备纳入本单位的安全管理范围，实施统一管理。

1. 工作依据

《特种设备安全生产法》（中华人民共和国主席令第四号）

《安全生产法》（中华人民共和国主席令第八十八号）

《特种设备安全监察条例》（国务院令第 373 号）

SL 398—2007《水利水电工程施工通用安全技术规程》

SL 721—2015《水利水电工程施工安全管理导则》

2. 实施要点

（1）设备台账。

监理机构应监督检查承包人建立现场施工设备台账，并保证台账信息完整，一般应包括以下内容：

1）设备来源、类型、数量、技术性能、使用年限等信息。

2）设施设备进场验收资料。

3）使用地点、状态、责任人及检测检验、日常维修保养等信息。

4）采购、租赁、改造计划及实施情况等。

（2）设备档案资料。

监理机构应监督检查承包人收集、整理相关设备设施资料，建立健全设备管理档案，每台设备应单独建立一套档案，档案内容一般包括：设备出厂合格证明、技术说明书、设备履历、维修养护、运行、检验等内容。

对于特种设备的档案，在《中华人民共和国特种设备安全法》（以下简称《特种设备安全法》）第三十五条规定，应包括以下内容：

1）特种设备的设计文件、产品质量合格证明、安装及使用维护保养说明、监督检验证明等相关技术资料和文件（设计文件一般包括设计图纸、计算书、说明书等；产品质量合格证明是指企业内部得检验人员出具的检验合格证；安装及使用维修说明包括三部分内容，即安装说明、使用说明、维修说明，这三部分内容内并不是都是必须具备的，而要根据设备的复杂情况由安全技术规范规定；监督检验证明是指国家特种设备安全监督管理部门核准的检验检测机构对制造过程、安装过程、重大维修过程进行监督检验出具的监督检验合格证书，重大维修过程一般指改变设备参数或者安全性能的修理过程）；

2）特种设备的定期检验和定期自行检查记录；

3）特种设备的日常使用状况记录；

4）特种设备及其附属仪器仪表的维护保养记录；

5）特种设备的运行故障和事故记录。

（3）租赁设备和分包方的设备管理。

1）监理机构应监督检查承包人租赁的设备和其分包方的设备，是否在租赁合同和分包合同中明确了双方安全责任，安全责任划分应清晰、明确、与实际相符。

对于租赁和分包方设备的管理要求，在《建设工程安全生产管理条例》做出了明确的规定：

施工单位采购、租赁的安全防护用具、机械设备、施工机具及配件，应当具有生产（制造）许可证、产品合格证，并在进入施工现场前进行查验。

施工单位在使用施工起重机械和整体提升脚手架、模板等自升式架设设施前，应当组织有关单位进行验收，也可以委托具有相应资质的检验检测机构进行验收；使用承租的机械设备和施工机具及配件的，由施工总承包单位、分包单位、出租单位和安装单位共同进行验收。验收合格的方可使用。

2）监督检查承包人对租赁和分包商的设备是否视为自有设备进行管理。相关管理要求包括进场验收、检查、运行记录、维修保养等工作应与自有设备管理要求相同，只是实施主体不同，施工单位应履行对租赁和分包商设备的监督检查职责，并提供相关工作记录。

　　3. 参考示例

　　（1）监理机构对承包人设备台账、设备档案监督检查记录（示例见二维码34）。

　　（2）租赁设备或分包人设备进场报验及审核材料。

二维码34

【标准条文】

4.1.7　监理机构应对承包人所用特种设备的安装、拆除方案进行审批，监督检查承包人特种设备安装、拆除的人员资格、单位资质，方案落实以及验收、定期检测、运行管理情况。

　　监督检查其他设备设施安装、拆除前按规定制定方案，办理作业许可，作业前进行安全技术交底，现场设置警示标志并采取隔离措施，按方案组织拆除。

　　1. 工作依据

《特种设备安全生产法》（中华人民共和国主席令第四号）

《特种设备安全监察条例》（国务院令第373号）

《建筑起重机械安全监督管理规定》（建设部令第166号）

TSG 21—2016《固定式压力容器安全技术监察规程》

TSG G7002—2015《锅炉定期检验规则》

TSG R0005—2011《移动式压力容器安全技术监察规程》

TSG R0006—2014《气瓶安全技术监察规程》

TSG Q5001—2009《起重机械使用管理规则》

TSG Q7015—2016《起重机械定期检验规则》

TSG N0001—2017《场（厂）内专用机动车辆安全技术监察规程》

TSG ZF001—2006《安全阀安全技术监察规程》

SL 721—2015《水利水电工程施工安全管理导则》

　　2. 实施要点

　　（1）基本概念。

　　根据《特种设备安全法》，特种设备是指对人身和财产安全有较大危险性的锅炉、压力容器（含气瓶）、压力管道、电梯、起重机械、客运索道、大型游乐设施、场（厂）内专用机动车辆，以及法律、行政法规规定适用本法的其他特种设备。国家对特种设备实行目录管理。特种设备目录由国务院负责特种设备安全监督管理的部门制定，报国务院批准后执行。

　　国务院特种设备安全监督管理部门定期公布特种设备目录，凡在特种设备目录中的设备均应依法进行管理，以目录的形式明确实施监督管理的特种设备具体种类、品种范围，是为了明确各部门的责任，规范国家实施安全监督管理工作。原国家质检总局于2014年发布的《关于修订〈特种设备目录〉的公告》（2014年第114号），将《特种设备安全法》明确规定的锅炉、压力容器（含气瓶）、压力管道、电梯、起重机械、客运索道、大型游乐设施、场（厂）内专用机动车辆这8类设备和其他法律、行政法规规定适用本法的其他特种设备列入目录,并列出特种设备的种类(包括压力管道元件)的相应类别。需要注意的是,《特种设备目录》中的场(厂)内专用机动车辆是指叉车、机动工业车辆和牵引车等,而施工现场的土石方机械如挖掘机、自卸汽车、压路机等不属于特种设备范畴。《特种设备目录》规定的特种设备范围见表6-1。

表6-1　　　　　　　　　　　　特种设备目录(部分)

代码	种类	类别	品种
1000	锅炉	锅炉,是指利用各种燃料、电或者其他能源,将所盛装的液体加热到一定的参数,并通过对外输出介质的形式提供热能的设备,其范围规定为设计正常水位容积大于或者等于30L,且额定蒸汽压力大于或者等于0.1MPa(表压)的承压蒸汽锅炉;出口水压大于或者等于0.1MPa(表压),且额定功率大于或者等于0.1MW的承压热水锅炉;额定功率大于或者等于0.1MW的有机热载体锅炉	
2000	压力容器	压力容器,是指盛装气体或者液体,承载一定压力的密闭设备,其范围规定为最高工作压力大于或者等于0.1MPa(表压)的气体、液化气体和最高工作温度高于或者等于标准沸点的液体、容积大于或者等于30L且内直径(非圆形截面指截面内边界最大几何尺寸)大于或者等于150mm的固定式容器和移动式容器;盛装公称工作压力大于或者等于0.2MPa(表压),且压力与容积的乘积大于或者等于1.0MPa·L的气体、液化气体和标准沸点等于或者低于60℃液体的气瓶;氧舱	
8000	压力管道	压力管道,是指利用一定的压力,用于输送气体或者液体的管状设备,其范围规定为最高工作压力大于或者等于0.1MPa(表压),介质为气体、液化气体、蒸汽或者可燃、易爆、有毒、有腐蚀性、最高工作温度高于或者等于标准沸点的液体,且公称直径大于或者等于50mm的管道。公称直径小于150mm,且其最高工作压力小于1.6MPa(表压)的输送无毒、不可燃、无腐蚀性气体的管道和设备本体所属管道除外。其中,石油天然气管道的安全监督管理还应按照《中华人民共和国安全生产法》《中华人民共和国石油天然气管道保护法》等法律法规实施	
3000	电梯	电梯,是指动力驱动,利用沿刚性导轨运行的箱体或者沿固定线路运行的梯级(踏步),进行升降或者平行运送人、货物的机电设备,包括载人(货)电梯、自动扶梯、自动人行道等。非公共场所安装且仅供单一家庭使用的电梯除外	
4000	起重机械	起重机械,是指用于垂直升降或者垂直升降并水平移动重物的机电设备,其范围规定为额定起重量大于或者等于0.5t的升降机;额定起重量大于或者等于3t(或额定起重力矩大于或者等于40t·m的塔式起重机,或生产率大于或者等于300t/h的装卸桥),且提升高度大于或者等于2m的起重机;层数大于或者等于2层的机械式停车设备	
4100		桥式起重机	
4110			通用桥式起重机
4130			防爆桥式起重机
4140			绝缘桥式起重机
4150			冶金桥式起重机
4170			电动单梁起重机

续表

代码	种类	类　别	品　种
4190			电动葫芦桥式起重机
4200		门式起重机	
4210			通用门式起重机
4220			防爆门式起重机
4230			轨道式集装箱门式起重机
4240			轮胎式集装箱门式起重机
4250			岸边集装箱起重机
4260			造船门式起重机
4270			电动葫芦门式起重机
4280			装卸桥
4290			架桥机
4300		塔式起重机	
4310			普通塔式起重机
4320			电站塔式起重机
4400		流动式起重机	
4410			轮胎起重机
4420			履带起重机
4440			集装箱正面吊运起重机
4450			铁路起重机
4700		门座式起重机	
4710			门座起重机
4760			固定式起重机
4800		升降机	
4860			施工升降机
4870			简易升降机
4900		缆索式起重机	
4A00		桅杆式起重机	
F000	安全附件		
7310			安全阀
F220			爆破片装置
F230			紧急切断阀
F260			气瓶阀门

（2）特种设备制造许可。

从事特种设备生产制造的单位，应取得特种设备制造许可。施工单位在采购、租赁特种设备时，应要求制造单位或供应商提供特种设备的制造许可。《特种设备安全法》第十八条规定：

国家按照分类监督管理的原则对特种设备生产实行许可制度。特种设备生产单位应当具备下列条件，并经负责特种设备安全监督管理的部门许可，方可从事生产活动：

《特种设备安全监察条例》第十四条规定：

锅炉、压力容器、电梯、起重机械、客运索道、大型游乐设施及其安全附件、安全保护装置的制造、安装、改造单位，以及压力管道用管子、管件、阀门、法兰、补偿器、安全保护装置等的制造单位，应当经国务院特种设备安全监督管理部门许可，方可从事相应的活动。

（3）特种设备安装拆除资质。

由于特种设备本身具有潜在危险性的特点，特种设备的安全性能不但与特种设备本身质量安全性能有关，而且与其相关的安全管理、检验检测及作业人员的素质和水平有关。为了保证特种设备的安全性能，必须具备相应的知识和技能，保证安全管理、检验检测及作业符合安全技术规范要求，才能确保设备运行安全。因此，相关人员必须经过考试，取得相应资格后，方可从事相应的工作，是保证特种设备安全运行必不可少的基础工作。

针对特种设备发生事故后将造成严重伤亡的后果，《特种设备安全法》和《特种设备安全监察条例》对于特种设备的安装拆除企业和从业人员提出了资质和资格要求，不具备相应资质和资格的人员不得从业特种设备安装（拆除）工作。

《特种设备安全监察条例》第三条规定：

特种设备的生产（含设计、制造、安装、改造、维修，下同）、使用、检验检测及其监督检查，应当遵守本条例，但本条例另有规定的除外。房屋建筑工地用起重机械的安装、使用的监督管理，由建设行政主管部门依照有关法律、法规的规定执行。

住建部据此发布的《建筑起重机械安全监督管理规定》，只适用于房屋建设和市政工程施工现场的起重机械，不适用于水利工程施工现场。因此水利工程施工现场所用的起重机械，原则上应执行市场监督管理部门对于起重机械类特种设备的有关管理要求，即单位的资质和从业人员的资格均应取得市场监督管理部门的许可。

（4）安装、拆除技术方案。

监理机构应要求承包人编制特种设备的安装、拆除技术方案，并按规定应履行审核、审批手续。根据 SL 721—2015 附录 A 的规定：特种设备中的起重机械自身的安装、拆卸属于达到一定规模的危险性较大的单项工程，在实施前应编制技术方案。方案的编制、审核等应符合 SL 721—2015 第 7.3 节的有关规定执行。

（5）验收与检定。

《特种设备安全法》规定，特种设备交付或投入使用前，应经具备资质的检验检测机构检验合格。其中起重机械安装完毕后，使用单位应当组织出租、安装、监理等有关单位进行验收，或者委托具有相应资质的检验检测机构进行验收。建筑起重机械经验收合格后方可投入使用，未经验收或者验收不合格的不得使用。

（6）定期检验。

定期检验是指定期检查验证特种设备的安全性能是否符合安全技术规范。检验检测机构接到定期检验要求后，应当按照安全技术规范的要求及时进行安全性能检验和能效测试。

《特种设备安全法》规定，特种设备使用单位应当对其使用的特种设备进行经常性维护保养和定期自行检查，并做好记录。特种设备使用单位应当对其使用的特种设备的安全附件、安全保护装置进行定期校验、检修，并做好记录。

做好在用特种设备的定期检验工作，是特种设备安全监督管理的一项重要制度，是确保安全使用的必要手段。所有特种设备在运行中，因腐蚀、疲劳、磨损，都随着使用的时间，产生一些新的问题，或原来允许存在的问题逐步扩大，产生事故隐患，通过定期检验可以及时的发现这些问题，以便采取措施进行处理，保证特种设备能够运行至下一个周期。特种设备使用单位应当按照安全技术规范的要求，在检验合格有效期届满前一个月向所在辖区内有相应资质的特种设备检验机构提出定期检验要求。

根据特种设备本身结构和使用情况，在有关检验检测的安全技术规范中，规定了特种设备的检验周期，如锅炉一般为 2 年、压力容器为 3～6 年，电梯为 1 年等。经过检验，其下次检验日期，应在检验报告或检验合格证明中注明。针对特种设备的自行检查和定期检验，使用登记标记结合检验合格标记，是证明该设备合法使用的证明，置于显著位置，提示使用者，在有效期内可以安全使用。

特种设备检验机构接到定期检验要求后，应当按照安全技术规范的要求及时进行安全性能检验。特种设备使用单位应当将定期检验标志置于该特种设备的显著位置。未经定期检验或者检验不合格的特种设备，不得继续使用。

特种设备的安全附件是指锅炉、压力容器、压力管道等承压类设备上用于控制温度、压力、容量、液位等技术参数的测量、控制仪表或装置，通常指安全阀、爆破片、液（水）位计、温度计等及其数据采集处理装置。

安全保护装置是指电梯、起重机械、客运索道、大型游乐设施和场（厂）内专用机动车辆等机电类设备上，用于控制位置、速度、防止坠落的装置，通常指限速器、安全钳、缓冲器、制动器、限位装置、安全带（压杠）、门锁及其联锁装置等。

特种设备的安全附件、安全保护装置有的在特种设备一旦出现异常情况时能够起到自我保护的作用，如锅炉、压力容器、压力管道上的安全阀，电梯的安全钳、起重机械的超载限制器等；有的是观察特种设备是否正常使用的"眼睛"，如锅炉的温度计、水位表等。如果安全附件、保护装置失灵，特种设备在出现异常现象时，得不到自我保护。据统计分析，因安全附件、安全保护装置等失灵，引起的事故占事故的起数的 16.2%。因此，对在用特种设备的安全附件、安全保护装置进行定期校验、检修十分重要，必须切实做好，并作出记录。对计量仪器、仪表，如压力表等，属于计量强检的应当按照计量法律、法规的要求，经计量部门检定。

上述工作中所提到的安全技术规范，应执行质量技术监督总局发布的系列特种设备的有关技术规范和标准。

在表 6-2 中，根据相关技术标准，列举了部分特种设备定期检验的相关要求。

表 6-2

特种设备检验周期一览表（部分）

序号	设备名称及代码	检验项目及周期		标准规范	发布时间	备注
1	锅炉（1000）	外部检验	每年一次	TSG G7002—2015《锅炉定期检验规则》	2015年7月7日	内部检验：1. 成套装置中的锅炉结合成套装置的大修周期进行，电站锅炉结合锅炉检修同期进行，一般每3～6年进行一次；2. 首次内部检验在锅炉投入运行后一年进行，成套装置中的锅炉可以结合第一次检验；3. 移装锅炉投运前；4. 锅炉停止运行1年以上（含1年）需要恢复运行前
		内部检验	每2年一次			
		水（耐）压试验	每3年一次			
2	压力容器（2000）固定式（2100）	定期自行检查	每月、每年至少开展一次/月度、年度检查	TSG 21—2016《固定式压力容器安全技术监察规程》第7.1.5、8.1.6条、8.3节	2016年2月22日	压力容器的检查方式包括定期检验的检查和定期检验两种。全面检查的项目一般包括：宏观检查、壁厚测定、表面缺陷检测，安全附件检验为主
		定期检验	金属压力容器一般于投用后3年内进行首次全面检验。以后的定期检验周期，由检验机构根据压力容器的安全状况等级确定。1. 安全状况等级为1、2级的，一般每6年一次；2. 安全状况等级为3级的，一般3～6年一次；3. 安全状况等级为4级的，其检验周期由检验机构确定；4. 安全状况等级为5级的，应当对缺陷进行处理，否则不得继续使用			

续表

序号	设备名称及代码		检验项目及周期		标准规范	发布时间	备注
2	压力容器（2000）	移动式（2200）	汽车罐车2220、铁路罐车2210、罐式集装箱224	年度检查	每年至少一次，当进行年度检验的，可不进行年度检查	TSG R0005—2011《移动式压力容器安全技术监察规程》第8.3.1条	2011年11月15日	
				定期检验	新罐车首次检验1年；安全状况等级为1、2级的，汽车罐车每5年至少1次、铁路罐车每4年至少1次、罐式集装箱每5年至少1次；安全状况等级为3级，汽车罐车每3年至少1次、铁路罐车每2年至少1次、罐式集装箱每2.5年至少1次			
				耐压试验	每6年至少进行1次			
		气瓶（2300）	钢质无缝气瓶、钢质焊接气瓶（不含液化石油气、液化二甲醚、溶解乙炔、车用气瓶及焊接绝热气瓶等钢瓶）、铝合金无缝气瓶：1. 盛装氮、六氟化硫、惰性气体及纯度大于等于99.999%的无腐蚀性高纯气体的气瓶，每5年检验1次；2. 盛装对瓶体材料能产生腐蚀作用的气瓶、潜水气瓶以及常与海水接触的气瓶，每2年检验1次；3. 盛装其他气体的气瓶，每3年检验1次。			TSG R0006—2014《气瓶安全技术监察规程》	2014年9月5日	
			溶解乙炔气瓶、呼吸器用复合气瓶：每3年检验1次				
			车用液化石油气钢瓶、车用液化二甲醚钢瓶：每5年1次				
			液化石油气钢瓶、液化二甲醚钢瓶：每4年检验1次				

续表

序号	设备名称及代码	检验项目及周期	标准规范	发布时间	备注
3	起重机械（4000）	第四条　在用起重机械定期检验周期如下： （一）塔式起重机、升降机、流动式起重机每年1次； （二）桥式起重机、门座式起重机、缆索式起重机、桅杆式起重机、机械式停车设备每2年1次，其中涉及吊运熔融金属的起重机，每年1次。 注：定期检验日期以安装监督检验、首次检验、停用后重新检验合格日期为基准计算，下次定期检验日期不因本周期内的复检、不合格整改或者整通期检检而变动	TSG Q7015—2016《起重机械定期检验规则》第5条	2016年3月23日	
		在用起重机械至少每月进行一次日常维护保养和自行检查，每年进行一次全面检查	TSG Q5001—2009《起重机械使用管理规则》第34条	2009年8月31日	
4	场（厂）内专用机动车辆（5000）	定期检验周期为1年	TSG N0001—2017《场（厂）内专用机动车辆安全技术监察规程》	2017年1月16日	
5	安全附件及安全保护装置（F000）　锅炉、压力容器用安全阀（7310）	每年至少校验1次；特殊情况按相应规定执行	TSG ZF001—2006《安全阀安全技术监察规程》B6.3.1条	2007年1月1日	
	爆破片（F220）	检验是否按期更换	同上		

3. 参考示例（略）

（1）特种设备进场报验及监理机构审核记录。

（2）特种设备安装单位、安装人员报验及监理机构审核记录。

（3）特种设备安装、拆除技术方案及监理机构审批记录。

（4）特种设备验收报验及审核记录。

（5）特种设备检定及定期检验报验及审核记录。

【标准条文】

4.1.8　监理机构应审批承包人提交的临时设施设计；监督检查承包人按批复的设计方案实施；监督检查承包人对临时设施进行检查、维护，对设施拆除实施有效管理，保证符合安全生产及职业健康要求；按合同约定组织或督促承包人进行验收。

1. 工作依据

GB 50720—2011《建设工程施工现场消防安全技术规范》

SL 288—2014《水利工程施工监理规范》

SL 303—2017《水利水电工程施工组织设计规范》

SL 398—2007《水利水电工程施工通用安全技术规程》

SL 721—2015《水利水电工程施工安全管理导则》

2. 实施要点

临时设施是指为完成合同约定的各项工作所服务的临时性生产和生活设施。通过包括施工现场的供风、供水、供电、通信系统，砂石料系统，混凝土拌和及浇筑系统，木工、钢筋、机修等辅助加工厂，混凝土预制构件厂，混凝土制冷、供热系统，临时办公、生活用房等，监理机构应按 SL 288—2014《水利工程施工监理规范》及工程承包合同的约定，对相关临时设施进行检查。

《水利工程施工监理规范》中规定，监理机构在对承包人的开工条件检查时，应对砂石料系统、混凝土拌和系统或商品混凝土供应方案以及场内道路、供水、供电、供风及其他施工辅助加工厂、设施的准备情况进行检查。

《水利水电工程施工标准文件（2009 年版）》合同通用条款第 6.1.1 条约定，承包人应按合同进度计划的要求，及时配置施工设备和修建临时设施。进入施工场地的承包人设备需经监理人核查后才能投入使用。承包人更换合同约定的承包人设备的，应报监理人批准。在合同技术条款中约定：承包人应按本技术条款"施工安全措施"和"环境保护和水土保持"的要求，保护好临时设施周围的边坡、冲沟、河道、河岸的稳定和安全。承包人应按合同技术条款的约定，编制各项施工临时设施的设计文件，提交监理机构批准。其内容包括：

（1）施工临时设施布置图。

（2）施工工艺流程和（或）施工程序说明。

（3）安全和环境保护措施。

（4）施工期运行管理方式。

监理机构在审批承包人临时设施方案和检查时，应依据合同约定包括合同所引用的技术标准、强制性标准（依据）等开展监理工作。如在《水利水电工程施工通用安全技术规程》第6.5.2规定：缆机起重量和自重量大，上下提升、水平移动和轨道平移、辐射行走和吊物运行空间均大。其安装布置要求设备稳定可靠，上述空间内不能存在障碍物，其运行使用空间与周边山体、建筑物和临时设施之间必须有足够的距离，才能确保缆机运行安全。《建设工程施工现场消防安全技术规范》规定：临时用房、临时设施的布置应满足现场防火、灭火及人员安全疏散的要求。《水利水电工程施工组织设计规范》中规定：对于存在严重不良地质区或滑坡体危害的地区，泥石流、山洪、沙暴或雪崩可能危害的地区，重点保护文物、古迹、名胜区或自然保护区，与重要资源开发有干扰的区域，以及受爆破或其他因素影响严重的区域等地区，不应设置施工临建设施。

3. 参考示例

（1）临时设施设计报验及审批资料（示例见二维码35）。

（2）监理机构监督检查记录。

【标准条文】

二维码35

4.1.9　监理机构应监督检查承包人严格执行建设项目安全设施"三同时"制度的落实；施工现场临边、沟、坑、孔洞、交通梯道等危险部位的栏杆、盖板等设施齐全、牢固可靠；高处作业等危险作业部位按规定设置安全网等设施；施工通道稳固、畅通；垂直交叉作业等危险作业场所设置安全隔离棚；机械、传送装置等的转动部位安装可靠的防护栏、罩等安全防护设施；临水和水上作业有可靠的救生设施；暴雨、台风、暴风雪等极端天气前后组织有关人员对安全设施进行检查或重新验收情况。

监理机构应在安全防护设施设备投入使用前，按合同约定组织或督促承包人进行验收。

1. 工作依据

《建设项目安全设施"三同时"监督管理办法》（安监总局令第36号）

《水利部关于进一步加强水利建设项目安全设施"三同时"的通知》（水安监〔2015〕298号）

SL 288—2014《水利工程施工监理规范》

SL 398—2007《水利水电工程施工通用安全技术规程》

SL 714—2015《水利水电工程施工安全防护设施技术规范》

SL 721—2015《水利水电工程施工安全管理导则》

JGJ 80—2016《建筑施工高处作业安全技术规范》

2. 实施要点

（1）"三同时"的概念及工作要求。

"三同时"是指建设项目安全设施必须与主体工程同时设计、同时施工、同时投入生产和使用的有关要求。在《水利部关于进一步加强水利建设项目安全设施"三同时"的通知》中规定：项目建设单位应充分考虑现场施工现场安全作业的需要，足额提取安全生产措施费，落实安全保障措施，不断改善职工的劳动保护条件和生产作业环境，保证水利工程建设项目配置必要安全生产设施，保障水利建设项目参建人员的劳动安全。

（2）安全防护设施技术要求。

施工现场的安全防护设施管理应符合相关技术标准。SL 398—2007 第 5 章专门规定了安全防护设施技术要求，内容包括：基本规定、施工脚手架、高处作业、施工走道、栈桥与梯子、栏杆、盖板与防护棚、安全防护用具等，对各项安全防护设施的技术标准和要求进行了明确的规定。

SL 714—2015 中规定了水利水电工程新建、扩建、改建及维修加固工程施工现场安全防护设施的设置，对施工区域、作业面、通道、施工设备、机具、施工支护等相关技术要求提出了明确要求，内容包括安全防护栏杆、施工脚手架、施工通道、盖板与防护棚、施工设备机具防护、临时设施等。

在施工过程中，对于在 SL 398—2007、SL 714—2015 中未进行详细规定的安全防护设施标准，可参考 JGJ 80—2016 中的有关规定，如对于洞口及交叉作业的防护，给出了明确的技术要求：

4.2.1 在洞口作业时，应采取防坠落措施，并应符合下列规定：

1 当垂直洞口短边边长小于 500mm 时，应采取封堵措施；当垂直洞口短边边长大于或等于 500mm 时，应在临空一侧设置高度不小于 1.2m 的防护栏杆，并应采用密目式安全立网或工具式栏板封闭，设置挡脚板；

2 当非垂直洞口短边尺寸为 25～500mm 时，应采用承载力满足使用要求的盖板覆盖，盖板四周搁置应均衡，且应防止盖板移位；

3 当非垂直洞口短边边长为 500～1500mm 时，应采用专项设计盖板覆盖，并应采取固定措施；

4 当非垂直洞口短边边长大于或等于 1500mm 时，应在洞口作业侧设置高度不小于 1.2m 的防护栏杆，并应采用密目式安全立网或工具式栏板封闭；洞口应采用安全平网封闭。

7.0.6 当建筑物高度大于 24m、并采用木板搭设时，应搭设双层防护棚，两层防护棚的间距不应小于 700mm。

（3）施工设备、机具安全防护装置技术要求。

对于施工设备、机具的安全防护装置技术要求，在 SL 714—2015 第 3.5 节中进行了规定。针对设备、机具的安全防护装置设计和制造，应符合 GB/T 8196《机械安全防护装置固定式和活动式防护装置设计与制造一般要求》，此标准中规定了主要用于保护人员免受机械性危险伤害的防护装置的设计和制造的一般要求。

（4）安全防护设施检查验收。

安全防护设施设备投入使用前，监理机构应依据合同约定组织或督促承包人进行验收。在暴雨、台风、暴风雪等极端天气前后，监理机构应督促承包人组织有关人员对安全设施进行检查或重新验收，工作过程中应注意检查或重新验收工作开展的时间节点，为保证安全防护设施在经历极端天气过程后，安全防护设施处于良好状态，检查工作应分二次进行：一是在极端天气来临前，应根据所掌握的气象信息，对安全设施进行全面检查，防止安全防护设施在极端天气过程中失效导致安全事故；二是极端天气过后，应组织相关人员对安全设施进行全面检查和重新验收，及时发现、处理因极端天气对安全防护设施造成的损毁。

3. 参考示例

监理机构监督检查记录及督促落实的相关记录（示例见二维码36）。

监理机构对承包人设备设施的监督检查示例见表6-3。

二维码36

表6-3　　　　　　　　　　　　设备设施监督检查表（示例）

工程名称：×××××工程　　　　　　　　　监理机构：××××××公司××××工程项目监理部

被查承包人名称					
序号	检查项目	检查内容及要求	检查结果	检查人员	检查时间
1	设备设施管理	（1）承包人是否对设备设施运行前及运行中开展检查；承包人是否对设施维修保养 （可结合每月综合检查、日常检查或在设备设施专项检查工作一并开展）	承包人×××项目部在设备运行过程中，每日交接班时，均对设备运行了检查，保证设备状态完好。 存在的问题：未制定设备维修保养计划；现场×××、××等设备未按其制度要求进行维修保养。已通过监理通知（文号……）要求承包人于××月××日前整改完成	×××	20××.×.××
		（2）承包人设备设施台账及档案管理 （可结合每月综合检查、日常检查或在设备设施专项检查工作一并开展）	承包人建立了设备台账，并及时更新；设备档案齐全	×××	20××.×.××
		（3）承包人对分包租赁和分包方设备的管理 （可结合每月综合检查、日常检查或在设备设施专项检查工作一并开展）	经检查，承包租赁的挖掘机、桩机、自卸汽车等，均纳入项目部台账统一管理，设备档案齐全，安全检查、维修保养符合制度要求	×××	20××.×.××
		（4）临时设施是否按批复的方案实施；使用过程中是否开展监督检查和验收 （可结合每月综合检查、日常检查或在设备设施专项检查工作一并开展）	经检查，承包人的混凝土拌和系统、现场临时建筑的实施，均符合批复的方案要求。承包人于××月××日，对上述临时设施进行的验收，验收合格后投入使用	×××	20××.×.××
		（5）施工现场临边防护及"三同时"制度的落实情况 （可结合每月综合检查、节假日检查、日常检查或在设备设施专项检查工作一并开展）	本项内容应进一步细化，结合相关检查工作一并开展，对临边、高处、通道、机械转动部位、水上作业、极端天气前后检查的相关工作进行监督检查	—	—
其他检查人员				承包人代表	

注：对已按规定或合同约定向监理机构履行了报批、查验或备案手续的工作，包括开工条件检查、设备管理制度、进场使用前报验（含检查）、特种设备管理、临时设施设计等，在监督检查表中不必再重复检查。

第二节　作 业 安 全

监理单位的作业安全工作，是指监理机构对施工现场作业安全监理。包括协助项目法人对施工现场进行合理规划，审查承包人技术方案，危险性较大单项工程以及承包人其他施工作业安全行为开展监理工作。

【标准条文】

4.2.1　监理机构应按合同约定协助项目法人对施工现场进行合理规划；对承包人的施工总布置进行审批，监督检查承包人对现场进行合理布局与分区，规范有序管理，布置符合安全文明施工、度汛、交通、消防、职业健康、环境保护等有关规定。

1. 工作依据

GB 50706—2011《水利水电工程劳动安全与工业卫生设计规范》

GB 50720—2011《建设工程施工现场消防安全技术规范》

SL 303—2017《水利水电工程施工组织设计规范》

SL 398—2007《水利水电工程施工通用安全技术规程》

SL 714—2015《水利水电工程施工安全防护设施技术规范》

SL 721—2015《水利水电工程施工安全管理导则》

2. 实施要点

（1）现场规划布置基本要求。

水利工程建设项目现场规划布置可划分为规划设计和施工期两阶段，在规划选址及初步设计阶段，应按技术标准要求结合现场实际情况，对施工现场进行合理规划。如在《水利水电工程劳动安全与工业卫生设计规范》中规定：

3.1.1　工程总体布置设计，应根据工程所在地的气象、洪水、雷电、地质、地震等自然条件和周边情况，预测劳动安全与工业卫生的主要危险因素，并对各建筑物、交通道路、安全卫生设施、环境绿化等进行统一规划。当工程存在特殊的危害劳动安全与工业卫生的自然因素，且工程布置无法避开时，应进行专题论证。

3.1.2　工程附近有污染源时，宜根据污染源种类和风向，避开对生活区、生产管理区所带来的不利影响。

3.1.3　建筑物间安全距离、各建筑物内的安全疏散通道及各建筑物进、出交通道路等布置，应符合防火间距、消防车道、疏散通道等的要求。

在《水利水电工程施工组织设计规范》中规定，下列地点不应设置施工临时设施：

（1）严重不良地质区或滑坡体危害区。

（2）泥石流、山洪、沙暴或雪崩可能危害区。

（3）受爆破或其他因素影响严重的区域。

（4）重点保护文物、古迹、名胜区或自然保护区。

（5）与重要资源开发有干扰的区域等。

在工程建设项目经过批复后，开工之前项目法人单位要对工程施工现场进行详细的规划，此项工作通常不属于监理单位的合同义务。但不排除部分项目的监理合同中，约定了此项义务，因此《评审规程》中明确了应按"合同约定"协助项目法人开展此项工作，故在《监理合同》中如未约定此项义务，监理机构此项工作可作为合理缺项，在对监理单位的安全标准化评审过程中，也不应此项工作做出要求。此外，在评审规程中还存在类似的表述，评审过程中均应照此处理，不可一味机械的执行《评审规程》的相关要求。

承包人进场后，应根据合同约定及监理机构的要求，对施工期施工现场进行布置，相关成果应报监理机构审批。监理机构应结合合同约定及项目所引用的技术标准、强制性标准等的规定，对承包人现场布置方案进行审批，并监督承包人严格执行。

（2）施工现场总平面布置。

工程开工后，监理机构应监督检查承包人依据相关技术标准，如 SL 398—2007 第3.1 节"基本规定"、第 3.2 节"现场布置"、第 3.3 节"施工道路及交通"、第 3.4 节"职业卫生与环境保护"和第 3.5 节"消防"，GB 50720—2011 第 3 章"总平面布局"等的要求以及合同约定对施工现场的总体布置进行监理。

由于大部分水利工程施工现场位于山区及河流附近，自然环境和生产生活条件较为恶劣，施工临时设施选址时，应对周边环境进行充分考察、合理布局、规划。

根据 SL 398—2007 第 3.5.11 条和 GB 50720—2011 第 3.2.1 条的规定，监理机构审批承包人施工生产作业区与建筑物之间的防火安全距离（强制性条文）时，应严格遵守：

（1）用火作业区距所建的建筑物和其它区域不应小于 25m；

（2）仓库区、易燃、可燃材料堆集场距所建的建筑物和其它区域不应小于 20m；

（3）易燃品集中站距所建的建筑物和其它区域不应小于 30m。

在 GB 50720—2011 中规定，易燃易爆危险品库房与在建工程的防火间距不应小于 15m，可燃材料堆场及其加工场、固定动火作业场与在建工程的防火间距不应小于 10m，其他临时用房、临时设施与在建工程的防火间距不应小于 6m。

（3）施工现场环境与卫生。

可参照 GB 55034—2022《建筑与市政施工现场安全卫生与职业健康通用规范》的相关内容开展工作。

（4）现场临时设施。

现场临时设施的布置及有关技术要求应符合 GB 50720—2011 的规定，如：

4.2.1　宿舍、办公用房的防火设计应符合下列规定：

1　建筑构件的燃烧性能等级应为 A 级。当采用金属夹芯板材时，其芯材的燃烧性能等级应为 A 级。

2　建筑层数不应超过 3 层，每层建筑面积不应大于 $300m^2$。

3　层数为 3 层或每层建筑面积大于 $200m^2$ 时，应设置至少 2 部疏散楼梯，房间疏散门至疏散楼梯的最大距离不应大于 25m。

4　单面布置用房时，疏散走道的净宽度不应小于 1.0m；双面布置用房时，疏散走道的净宽度不应小于 1.5m。

5　疏散楼梯的净宽度不应小于疏散走道的净宽度。

6　宿舍房间的建筑面积不应大于30m²，其他房间的建筑面积不宜大于100m²。

7　房间内任一点至最近疏散门的距离不应大于15m，房门的净宽度不应小于0.8m；房间建筑面积超过50m²时，房门的净宽度不应小于1.2m。

8　隔墙应从楼地面基层隔断至顶板基层底面。

4.2.2　发电机房、变配电房、厨房操作间、锅炉房、可燃材料库房及易燃易爆危险品库房的防火设计应符合下列规定：

1　建筑构件的燃烧性能等级应为A级。

2　层数应为1层，建筑面积不应大于200m²。

3　可燃材料库房单个房间的建筑面积不应超过30m²，易燃易爆危险品库房单个房间的建筑面积不应超过20m²。

4　房间内任一点至最近疏散门的距离不应大于10m，房门的净宽度不应小于0.8m。

4.2.3　其他防火设计应符合下列规定：

1　宿舍、办公用房不应与厨房操作间、锅炉房、变配电房等组合建造。

2　会议室、文化娱乐室等人员密集的房间应设置在临时用房的第一层，其疏散门应向疏散方向开启。

3．参考示例

（1）对施工单位现场布置报验及审批记录（示例见二维码37）。

（2）对承包人现场布置方案实施的监督检查记录及督促落实记录。

【标准条文】

二维码37

4.2.2　监理单位的安全技术措施管理制度（含工程建设标准强制性标准或条文符合性审核制度）应明确技术审查内容、工作程序和工作要求，并严格执行。

监理机构应按合同约定协助项目法人编制安全生产措施方案；审批承包人施工组织设计中的安全技术措施；审批承包人编制的危险性较大单项工程专项施工方案，对超过一定规模的危险性较大单项工程，要求承包人按规定组织专家论证、备案，并参加论证会；审查安全技术措施、方案、防洪度汛方案等是否符合工程建设强制性标准（包括工程建设标准强制性标准或条文）的规定。

1．工作依据

《水利工程建设安全生产管理规定》（水利部令第26号）

《水利工程建设标准强制性条文管理办法（试行）》（水国科〔2012〕546号）

SL 288—2014《水利工程施工监理规范》

SL 721—2015《水利水电工程施工安全管理导则》

2．实施要点

《评审规程》4.2.2与4.2.3两项三级要素，针对监理机构对承包人安全技术措施（专项施工方案）的监理工作进行了总体规定。

（1）制度编写。

监理单位应根据有关规定，制定安全技术措施的相关管理制度，制度内容主要应包括监理机构在开展技术审查过程中的工作内容、工作程序和工作要求，以及监理单位对监理机构相关工作开展情况的监督检查等。此外，应根据《水利工程建设标准强制性条文管理办法（试行）》的规定，在制度中包含或单独制定工程建设标准强制性标准（条文）符合性审核制度。

（2）协助项目法人编制项目安全生产措施方案。

根据《水利工程建设安全生产管理规定》第九条、第十条的规定，项目法人应组织各参建单位编制安全生产措施方案，并对安全生产措施全面系统布置。具体如下：

第九条 项目法人应当组织编制保证安全生产的措施方案，并自工程开工之日起15个工作日内报有管辖权的水行政主管部门、流域管理机构或者其委托的水利工程建设安全生产监督机构（以下简称安全生产监督机构）备案。建设过程中安全生产的情况发生变化时，应当及时对保证安全生产的措施方案进行调整，并报原备案机关。

保证安全生产的措施方案应当根据有关法律法规、强制性标准和技术规范的要求并结合工程的具体情况编制，应当包括以下内容：

（一）项目概况；

（二）编制依据；

（三）安全生产管理机构及相关负责人；

（四）安全生产的有关规章制度制定情况；

（五）安全生产管理人员及特种作业人员持证上岗情况等；

（六）生产安全事故的应急救援预案；

（七）工程度汛方案、措施；

（八）其他有关事项。

第十条 项目法人在水利工程开工前，应当就落实保证安全生产的措施进行全面系统的布置，明确施工单位的安全生产责任。

同前文所述，如果在《监理合同》中约定了此项工作内容，或应项目法人的要求，监理机构应配合其开展相关工作，如果《监理合同》即未约定、项目法人也无此方面的要求，监理机构可以不开展本项工作。

（3）安全技术措施审查范围。

安全技术措施是水利工程施工安全管理的核心，监理机构对承包人的安全技术措施的审查应该是监理机构开展安全管理的监理工作的重要内容。

根据《水利工程建设安全生产管理规定》的规定：

施工单位应当在施工组织设计中编制安全技术措施和施工现场临时用电方案，对下列达到一定规模的危险性较大的工程应当编制专项施工方案，并附具安全验算结果，经施工单位技术负责人签字以及总监理工程师核签后实施，由专职安全生产管理人员进行现场监督：

1）基坑支护与降水工程；

2）土方和石方开挖工程；

3）模板工程；

4）起重吊装工程；

5）脚手架工程；

6）拆除、爆破工程；

7）围堰工程；

8）其他危险性较大的工程。

对前款所列工程中涉及高边坡、深基坑、地下暗挖工程、高大模板工程的专项施工方案，施工单位还应当组织专家进行论证、审查。

综上，监理机构需要审查的安全技术措施应包括施工组织设计中编制安全技术措施和施工现场临时用电方案，以及达到一定规模的危险性较大工程的专项施工方案（或专项的安全技术措施）。

（4）监理审查工作要点。

监理机构应在开工后，根据工程设计文件及承包人申报的施工组织设计，梳理工程建设过程中需要进行审查的安全技术措施，并形成清单、建立台账。按合同约定及施工实际，要求承包人及时报送相关技术措施审批。

根据《水利水电工程标准施工招标文件（2009 年版）》合同条款约定了承包人、监理机构对安全技术措施及专项施工方案的管理要求：

9.2.1　承包人应按合同约定履行安全职责，执行监理人有关安全工作的指示。承包人应按技术标准和要求（合同技术条款）约定的内容和期限，以及监理人的指示，编制施工安全技术措施提交监理人审批。监理人应在技术标准和要求（合同技术条款）约定的期限内批复承包人。

9.2.12　承包人应在施工组织设计中编制安全技术措施和施工现场临时用电方案。对专用合同条款约定的工程，应编制专项施工方案报监理人批准。

监理机构审查承包人安全技术措施时，重点应审查安全技术措施内容和审批程序的合规性，二者有一项不符合规定的，监理机构均应退回承包人修改后重新报送。专项方案的编制、审核、论证和审批等具体要求可参照 SL 721—2015 的相关规定执行。

（5）安全技术措施应包括的内容。

在工程承包合同［《水利水电工程标准施工招标文件（2009 年版）》］及 SL 721—2015 中，对承包人编制施工组织设计中的安全技术措施专篇，有明确的规定，可作为监理机构审查安全技术措施的依据。SL 721—2015 中规定，安全技术措施专篇应包括以下内容：

1）安全生产管理机构设置、人员配备和安全生产目标管理计划；

2）危险源的辨识、评价及采取的控制措施，生产安全事故隐患排查治理方案；

3）安全警示标志设置；

4）安全防护措施；

5）危险性较大的单项工程安全技术措施；

6）对可能造成损害的毗邻建筑物、构筑物和地下管线等专项防护措施；

7）机电设备使用安全措施；

8）冬季、雨季、高温等不同季节及不同施工阶段的安全措施；

9）文明施工及环境保护措施；

10）消防安全措施；

11）危险性较大的单项工程专项施工方案等。

（6）编制专项施工方案的范围及内容。

1）编制专项施工方案的范围。

在《水利工程建设安全生产管理规定》中，规定了水利工程建设过程中需要编制专项施工方案的危险性较大单项工程的范围：

1）基坑支护与降水工程；

2）土方和石方开挖工程；

3）模板工程；

4）起重吊装工程；

5）脚手架工程；

6）拆除、爆破工程；

7）围堰工程；

8）其他危险性较大的工程。

但上述内容中未给出判定标准，如基坑支护与降水工程满足什么条件时，属于达到一定规模的危险性较大工程。为弥补上述不足，监理机构在监理过程中可参照 SL 721—2015（如被承包合同所引用，应强制执行）的规定，确定达到一定规模和超过一定规模的危险性较大单项工程，并要求承包人编制专项施工方案、组织专家论证并报送审批。在 SL 721—2015 附录 A.0.1 和附录 A.0.2 中给出了到一定规模和超过一定规模的危险性较大单项工程的标准（此标准中遗漏了水利部令第 26 号中规定的"高边坡"即石质边坡开挖高度大于 50m、土质边坡开挖高度大于 30m 的情形，在工程实施过程中应予注意）：

A.0.1　达到一定规模的危险性较大的单项工程，主要包括下列工程：

1　基坑支护、降水工程。开挖深度达到 3（含）～5m 或虽未超过 3m 但地质条件和周边环境复杂的基坑（槽）支护、降水工程。

2　土方和石方开挖工程。开挖深度达到 3（含）～5m 的基坑（槽）的土方和石方开挖工程。

3　模板工程及支撑体系

1）大模板等工具式模板工程；

2）混凝土模板支撑工程：搭设高度 5（含）～8m；搭设跨度 10（含）～18m；施工总荷载 10（含）～15kN/m² ；集中线荷载 15（含）～20kN/m；高度大于支撑水平投影宽度且相对独立无联系构件的混凝土模板支撑工程；

3）承重支撑体系：用于钢结构安装等满堂支撑体系。

4　起重吊装及安装拆卸工程

1）采用非常规起重设备、方法，且单件起吊重量在 10（含）～100kN 的起重吊装工程；

2）采用起重机械进行安装的工程；

3）起重机械设备自身的安装、拆卸。

　5　脚手架工程

　　1）搭设高度 24（含）～50m 的落地式钢管脚手架工程；

　　2）附着式整体和分片提升脚手架工程；

　　3）悬挑式脚手架工程；

　　4）吊篮脚手架工程；

　　5）自制卸料平台、移动操作平台工程；

　　6）新型及异型脚手架工程。

　6　拆除、爆破工程

　7　围堰工程

　8　水上作业工程

　9　沉井工程

　10　临时用电工程

　11　其它危险性较大的工程

A.0.2　超过一定规模的危险性较大的单项工程，主要包括下列工程：

　1　深基坑工程

　　1）开挖深度超过 5m（含）的基坑（槽）的土方开挖、支护、降水工程；

　　2）开挖深度虽未超过 5m，但地质条件、周围环境和地下管线复杂，或影响毗邻建筑（构筑）物安全的基坑（槽）的土方开挖、支护、降水工程。

　2　模板工程及支撑体系

　　1）工具式模板工程：滑模、爬模、飞模工程；

　　2）混凝土模板支撑工程：搭设高度 8m 及以上；搭设跨度 18m 及以上；施工总荷载 $15kN/m^2$ 及以上；集中线荷载 20kN/m 及以上；

　　3）承重支撑体系：用于钢结构安装等满堂支撑体系，承受单点集中荷载 700kg 以上。

　3　起重吊装及安装拆卸工程

　　1）采用非常规起重设备、方法，且单件起吊重量在 100kN 及以上的起重吊装工程；

　　2）起重量 300kN 及以上的起重设备安装工程；高度 200m 及以上内爬起重设备的拆除工程。

　4　脚手架工程

　　1）搭设高度 50m 及以上落地式钢管脚手架工程；

　　2）提升高度 150m 及以上附着式整体和分片提升脚手架工程；

　　3）架体高度 20m 及以上悬挑式脚手架工程。

　5　拆除、爆破工程

　　1）采用爆破拆除的工程；

　　2）可能影响行人、交通、电力设施、通信设施或其它建筑物、构筑物安全的拆除工程；

　　3）文物保护建筑、优秀历史建筑或历史文化风貌区控制范围的拆除工程。

6　其他

1）开挖深度超过 16m 的人工挖孔桩工程；

2）地下暗挖工程、顶管工程、水下作业工程；

3）采用新技术、新工艺、新材料、新设备及尚无相关技术标准的危险性较大的单项工程。

住房和城乡建设部 2018 年发布了《危险性较大的分部分项工程安全管理规定》和《住房城乡建设部办公厅关于实施〈危险性较大的分部分项工程安全管理规定〉有关问题的通知》（建办质〔2018〕31 号），对于房屋建筑和市政工程中的危险性较大工程的管理提出了明确、具体的要求，可供水利工程建设安全管理的相关工作参考。

2）编写内容。

根据《水利工程建设安全生产管理规定》和《水利水电工程施工安全管理导则》规定，水利工程施工过程中，对达到一定规模和超过一定规模的单项工程应编制专项施工方案，超过一定规模的单项工程专项施工方案还应组织专家进行论证。除 SL 721—2015 中的相关规定外，在 SL 398—2007 中规定，对进行三级、特级、悬空高处作业时，应事先制订专项安全技术措施。根据 SL 721—2015 的规定，专项施工方案应包括以下内容：

1）工程概况：危险性较大的单项工程概况、施工平面布置、施工要求和技术保证条件等；

2）编制依据：相关法律、法规、规章、制度、标准及图纸（国标图集）、施工组织设计等；

3）施工计划：包括施工进度计划、材料与设备计划等；

4）施工工艺技术：技术参数、工艺流程、施工方法、质量标准、检查验收等；

5）施工安全保证措施：组织保障、技术措施、应急预案、监测监控等；

6）劳动力计划：专职安全生产管理人员、特种作业人员等；

7）设计计算书及相关图纸等。

2021 年，住房和城乡建设部发布了《危险性较大的分部分项工程专项施工方案编制指南》，对各类危险性较大工程专项方案应编列的主要内容进行了明确。承包人在编制专项施工方案时，可供参考。

（7）专项施工方案的管理。

监理机构对于承包人编制的安全技术措施及专项施工方案管理，重点主要有三方面：一是方案内容应符合标准、规范特别是强制性条文的规定，并符合现场实际施工要求；二是方案的编制、审核、审批等管理工作应符合相关规定的要求，只有内容合规、适用，审批程序合规的专项施工方案才能在工程中应用；三是专项方案的实施，承包人必须按照经监理单位批复的专项施工方案组织实施，不得擅自变更，确需变更的，应重新履行审核论证、审批程序。根据水利部《水利工程生产安全重大事故隐患清单指南（2023 年版）》的规定：无施工组织设计施工；危险性较大的单项工程无专项施工方案；超过一定规模的危险性较大单项工程的专项施工方案未按规定组织专家论证、审查擅自施工等，属于重大事故隐患。

1）专项施工方案的审核。

根据 SL 721 的规定，专项施工方案应由施工单位技术负责人组织施工技术、安全、质量等部门的专业技术人员进行审核。经审核合格的，应由施工单位技术负责人签字确认。实行分包的，应由总承包单位和分包单位技术负责人共同签字确认。

2）专项施工方案的论证。

关于专项施工方案的论证，在 SL 721—2015 中规定：

7.3.4 对于超过一定规模的危险性较大的单项工程专项施工方案应由施工单位组织召开审查论证会。

审查论证会应有下列人员参加：

1 专家组成员；

2 项目法人单位负责人或技术负责人；

3 监理单位总监理工程师及相关人员；

4 施工单位分管安全的负责人、技术负责人、项目负责人、项目技术负责人、专项施工方案编制人员、项目专职安全生产管理人员；

5 勘察、设计单位项目技术负责人及相关人员等。

7.3.5 专家组应由 5 名及以上符合相关专业要求的专家组成，各参建单位人员不得以专家身份参加审查论证会。

专家组成员应具备以下基本条件：

1 诚实守信、作风正派、学术严谨；

2 从事相关专业工作 15 年以上或具有丰富的专业经验；

3 具有高级专业技术职称。

7.3.7 审查论证会应就下列主要内容进行审查论证，并提交论证报告。

1 专项施工方案是否完整、可行，质量、安全标准是否符合工程建设标准强制性条文规定；

2 设计计算书是否符合有关标准规定；

3 施工的基本条件是否符合现场实际等。

审查论证报告应对审查论证的内容提出明确的意见，并经专家组成员签字。

另根据《水利水电工程施工标准招标文件（2009 年版）》合同条款的约定，对专用合同条款约定的专项施工方案，还应组织专家进行论证、审查，其中专家 1/2 人员应经发包人同意。在专项施工方案论证过程中，监理机构应按有关规定派人参加。

3）专项施工方案的审批。

不需专家论证的专项施工方案，经施工单位审核合格后应报监理单位，由项目总监理工程师审核签字，并报项目法人备案后实施。

超过一定规模的危险性较大单项工程专项施工方案，承包人应根据审查论证报告修改完善专项施工方案，经施工单位技术负责人、总监理工程师、项目法人单位负责人审核签字后，方可组织实施。

（8）强制性标准（条文）的管理。

根据前文所述，强制性条文具有技术法规的属性，工程建设过程中应强制执行，在《建设工程安全生产管理条例》和《水利工程建设安全生产管理规定》中均有明确的要求，要求监理单位按照法律、法规、强制性标准开展监理，审查施工单位施工组织设计中的安全技术措施和专项施工方案是否符合工程建设强制性标准。

水利部颁布的《水利工程建设标准强制性条文管理办法（暂行）》中规定监理单位必须按照强制性条文、设计文件和建设工程承包合同，对施工质量、安全实施监理，并对工程施工质量承担相关责任。水利工程建设项目法人、勘测、设计、施工、监理、检测、运行以及质量监督等单位，应在管理体系文件中明确设置执行、检查强制性条文的环节和要求。工程竣工验收前，水利工程建设项目法人、勘测、设计、施工、监理、检测、验收技术鉴定等单位，需分别对执行强制性条文情况进行检查，检查情况应作为验收资料的组成部分。

3．参考示例

（1）监理单位编制的安全技术措施管理制度（包含强制性条文管理内容）。

安全技术措施管理制度示例

安全技术措施管理制度（示例）

第一章　总　　则

第一条　为规范公司技术文件审核、审批管理，提高公司及各项目部的技术管理水平，及时了解和掌握各时期安全生产情况，协调和处理公司生产组织过程中存在的安全问题，消除事故隐患，确保安全生产，制定本制度。

第二条　本制度依据《水利工程建设安全生产管理规定》《水利工程施工监理规范》《水利水电工程施工安全管理导则》等编制。

第三条　本制度适用于公司技术文件核查、审核和审批工作。

第四条　本制度所称技术文件是指监理大纲、监理规划、监理实施细则、咨询成果文件、招投标文件等公司业务范围内的文件；以及承包人的施工组织设计、施工措施计划、专项施工方案、应急预案等需项目监理部审核、审批的技术文件。

第二章　工　作　职　责

第五条　总工程师负责公司技术文件的审查、审批工作。

第六条　工程管理部负责公司监理、咨询等技术文件的审核工作。

第七条　其他各部门负责本部门内技术文件的审核工作，保证文件质量。

第八条　各项目监理部依据合同约定及有关规定，审核、审批承包人申报的各类技术文件；监督检查承包人按规定开展施工技术管理工作。

第三章　技术文件审核及审批

第九条　公司各部门所形成的技术文件，应经公司总工程师审核后发出或提交。

第十条　各项目监理部的监理规划应由工程管理部进行初审，报公司总工程师审批后实施。

第十一条　项目设计文件核查

（一）项目监理部在收到发包人提供的施工图纸及设计类文件后，及时核查并签发。在施工图纸核查和设计文件审核过程中，项目监理部根据合同约定对需要审核的文件提出意见或建议，可征求承包人意见，必要时提请发包人组织有关专家会审。项目监理部不得修改施工图纸，对核查过程中发现的问题，应通过发包人返回设计单位处理。无须审核或审核无意见的，应按合同约定或相关约定履行签发手续，并要求承包人签收。

（二）对承包人提供的施工图纸，项目监理部按施工合同约定进行核查，在规定的期限内签发。对核查过程中发现的问题，通知承包人修改后重新报审。若承包人负责提供的设计文件和施工图纸涉及主体工程的，项目监理部需报发包人批准。

（三）根据施工图纸所涉及的专业不同，总监或授权副总监应安排相应专业监理工程师进行施工图纸核查。

（四）对施工图纸进行核查时，除了重视施工图纸本身是否满足设计要求之外，还应注意从合同角度进行核查，保证工程质量，减少变更，对施工图纸的核查应侧重以下内容：

（1）施工图纸是否经设计单位正式签署。

（2）施工图纸与设计说明、技术要求是否一致，如分期出图，图纸供应是否及时。

（3）施工图纸与招标图纸是否一致。

（4）地下构筑物、障碍物、管线是否探明并标注清楚。

（5）总平面图与施工图纸的位置、几何尺寸、标高等是否一致。

（6）各类图纸之间、各专业图纸之间、平面图与剖面图之间、各剖面图之间有无矛盾，标注是否清楚、齐全，是否有误。

（7）其他涉及设计文件及施工图纸的问题。

第十二条　设计技术交底

为更好地理解设计意图，项目监理部在与各方约定的时间内，主持或与发包人联合主持召开设计交底会议，由设代机构进行设计文件的技术交底，并就发包人、监理人、承包人对施工图提出的疑问给予答复。设计技术交底会议应着重解决下列问题：

（一）分析地形、地貌、水文气象、工程地质及水文地质等自然条件方面的影响。

（二）主管部门及其他部门（如铁路、公路、电力、环保、旅游、林业等）对本工程的要求，设计单位采用的设计规范。

（三）设计单位的设计意图。如设计思想、结构设计意图、设备安装及调试要求等。

（四）承包人在施工过程中应注意的问题。如基础处理、新结构、新工艺、新技术等方面应注意的问题。

（五）设计单位对涉及施工安全的重点部位和环节在设计文件中著名，并对防范现场安全事故提出指导意见。

（六）设计单位对采用新结构、新材料、新工艺以及特殊结构的，应当在设计中提出保障施工作业人员安全预防生产安全事故的措施建议。

（七）认真记录设计交底内容，对有关单位提出的疑问，应得到设代机构的明确答复，不能明确答复的要确定答复疑问时间，在答复期限内设代机构应提交正式答复文件。会后及时将设计交底纪要以书面形式发至各有关单位。

第十三条 设计文件的签发

（一）经核查的施工图纸由总监签发，并加盖项目监理部章。签发方式采用 SL 288—2014《水利工程施工监理规范》附录 E《施工图纸签发表》格式。

（二）工程施工所需的施工图纸，经项目监理部核查并签发后，承包人方可用于施工。承包人无图纸施工或按照未经项目监理部签发的施工图纸施工，项目监理部有权责令其停工、返工或拆除，有权拒绝计量和签发付款证书。

第四章 承包人申报的技术文件审批

第十四条 承包人申报技术文件的审核要点

（一）程序性审核。包括编制、审核、批准等程序是否符合合同约定及相关规定，上报文件无项目经理或技术负责人签字的，不予受理。涉及危险性较大单项工程的专项施工方案应符合 SL 721—2015 及其他相关规定。

（二）合规性审核。承包合同、设计及其他技术文件等相关规（约）定，是否存在变更；审查是否存在违反法法规、技术标准，重点是强制性标准（强制性条文）规定的情况。

（三）适用性审核。技术文件是否与工程实际相符，满足工程施工需要。

（四）审批施工组织设计应注意以下几个方面：

（1）承包人的施工总布置、场地选择、施工分区规划及施工交通运输等是否合理。

（2）对施工组织设计与《水利工程建设标准强制性条文》的符合性进行审核。

（3）承包人的施工资源配置是否满足合同要求，所选用的施工设备的型号、类型、性能、数量等，能否满足施工进度和施工质量的要求。

（4）拟采用的施工方法、质量安全技术措施、专项施工方案在技术上是否可行，经济上合理，对工程质量、安全有无保证措施。

（5）施工进度计划是否满足合同约定。

（6）各施工工序之间是否平衡，是否因工序的不平衡而出现窝工。

（7）质量控制点的设置是否正确，其检验方法、检验频率、检验标准是否符合合同计划规范的要求。

（8）承包人是否结合工程特点提出切实可行的安全生产、防洪度汛、文明施工、水土保持、环境保护管理方案。

（9）技术保证措施和施工安全技术措施是否切实可行。

（10）主要管理人员、工程技术人员、技术工人和项目部的组织机构符合合同要求，满足施工需要。

第五章　专项施工方案审核、审批

第十五条　承包人按照施工合同提交的专项施工方案包括（不限于）：达到（或超过）一定规模的基坑支护与降水工程、土方开挖工程、模板工程、起重吊装工程、脚手架工程、拆除工程、围堰工程和其他危险性较大的工程专项施工方案，并附具安全验算结果。危险性较大的单项工程规模按照 SL 721—2015《水利水电工程施工安全管理导则》执行。

第十六条　涉及超过一定规模危大工程的专项施工方案，由承包人组织召开专家审查论证会，总监理工程师及相关专业监理工程师参加论证会，承包人根据审查论证报告修改完善专项施工方案，经施工单位技术负责人、总监理工程师、项目法人单位负责人审核签字、备案后，方可组织实施。涉及房屋建筑及市政工程的，按照《危险性较大的分部分项工程安全管理规定》（住建部 37 号令）、《危险性较大的分部分项工程安全管理规定有关问题的通知》（建办质〔2018〕31 号）和《危险性较大的分部分项工程专项施工方案编制指南》（建办质〔2021〕48 号）执行。

第十七条　审批承包人编制的施工临时用电方案，监督检查承包人对其自主验收合格后方可投入使用；审批承包人编制的脚手架搭设及拆除施工方案，监督检查承包人对其自主验收合格后方可挂牌投入使用。

第十八条　监理机构重点检查施工承包人工程质量与安全管理体系是否健全，专职安全生产管理人员配备数量及资格是否符合相关规定，组织或参与施工现场需验收的危险性较大单项工程的验收审核工作。在审批重大和专项施工方案前，或在审核工程设计变更、合同索赔等重大事件的文件过程中，将随时征求咨询专家组的意见。

第六章　合同工程开工与审批

第十九条　合同工程开工通知

第二十条　项目监理部应在开工日期 7 天前，经发包人同意后向承包人发出合同工程开工通知，开工通知中应载明开工日期；格式按照监理规范"监理用表 JL01"执行。

第二十一条　承包人提交合同工程开工申请

第二十二条　承包人完成合同工程开工准备后，向项目监理部提交"合同工开工申请表"，申请表格式按监理规范"承包人用表 CB14"执行，申请内容包括申请开工合同工程的名称、申请开工日期及计划工期等。

第二十三条　项目监理部签收合同工程开工申请

第二十四条　在接到承包人提交的"合同工程开工申请表"之后，项目监理部应对合同工程开工申请表及合同工程开工申请报告、已具备开工条件的证明文件等附件进行审阅并签收。已具备开工条件的基本证明文件如下：

（一）发包人提供施工条件完成情况说明。

（二）施工技术方案申报表及审批意见。

（三）现场组织机构及主要人员报审表及审批意见。

（四）施工设备进场报验单及审批意见。

（五）原材料、中间产品和工程设备进场报验及审批意见。

（六）施工测量成果（测量基准点复核、施工测量控制网、施工区原始地形图测绘）报验及审批意见。

（七）施工进度计划申报表及审批意见。

（八）质量、安全、环境保护保证体系文件。

（九）试验报告、施工工艺试验报告、检测及试验计划、检测及试验设备清单等。

第二十五条　项目监理部对合同工程开工条件检查，并形成检查记录（详见附件 1）。

（一）检查开工前应由发包人提供的下列施工条件：

（1）首批开工项目施工图纸的提供。

（2）测量基准点的移交。

（3）施工用地的提供。

（4）施工合同约定应由发包人负责的道路、供电、供水、通信及其他条件和资源的提供情况。

（二）检查开工前承包人的下列施工准备情况：

（1）承包人派驻现场的主要管理人员、技术人员及特种作业人员是否与施工合同文件一致。如有变化，按合同约定应重新审查并报发包人认可。

（2）承包人进场施工设备的数量、规格和性能是否符合施工合同约定，进场情况和计划是否满足开工及施工进度的要求。

（3）进场原材料、中间产品和工程设备的质量、规格是否符合施工合同约定，原材料的储存量及供应计划是否满足开工及施工进度的需要。

（4）承包人的检测条件或委托的检测机构是否符合施工合同约定及有关规定；具体检查内容如下：

1）检测机构的资质等级和试验范围的证明文件。

2）法定计量部门对检测仪器、仪表和设备的计量检定证书、设备率定证明文件。

3）检测人员的资格证书。

4）检测仪器的数量及种类。

（5）承包人对发包人提供的测量基准点的复核，以及承包人在此基础上完成施工测量控制网的布设及施工区原始地形图的测绘情况。

（6）砂石料系统、混凝土拌和系统或商品混凝土供应方案以及场内道路、供水、供电、供风及其他施工辅助加工厂、设施的准备情况。

（7）承包人的质量保证体系。

（8）包人的安全生产管理机构和安全措施文件。

（9）承包人提交的施工组织设计、专项施工方案、施工措施计划、施工总进度计划、资金流计划、安全技术措施、度汛方案和灾害应急预案等。

（10）应由承包人负责提供的施工图纸和技术文件。

（11）按照施工合同约定和施工图纸的要求需进行施工工艺试验和料场规划情况。

第二十六条　项目监理部签发合同工程开工批复

经检查已具备开工条件且所报开工申请材料符合要求后，总监理工程师签发合同工程开工批复，格式按照监理规范"监理用表JL02"执行。

第七章　分部工程开工申请与审批

第二十七条　承包人提出分部工程开工申请

在完成施工准备后，承包人向项目监理部报送"分部工程开工申请表"，申请格式按照监理规范"承包人用表CB15"执行，申请内容包括申请开工分部工程的名称、申请开工日期及计划工期等。

第二十八条　项目监理部签收分部工程开工申请

在接到承包人报送的"分部工程开工申请表"之后，项目监理部应对申请表及分部工程进度计划及分部工程施工技术方案等进行审阅并签收。

第二十九条　项目监理部对施工准备情况进行检查

第三十条　施工准备情况的检查内容报告：施工技术交底和安全交底情况，施工设备到位情况，施工安全、质量措施落实情况，工程设备检验验收情况，原材料、中间产品质量及准备情况，现场施工人员安排情况，风、水、电等必需的辅助生产设施准备情况，测量放样情况，工艺试验情况等是否满足开工条件要求，并形成检查记录（详见附件2）。

第三十一条　项目监理部签发分部工程开工批复

经检查已具备开工条件且所报开工申请材料符合要求后，项目监理部监理工程师签发分部工程开工批复，格式按照监理规范："监理机构用表JL03"执行。

第三十二条　单元工程开工申请的审批。第一个单元工程应在分部工程开工批准后开工，后续单元工程凭监理工程师签认的上一单元工程施工质量合格文件方可开工。

第八章　混凝土开仓申请与审批

第三十三条　承包人提出混凝土浇筑开仓申请

第三十四条　在完成混凝土浇筑之前的施工工序后，承包人向项目监理部报送"混凝土浇筑开仓报审表"，申请格式按照监理规范"承包人用表 CB17"执行，申请内容包括开工申请仓位、申请浇筑时间和计划浇筑时间等。

第三十五条　项目监理部对浇筑准备情况进行检查

第三十六条　检查内容包括：备料情况、混凝土施工配合比、检测准备、基面/施工缝处理、钢筋制安、模板支立、细部结构、预埋件及混凝土系统准备情况等。

第三十七条　项目监理部签发开仓审批意见

第三十八条　经检查已具备开仓条件后，监理工程师在"混凝土浇筑开仓报审表"上签署同意开仓审批意见。

第九章　附　　则

第三十九条　本制度由工程管理部归口并负责解释。

第四十条　本制度自下发之日起施行。

附件：

1. 监理规划审批表（示例见二维码 38）
2. 合同工程施工准备情况检查记录表
3. 分部工程施工准备情况检查记录表

二维码 38

（2）承包人施工组织设计中安全技术措施报审及审查、审批记录（含专家论证、备案等记录）（示例见二维码 39、40）。

二维码 39

【标准条文】

4.2.3　监理机构应监督检查承包人在施工前按规定将批准的施工安全技术措施及专项方案对作业人员进行安全技术交底，严格按批准的措施方案组织施工，及时制止违规作业行为；组织或参与需要验收的危险性较大单项工程的验收工作。

1. 工作依据

《水利工程建设安全生产管理规定》（水利部令第 26 号）

SL 288—2014《水利工程施工监理规范》

SL 721—2015《水利水电工程施工安全管理导则》

二维码 40

2. 实施要点

（1）安全技术交底管理。

承包人的施工组织设计和专项方案实施之前，应向相关人员进行安全技术交底，使管理人员、作业人员熟悉、掌握方案的要点。在 SL 721—2015 中，对交底工作提出了要求，监理机构对承包人监督检查时可参照执行：

7.6.2　工程开工前，施工单位技术负责人应就工程概况、施工方法、施工工艺、施工程序、安全技术措施和专项施工方案，向施工技术人员、施工作业队（区）负责人、工长、班组长和作业人员进行安全交底。

7.6.3　单项工程或专项施工方案施工前，施工单位技术负责人应组织相关技术人员、施工作业队（区）负责人、工长、班组长和作业人员进行全面、详细的安全技术交底。

7.6.4　各工种施工前，技术人员应进行安全作业技术交底。

7.6.5　每天施工前，班组长应向工人进行施工要求、作业环境的安全交底。

7.6.6　交叉作业时，项目技术负责人应根据工程进展情况定期向相关作业队和作业人员进行安全技术交底。

7.6.7　施工过程中，施工条件或作业环境发生变化的，应补充交底；相同项目连续施工超过一个月或不连续重复施工的，应重新交底。

7.6.8　安全技术交底应填写安全交底单，由交底人与被交底人签字确认。安全交底单应及时归档。

7.6.9　安全技术交底必须在施工作业前进行，任何项目在没有交底前不得进行施工作业。

监理机构监督检查承包人安全技术交底工作的主要内容包括：

1）承包人是否对施工组织设计（包含安全技术措施）和全部专项施工方案都履行了交底的手续。

2）承包人交底的组织形式是否符合规范规定。

3）承包人交底记录及相关人员签字是否齐全。

（2）监督方案实施。

承包人应严格按照专项施工方案组织施工，不得擅自修改、调整专项施工方案。如因设计、结构、外部环境等因素发生变化确需修改的，修改后的专项施工方案应当重新审核。对于超过一定规模的危险性较大的单项工程的专项施工方案，承包人应重新组织专家进行论证。所有编制专项施工方案的单项工程在实施过程中，均应按专人进行现场监护，对监护情况进行详细记录并存档。如在 SL 398—2007 中规定，爆破、高边坡、隧洞、水上（下）、高处、多层交叉施工、大件运输、大型施工设备安装及拆除等危险作业应有专项安全技术措施，并设专人进行安全监护。

根据水利部《水利工程生产安全重大事故隐患清单指南（2023 年版）》的规定：未按批准的专项施工方案组织实施；需要验收的危险性较大的单项工程未经验收合格转入后续工程施工的，属于重大事故隐患。

二维码 41

（3）方案验收。

对于需要验收的危险性较大的单项工程，如脚手架、临时用电、基坑及边坡支护等，监理机构应组织或督促承包人开展验收工作，验收合格方可转入后续工程施工，否则将构成重大事故隐患。

二维码 42

3. 参考示例

（1）监理机构监督检查承包人技术交底的记录（示例见二维码 41）。

（2）监理机构监督检查承包人按专项施工方案施工的记录。

（3）危险性较大单项工程的验收记录（示例见二维码 42）。

【标准条文】

4.2.4　监理机构应审批承包人编制的现场临时用电专项施工方案，监督检查承包人专项施工方案的实施情况，临时用电工程应经承包人验收合格后方可投入使用。

1. 工作依据

《水利工程建设安全生产管理规定》（水利部令第 26 号）

GB 50194—2014《建设工程施工现场供用电安全规范》

SL 398—2007《水利水电工程施工通用安全技术规程》

SL 714—2015《水利水电工程施工安全防护设施技术规范》

SL 721—2015《水利水电工程施工安全管理导则》

JGJ 46—2005《施工现场临时用电安全技术规范》

2. 实施要点

临时用电工程作为危险作业的类型之一，在 2021 年修订的《安全生产法》第四十三条中专门进行了规定：生产经营单位进行爆破、吊装、动火、临时用电以及国务院应急管理部门会同国务院有关部门规定的其他危险作业，应当安排专门人员进行现场安全管理，确保操作规程的遵守和安全措施的落实。

根据水利部《水利工程生产安全重大事故隐患清单指南（2023 年版）》的规定，临时用电工程中，施工现场专用的电源中性点直接接地的低压配电系统未采用 TN - S 接零保护系统；发电机组电源未与其他电源互相闭锁，并列运行；外电线路的安全距离不符合规范要求且未按规定采取防护措施，均属于重大事故隐患。

（1）施工用电技术方案。

在 SL 721—2015 中，将现场临时用电工程确定为达到一定的危险性较大单项工程。根据《水利工程建设安全生产管理规定》的规定，施工单位应当编制施工现场临时用电方案，经施工单位技术负责人签字以及总监理工程师核签后实施，由专职安全生产管理人员进行现场监督。

监理机构在监督检查承包人现场临时用电时，首先应确定在工程承包合同或承包人的专项施工方案中所引用的技术标准，并依据确定的技术标准开展现场临时用电的监理工作。如 JGJ 46—2005 中，对现场临时用电施工用电方案的编制做出以下规定：

3.1.1　施工现场临时用电设备在 5 台及以上或设备总容量在 50kW 及以上者，应编制用电组织设计。

3.1.2　施工现场临时用电组织设计应包括下列内容：

1　现场勘测；

2　确定电源进线、变电所或配电室、配电装置、用电设备位置及线路走向；

3　进行负荷计算；

4　选择变压器；

5　设计配电系统：

1）设计配电线路，选择导线或电缆；

2）设计配电装置，选择电器；

3）设计接地装置；

4) 绘制临时用电工程图纸，主要包括用电工程总平面图、配电装置布置图、配电系统接线图、接地装置设计图。

6　设计防雷装置；

7　确定防护措施；

8　制定安全用电措施和电气防火措施。

3.1.6　施工现场临时用电设备在 5 台以下和设备总容量在 50kW 以下者，应制定安全用电和电气防火措施，并应符合本规范第 3.1.4 条、第 3.1.5 条规定。

（2）现场临时用电配电系统。

JGJ 46—2005 第 1.0.3 条规定，建筑施工现场临时用电工程专用的电源中性点直接接地的 220/380V 三相四线制低压电力系统，必须符合下列规定：1　采用三级配电系统；2　采用 TN-S 接零保护系统；3　采用二级漏电保护系统。也就是说施工现场有专用电源（通常指变压器）的，必须采用 TN-S，如果施工现场没有专用变压器，而是从电网中直接接入，则应与电网系统保持一致。

此外，关于电缆的芯数，JGJ 46—2005 第 7.2.1 条规定，电缆中必须包含全部工作芯线和用作保护零线或保护线的芯线。需要三相四线制配电的电缆线路必须采用五芯电缆。在 TN-S 系统中，电缆的芯数主要取决于负荷（通常指用电设备）的情况，如三相动力设备，圆盘锯、平刨、钢筋弯曲机、钢筋切断机等设备，三根相线能工作，外加一根 PE 线，总计四芯，即三相三线四芯电缆就满足 TN-S 要求；照明设备一般为一根相线和一根工作零线（N 线），外加一根保护零线（PE 线），总计三芯，即单相两线三芯电缆。交流电弧焊机为两根相线，外加一根保护零线（PE 线），即两项两线三芯电缆。这些设备都不需要采用五芯电缆，但仍然是 TN-S 系统，满足规范要求。施工现场中塔吊等设备设施，因为其既有三相动力负荷，也有单相照明、电铃等负荷，此类设备为"三相四线制"设备，需要三根相线（L1、L2、L3）、一根工作零线（N 线），外加一根保护零线（PE 线），规范要求必须使用五芯电缆，不得采用四芯电缆外加一根线替代五芯电缆。

对无专用电源、施工现场与外电线路共用同一供电系统时，电气设备的接地、接零保护应与原系统保护一致。不得一部分设备做保护接零，另一部分设备做保护接地。用 TN 系统做保护接零时，工作零线（N 线）必须通过总漏电保护器，保护零线（PE 线）必须由电源进线零线重复接地处或总漏电保护器电源侧零线处，引出形成局部 TN-S 接零保护系统。

（3）配电箱及开关箱。

1）施工现场临时用电配电系统一般情况下应遵循"三级配电、二级保护、一机一闸一保护"的原则。考虑到施工现场可能出现的特殊情况，在 GB 50194—2014 中规定：一般施工现场的低压配电系统宜采用三级配电，而非必须，可根据施工现场具体情况进行调整。如在第 6.1.1 条条文说明中明确，向非重要负荷供电时，可适当增加配电级数，但不宜过多。对于小型施工现场采用二级配电也是允许的。

对于非重要负荷供电，由于现场布置的原因，需要增加配电级数的情况，在 GB 50194—2014 规定，总配电箱以下可设若干分配电箱；分配电箱以下可设若干末级配电箱。分配电箱以下可根据需要，再设分配电箱。

关于开关箱，应符合 SL 398—2007 第 4.5 节"配电箱、开关箱与照明"和 GB 50194—2014、JGJ 46—2005 的要求，每台用电设备应有各自专用的开关箱，严禁用同一个开关电器直接控制两台及两台以上用电设备（含插座）。

2）配电箱箱体材质、尺寸、装设要求、内部电器配置等，均应符合 SL 398—2007 第 4.1 节~第 4.5 节的相关要求，也可参照 GB 50194—2014、JGJ 46—2005 中的有关规定。

3）对于配电箱内的电器装置，可参照 JGJ 46—2005 第 8.2 节的有关要求配置。如隔离开关，为提高工作可靠性，在 JGJ 46—2005 第 8.2.2 条第 3 款中规定，隔离开关应设置于电源进线端，应采用分断时具有可见分断点，并能同时断开电源所有极的隔离电器。如采用分断时具有可见分断点的断路器，可不另设隔离开关。

4）施工现场的配电箱、开关箱等安装使用应符合 SL 714—2015 的强制性要求：

3.7.3 施工现场的配电箱、开关箱等安装使用应符合下列规定：

6 配电箱、开关箱应装设在干燥、通风及常温场所，设置防雨、防尘和防砸设施。不应装设在有瓦斯、烟气、蒸气、液体及其他有害介质环境中，不应装设在易受外来固体物撞击、强烈振动、液体浸溅及热源烘烤的场所。

（4）配电线路。

输电线路敷设的方式，考虑到施工现场的实际情况，应采取的敷设方式包括架空、地埋和其他方式，其他方式包括：沿支架、沿墙面地面、电缆沟、临时设施内部等，并应符合 SL 398—2007 第 4.4 节和 GB 50194—2014 第 7 章"配电线路"的有关要求。对于穿越道路及易受机械损伤的场所时应符合 SL 714—2015 的强制性要求：

3.7.4 施工用电线路架设使用应符合下列要求：

7 线路穿越道路或易受机械损伤的场所时必须设有套管防护。管内不得有接头，其管口应密封。

（5）施工区照明。

关于施工现场的照明，在 SL 398—2007 第 4.5.10 条、第 4.5.12 条规定：

4.5.10 一般场所宜选用额定电压为 220V 的照明器，对下列特殊场所应使用安全电压照明器：

1 地下工程，有高温、导电灰尘，且灯具距离地面高度低于 2.5m 等场所的照明，电源电压不应大于 36V。

2 在潮湿和易触及带电体场所的照明电源电压不应大于 24V。

3 在特别潮湿的场所、导电良好的地面、锅炉或金属容器内工作的照明电源电压不应大于 12V。

4.5.12 照明变压器应使用双绕组型，严禁使用自耦变压器。

在 SL 378—2007《水工建筑物地下开挖工程施工规范》中规定：

12.3.3 洞内供电电压应符合下列规定：

1 宜采用 380V/220V 三相四线制。

2 动力设备应采用三相 380V。

3 隧洞开挖、支护工作面可使用电压为 220V 的投光灯照明，但应经常检查灯具和电缆的绝缘性能。

施工现场照明除满足上述规定外，还应符合 GB 50720—2011《建设工程施工现场消防安全技术规范》中对有关照明灯具对消防安全方面的要求：

6.3.2 施工现场用电应符合下列规定：

6 可燃材料库房不应使用高热灯具，易燃易爆危险品库房内应使用防爆灯具。

7 普通灯具与易燃物的距离不宜小于 300mm，聚光灯、碘钨灯等高热灯具与易燃物的距离不宜小于 500mm。

关于照明光源的选择，应选用绿色、节能、安全的产品。住房和城乡建设部 2021 年发布的《房屋建筑和市政基础设施工程危及生产安全施工工艺、设备和材料淘汰目录（第一批）》规定，限制施工工地使用用于照明的白炽灯、碘钨灯、卤素灯等非节能光源，上述光源不得用于建设工地的生产、办公、生活等区域的照明，应采用 LED 灯、节能灯代替。

（6）自备电源。

施工现场设置自备电源时，应按 SL 398—2007 的要求对电压为 400V/230V 的自备发电机组电源应与外电线路电源联锁，严禁并列运行。

此外对于现场多套自备电源并列运行时，应符合 JGJ 46—2005 的要求，发电机组并列运行时，必须装设同期装置，并在机组同步运行后再向负载供电。

（7）接地（接零）与防雷。

施工现场的接地（接零）与防雷应符合 SL 398—2007 第 4.2 节"接地（接零）与防雷"的有关规定。如电力变压器或发电机的工作接地电阻值不应大于 4Ω，保护零线每一重复接地装置的接地电阻值不应大于 10Ω 等。关于接地（接零）系统，在 SL 398—2007 中规定：

4.2.1 施工现场专用的中性点直接接地的电力线路中应采用 TN-S 接零保护系统。

2 当施工现场与外电线路共用同一个供电系统时，电气设备应根据当地的要求作保护接零，或作保护接地。不得一部分设备作保护接零，另一部分设备作保护接地。

同时，还可参照 JGJ 46—2005 中的相关规定：

1.0.3 建筑施工现场临时用电工程专用的电源中性点直接接地的 220V/380V 三相四线制低压电力系统，必须符合下列规定：

1 采用三级配电系统；

2 采用 TN-S 接零保护系统；

3 采用二级漏电保护系统。

5.1.1 在施工现场专用变压器的供电的 TN-S 接零保护系统中，电气设备的金属外壳必须与保护零线连接。保护零线应由工作接地线、配电室（总配电箱）电源侧零线或总漏电保护器电源侧零线处引出。

5.1.2 当施工现场与外电线路共用同一供电系统时，电气设备的接地、接零保护应与原系统保护一致。不得一部分设备做保护接零，另一部分设备做保护接地。

（8）现场临时用电系统验收。

施工现场临时用电系统按批复的技术方案建设完成后，监理机构应督促承包人自行组织验收，经验收合格方可投入使用。有关验收的要求应参照 JGJ 46—2005 和 GB 50194—2014 的相关规定进行（根据所引用的技术标准确定）。

JGJ 46—2005 规定，临时用电工程必须经编制、审核、批准部门和使用单位共同验收，合格后方可投入使用。

GB 50194—2014 规定，供用电工程施工完毕，电气设备应按现行国家标准 GB 50150《电气装置安装工程　电气设备交接试验标准》的规定试验合格。供用电工程施工完毕后，应有完整的平面布置图、系统图、隐蔽工程记录、试验记录，经验收合格后方可投入使用。

（9）用电设施的检查。

施工过程中，承包人应定期对防雷、接零及用电设施定期开展检查工作，以保证现场临时用电系统安全、可靠运行，监理机构应对承包人的相关工作进行监督检查。根据现行技术标准的规定，对临时用电系统检查周期通常为 1 个月一次，具体要求可参照 SL 398—2007、JGJ 46—2005、GB 50194—2014 的有关规定执行。

1）如对配电箱、开关箱和手持式电动工具的检查，在 SL 398—2007 中规定：

4.5.8　配电箱、开关箱的使用与维护，应遵守下列规定：

2　所有配电箱、开关箱应每月进行检查和维修一次；检查、维修时应按规定穿、戴绝缘鞋、绝缘手套，使用电工绝缘工具；应将其前一级相应的电源开关分闸断电，并悬挂（"禁止合闸、有人工作"）停电标志牌，严禁带电作业。

4.6.6　手持式电动工具，应遵守下列规定：

5　手持式电动工具的外壳、手柄、负荷线、插头、开关等应完好无损，使用前应作空载检查，运转正常方可使用。

2）在 JGJ 46—2005 中规定：

3.3.3　临时用电工程应定期检查。定期检查时，应复查接地电阻值和绝缘电阻值。

3.3.4　临时用电工程定期检查应按分部、分期工程进行，对安全隐患必须及时处理，并应履行复查验收手续。

3）在 GB 50194—2014 中规定：

12.0.3　供用电设施的日常运行、维护应符合下列规定：

1　变配电所运行人员单独值班时，不得从事检修工作。

2　应建立供用电设施巡视制度及巡视记录台账。

3　配电装置和变压器，每班应巡视检查 1 次。

4　配电线路的巡视和检查，每周不应少于 1 次。

5　配电设施的接地装置应每半年检测 1 次。

6　剩余电流动作保护器应每月检测 1 次。

7　保护导体（PE）的导通情况应每月检测 1 次。

8　根据线路负荷情况进行调整，宜使线路三相保持平衡。

施工现场室外供用电设施除经常维护外，遇大雨、暴雨、冰雹、雪、霜、雾等恶劣天气时，应加强巡视和检查；巡视和检查时，应穿绝缘靴且不得靠近避雷器和避雷针。新投入运行或大修后投入运行的电气设备，在72h内应加强巡视，无异常情况后，方可按正常周期进行巡视。

3. 参考示例

（1）施工临时用电专项方案或安全技术措施申报、审批记录（示例见二维码43）。

（2）临时用电系统验收记录（示例见二维码44）。

（3）监理机构对承包人以下工作的监督检查记录或督促落实记录。

1）接地、接零、防雷定期检测。

2）施工用电设备定期检查。

3）施工临时用电工程日常运行、检查。

二维码43

【标准条文】

4.2.5　监理机构应审批承包人编制的脚手架搭设及拆除专项施工方案；监督检查承包人方案的落实情况，监督检查承包人对脚手架工程验收合格后，挂牌投入使用。

二维码44

1. 工作依据

GB 55023—2022《施工脚手架通用规范》

GB 51210—2016《建筑施工脚手架安全技术统一标准》

SL 398—2007《水利水电工程施工通用安全技术规程》

SL 714—2015《水利水电工程施工安全防护设施技术规范》

SL 721—2015《水利水电工程施工安全管理导则》

2. 实施要点

水利工程中的脚手架工程，应符合国家强制性标准 GB 55023—2022《施工脚手架通用规范》的各项要求。在施工过程中的具体做法可参照 GB 51210—2016 和 JGJ 130—2011《建筑施工扣件式钢管脚手架安全技术规范》、JGJ/T 231—2021《建筑施工承插型盘扣式钢管脚手架安全技术标准》等的有关规定。虽然上述三项技术标准中注明的适用范围为房屋建筑与市政工程，但是从专业角度和内容的完整性方面，更能有效指导、规范水利工程施工现场脚手架的施工。

（1）施工方案审批。

脚手架搭设、拆除前，监理机构应要求承包人编制施工专项方案。在 SL 721—2015 附录 A 的规定，脚手架根据其规模不同划分为达到一定规模和超过一定规模的危险性较大的单项工程，两类单项工程应编制专项施工方案，专项施工方案应符合标准规范特别是强制性条文的有关规定。并依据 SL 721—2015 第 7.3 节"专项施工方案"的要求组织审核、专家论证并报监理机构审批、项目法人单位备案。

脚手架工程施工方案通常应包括以下内容：

1）工程概况和编制依据；

2）施工脚手架工程人员配置情况；

3）施工脚手架工程施工进度计划；

4）施工脚手架所选用的材料情况；

5）施工脚手架选型、设计、计算及相关图纸；

6）施工脚手架安全控制技术、管理措施；

7）施工脚手架安装与拆除方案；

8）应急预案。

（2）构配件材质要求。

如采用扣件式钢管脚手架，搭设脚手架所用的钢管、扣件、脚手板、型钢等构配件材质应符合 GB 51210—2016、SL 714—2015、JGJ 130—2011 等规范中关于脚手架"材料、构配件"的要求。如钢管规格尺寸应符合 SL 714—2015 或 JGJ 130—2011 第 3 章"构配件"的规定：

3.1.2　脚手架钢管宜采用 $\phi48.3\times3.6$ 钢管。每根钢管的最大质量不应大于 25.kg。

3.2.2　扣件在螺栓拧紧扭力矩达到 65N·m 时，不得发生破坏。

3.4.1　可调托撑螺杆外径不得小于 36mm。

脚手架所有材料、构配件使用前，监理机构应要求承包人提交"进场报验单"，并附相应证明材料，按 GB 51210—2016 的有关规定进行报验，并提供材料合格证、型式检验报告，按规定抽检复验合格的报告单等内容。

10.0.3　搭设脚手架的材料、构配件和设备应按进入施工现场的批次分品种、规格进行检验，检验合格后方可搭设施工，并应符合下列要求：

1　新产品应有产品质量合格证，工厂化生产的主要承力杆件、涉及结构安全的构件应具有型式检验报告；

2　材料、构配件和设备质量应符合本标准及国家现行相关标准的规定；

3　按规定应进行施工现场抽样复验的构配件，应经抽样复验合格；

4　周转使用的材料、构配件和设备，应经维修检验合格。

10.0.4　在对脚手架材料、构配件和设备进行现场检验时，应采用随机抽样的方法抽取样品进行外观检验、实量实测检验、功能测试检验。抽样比例应符合下列规定：

1　按材料、构配件和设备的品种、规格应抽检 1%～3%；

2　安全锁扣、防坠装置、支座等重要构配件应全数检验；

3　经过维修的材料、构配件抽检比例不应少于 3%。

（3）搭设、验收、检查与维护。

脚手架搭设和拆除过程中，应严格按监理机构批复的专项方案进行，不得擅自变更。脚手架搭设和拆除前，应按 SL 721—2015 第 7.6 节的要求对已经批复的专项方案进行安全技术交底，并留存交底记录。施工人员应持"登高架设"特种作业证书作业。

脚手架搭设完成后，监理机构应组织或督促承包人进行验收，验收合格后挂牌使用，验收工作应执行 GB 55023—2022 第 6.0.5 条的规定：

6.0.5　脚手架搭设达到设计高度或安装就位后，应进行验收，验收不合格的，不得使用。脚手架的验收应包括下列内容：

1　材料与构配件质量；

2　搭设场地、支承结构件的固定；

3　架体搭设质量；

4　专项施工方案、产品合格证、使用说明及检测报告、检查记录、测试记录等技术资料。

（4）脚手架使用。

脚手架使用过程中，不得附加设计以外的荷载和用途。控制脚手架作业层的荷载，是脚手架使用过程中安全管理的重要内容，规定脚手架作业层上严禁超载的目的，是为了在脚手架使用中控制作业层上永久荷载和可变荷载的总和不应超过荷载设计值总和，保证脚手架使用安全。在脚手架专项施工方案设计时，是按脚手架的用途、搭设部位、荷载、搭设材料、构配件及设备等搭设条件选择了脚手架的结构和构造，并通过设计计算确定了立杆间距、架体步距等技术参数，这也就确定了脚手架可承受的荷载总值。脚手架在使用过程中，永久荷载和可变荷载值总值不应超过荷载设计值，否则架体有倒塌危险。

作业脚手架上固定支撑脚手架、拉缆风绳、固定架设混凝输送泵管道等设施或设备，会使架体超载、受力不清晰、产生振动等，而危及作业脚手架的使用安全，此方面的规定是为了消除危及作业脚手架使用安全的行为发生。作业脚手架是按正常使用的条件设计和搭设的，在作业脚手架的专项方案设计时，是未考虑也不可能考虑在作业脚手架上固定支撑脚手架、拉缆风绳、固定混凝土输送泵管、固定卸料平台等施工设施、设备的，因为如果一旦将支撑脚手架、缆风绳、混凝土输送泵管、卸料平台等设备、设施固定在作业脚手架，作业脚手架的相应部位承受多少荷载很难确定，会造成作业脚手架的受力不清晰、超载，且混凝土输送泵管、卸料平台等设备、设施对作业脚手架还有振动冲击作用，因此，应禁止上述危及作业脚手架安全的行为发生。

（5）脚手架的检查。

脚手架在使用过程中，监理机构应督促承包人依据技术标准和规范，定期开展检查工作，特别是在暴雨、台风、暴风雪等极端天气前后，并提供检查记录。在 GB 51210—2016 中规定：

11.1.5　脚手架在使用过程中，应定期进行检查，检查项目应符合下列规定：

1　主要受力杆件、剪刀撑等加固杆件、连墙件应无缺失、无松动，架体应无明显变形；

2　场地应无积水，立杆底端应无松动、无悬空；

3　安全防护设施应齐全、有效，应无损坏缺失；

4　附着式升降脚手架支座应牢固，防倾、防坠装置应处于良好工作状态，架体升降应正常平稳；

5　悬挑脚手架的悬挑支承结构应固定牢固。

11.1.6　当脚手架遇有下列情况之一时，应进行检查，确认安全后方可继续使用：

1　遇有 6 级及以上强风或大雨过后；

2　冻结的地基土解冻后；

3　停用超过 1 个月；

4　架体部分拆除；

5　其他特殊情况。

具体的检查技术标准及要求，可参照 JGJ 130—2011 第 8.2 节的规定进行。检查的项目及周期，应依据上述标准、规范要求在"脚手架使用管理制度"中进行明确。

（6）其他要求。

根据住房和城乡建设部 2021 年发布的《房屋建筑和市政基础设施工程危及生产安全施工工艺、设备和材料淘汰目录（第一批）》规定，房屋建筑与市政工程中，禁止使用竹（木）材料搭设的脚手架，采用承插型盘扣式钢管脚手架、扣件式非悬挑钢管脚手架等代替。

根据《水利工程生产安全重大事故隐患清单指南（2023 年版）》规定，水利工程施工中达到或超过一定规模的作业脚手架和支撑脚手架的立杆基础承载力不符合专项施工方案的要求，且已有明显沉降；立杆采用搭接（作业脚手架顶步距除外）；未按专项施工方案设置连墙件的，均属于重大事故隐患。

3. 参考示例

（1）脚手架搭设（拆除）设计、方案及审批记录，超过一定规模的专家论证资料。

（2）监理机构监督检查记录及督促落实记录，应包括以下内容（示例见二维码 45～48）：

1）脚手架搭设（拆除）方案交底；

2）登高架设特种人员作业证书；

3）材料、构配件进场报验记录；

4）搭设过程中检查记录；

5）脚手架验收（挂牌）；

6）现场监督检查及验收（含极端天气前后）。

【标准条文】

4.2.6　监理机构应监督检查承包人按有关规定实施易燃易爆危险化学品管理。

1. 工作依据

《民用爆炸物品安全管理条例》（国务院令第 653 号）

《危险化学品安全管理条例》（国务院令第 645 号）

《水利行业涉及危险化学品安全风险的品种目录》（办安监函〔2016〕849 号）

GB 13690—2009《化学品分类和危险性公示通则》

SL 398—2007《水利水电工程施工通用安全技术规程》

SL 721—2015《水利水电工程施工安全管理导则》

2. 实施要点

（1）易燃易爆或有毒化学品的辨识。

为了加强施工现场易燃易爆或有毒化学品的管理，监理机构应督促承包人依据有关规定，辨识现场存在的上述物品。根据《危险化学品安全管理条例》、《应急管理部办公厅关于修改〈危险化学品目录（2015 版）实施指南（试行）〉涉及柴油部分内容的通知》（应急厅函〔2022〕300 号）和《易制爆危险化学品名录（2017 年版）》（公安部 2017 年 5 月 11 日），凡列入《目录》中的化学品均应按条例有关规定进行管理。

2022 年 11 月 7 日，国家十部委发布正式发布公告调整修订《危险化学品目录（2015 版）》，将"1674 柴油［闭杯闪点≤60℃］"调整为"1674 柴油"，意味着所有柴油将被列入《危险化学品目录》，任何企业和单位若无证经营或储存，将面临刑法的危险作业罪、非法经营罪追究责任。

（2）爆破作业危险品管理。

承包人自行从事爆破作业的，监理机构应监督检查承包人在使用、存放、运输雷管、炸药时，严格遵守《民用爆炸物品安全管理条例》的有关规定。相关技术要求应满足 SL 398—2007 第 8 章"爆破器材与爆破作业"的规定。如承包人无《爆破作业单位许可证》需要委托民用爆破公司进行爆破作业的，应与爆破公司签订分包合同，在合同中写明双方安全责任，并对爆破公司的资质、人员资格、爆炸物品采购、运输、使用管理等资料进行收集、验证，监理机构应对其分包合同及相关资料进行审核。

（3）其他危险品管理。

现场除雷管、炸药之外其他危险化学品的管理，应符合《危险化学品安全管理条例》的要求。具体技术要求应符合 SL 398—2007 第 11 章"危险物品管理"的有关规定。现场氧气、乙炔瓶的使用与管理应符合 SL 398—2007 第 9.7 节"气焊与气割"的规定。

（4）带有放射源的仪器的使用管理。

使用放射源食品的单位应取得"辐射安全许可证"，操作人员应通过辐射安全和防护专业知识及相关法律法规的培训和考核。应重点检查检查仪器的使用、保养维护和保管是否满足规定要求。检查操作人员的个人辐射剂量记录档案。检查保管仪器放射源核泄漏情况检测记录档案等。考虑到核子水分/密度仪使用的危险性，目前在水利工程建设中已减少了此种检测设备的应用，并用更为安全、环保、绿色的检测设备进行了替代。如工程中仍有应用，应符合相关技术标准的规定。

如 SL 399—2007《水利水电工程土建施工安全技术规程》中对使用核子水分/密度仪使用提出以下要求：

6.7.5　采用核子水分/密度仪进行无损检测时，应遵守下列规定：

1　操作者在操作前应接受有关核子水分/密度仪安全知识的培训和训练，只有合格者方可进行操作。应给操作者配备防护铅衣、裤、鞋、帽、手套等防护用品。操作者应在胸前配戴胶片计量仪，每 1～2 月更换一次。胶片计量仪一旦显示操作者达到或超过了允许的辐射值，应即停止操作。

3　应派专人负责保管核子水分/密度仪，并应设立专台档案。每隔半年应把仪器送有关单位进行核泄漏情况检测，仪器储存处应牢固地张贴"放射性仪器"的警示标志。

4　核子水分/密度仪受到破坏，或者发生放射性泄露，应立即让周围的人离开，并远离出事场所，直到核专家将现场清除干净。

在 SL 275—2014《核子水分-密度仪现场测试规程》中对核子水分-密度仪的使用和保管也进行了规定：

第 1 部分 7.1.2 现场测试技术要求：

f）现场测试中的仪器使用、维护保养和保管中有关辐射防护安全要求应按附录 B 的规定执行。

附录 B

B.1　凡使用核子水分-密度仪的单位均应取得"许可证"，操作人员应经培训并取得上岗证书。

B.2　由专业的人员负责仪器的使用、维护保养和保管，但不得拆装仪器内放射源。

B.3　仪器工作时，应在仪器放置地点的 3m 范围设置明显放射性标志和警戒线，无关人员应退至警戒线外。

B.4　仪器非工作期间，应将仪器手柄置于安全位置。核子水分-密度仪应装箱上锁，放在符合辐射安全规定的专门地方，并由专人保管。

B.5　仪器操作人员在使用仪器时，应佩戴射线剂量计，监测和记录操作人员所受射线剂量，并建立个人辐射剂量记录档案。

B.6　每隔 6 个月按相关规定对仪器进行放射源泄露检查，检查结果不符合要求的仪器不得再投入使用。

第 2 部分 7.1.2 现场测试技术要求：

f）现场测试中的仪器使用、维护保养和保管应执行本标准第 1 部分附录 B 的规定。

3. 参考示例

监理机构对承包人监督检查记录及督促落实记录，应包括以下内容：

1）易燃易爆或有毒危险品管理制度；

2）易燃易爆或有毒危险化学品防火消防措施；

3）现场存放炸药、雷管等的许可证（公安部门）；

4）运输易燃、易爆等危险物品的许可证（公安部门）；

5）与爆破公司签订的分包合同，爆破公司资质证书、爆破作业人员上岗证书及其他与爆破作业相关的资料；

6）危险品物品领、退记录。

【标准条文】

4.2.7　监理机构应监督检查承包人按规定实施现场消防安全管理。

1. 工作依据

《中华人民共和国消防法》（中华人民共和国主席令第六号）

GB 50140—2005《建筑灭火器配置设计规范》

GB 50444—2008《建筑灭火器配置验收及检查规范》

GB 50720—2011《建设工程施工现场消防安全技术规范》

SL 398—2007《水利水电工程施工通用安全技术规程》

SL 721—2015《水利水电工程施工安全管理导则》

GA 95—2015《灭火器维修》

2. 实施要点

（1）消防管理制度。

监理机构应依据合同约定及有关规定，对承包人的消防安全管理工作进行监理，主要监督检查内容应包括承包人消防管理制度制定、消防组织机构设立、防火重点部位与场所的管理及其他消防管理等。在《水利水电工程施工标准招标文件（2009年版）》合同技术条款的安全措施中确定，承包人应按 SL 398—2007 第 3.5 节的规定，建立现场消防组织，配置必要的消防专职人员和消防设备器材。消防设备的型号和功率应满足消防任务的需要。在现场配备必要的灭火器材、设置防火警示标志，保持畅通的消防通道。

监理机构应督促承包人制定消防管理制度，并以正式文件下发执行，制度通常包括以下内容：

1 消防安全教育与培训制度。

2 可燃及易燃易爆危险品管理制度。

3 用火、用电、用气管理制度。

4 消防安全检查制度。

5 应急预案演练制度。

（2）消防组织机构。

监理机构应督促检查承包人成立由项目经理为主要负责人的消防安全组织机构，制定相应消防安全责任制并落实，负责对施工现场的消防工作进行管理。

（3）防火重点部位与场所。

监理机构应督促、检查承包人根据现场设施、场所的重要性和危险程度，确定重点防火部位，包括生活区、办公区、可燃材料库房、可燃材料堆场及其加工厂、易燃易爆物品库房、固定动火作业场所、发电机房、变配电房等，并设置明显的防火警示标识。对重点防火部位建立档案，档案资料应包括建筑平面布置图、疏散通道布置、物品存储明细（品种、数量等）、消防责任人、消防管理制度、应急救援（现场处置）措施、消防器材配备、消防安全检查记录等内容。

（4）消防安全距离及消防通道。

监理机构在审查承包人的施工现场布置时，应重点检查临时设施的消防安全距离及消防通道是否符合规范要求，可参照 GB 50720—2011 的相关规定进行布置：

3.2.1 易燃易爆危险品库房与在建工程的防火间距不应小于 15m，可燃材料堆场及其加工场、固定动火作业场与在建工程的防火间距不应小于 10m，其他临时用房、临时设施与在建工程的防火间距不应小于 6m。

3.2.2 施工现场主要临时用房、临时设施的防火间距不应小于表 3.2.2 的规定，当办公用房、宿舍成组布置时，其防火间距可适当减小，但应符合下列规定：

1 每组临时用房的栋数不应超过 10 栋，组与组之间的防火间距不应小于 8m。

2 组内临时用房之间的防火间距不应小于 3.5m，当建筑构件燃烧性能等级为 A 级时，其防火间距可减少到 3m。

表3.2.2　施工现场主要临时用房、临时设施的防火间距　　　　单价：m

名称 / 间距 名称	办公用房、宿舍	发电机房、变配电房	可燃材料库房	厨房操作间、锅炉房	可燃材料堆场及其加工厂	固定动火作业场	易燃易爆危险品库房
办公用房、宿舍	4	4	5	5	7	7	10
发电机房、变配电房	4	4	5	5	7	7	10
可燃材料库房	5	5	5	5	7	7	10
厨房操作间，锅炉房	5	5	5	5	7	7	10
可燃材料堆场及其加工厂	7	7	7	7	7	10	10
固定动火作业场	7	7	7	7	10	10	12
易燃易爆危险品库房	10	10	10	10	10	12	12

注：1. 临时用房、临时设施的防火间距应按临时用房外墙外边线或堆场、作业场、作业棚边线间的最小距离计算，当临时用房外墙有突出可燃构件时，应从其突出可燃构件的外缘算起。

2. 两栋临时用房相邻较高一面的外墙为防火墙时，防火间距不限。

3. 本表未规定的，可按同等火灾危险性的临时用房、临时设施的防火间距确定。

3.3.1　施工现场内应设置临时消防车道，临时消防车道与在建工程、临时用房、可燃材料堆场及其加工场的距离不宜小于5m，且不宜大于40m；施工现场周边道路满足消防车通行及灭火救援要求时，施工现场内可不设置临时消防车道。

3.3.2　临时消防车道的设置应符合下列规定：

1　临时消防车道宜为环形，设置环形车道确有困难时，应在消防车道尽端设置尺寸不小于12m×12m的回车场。

2　临时消防车道的净宽度和净空高度均不应小于4m。

3　临时消防车道的右侧应设置消防车行进路线指示标识。

4　临时消防车道路基、路面及其下部设施应能承受消防车通行压力及工作荷载。

4.3.2　在建工程作业场所临时疏散通道的设置应符合下列规定：

1　耐火极限不应低于0.5h。

2　设置在地面上的临时疏散通道，其净宽度不应小于1.5m；利用在建工程施工完毕的水平结构、楼梯作临时疏散通道时，其净宽度不宜小于1.0m；用于疏散的爬梯及设置在脚手架上的临时疏散通道，其净宽度不应小于0.6m。

3　临时疏散通道为坡道，且坡度大于25°时，应修建楼梯或台阶踏步或设置防滑条。

4　临时疏散通道不宜采用爬梯，确需采用时，应采取可靠固定措施。

5　临时疏散通道的侧面为临空面时，应沿临空面设置高度不小于1.2m的防护栏杆。

6　临时疏散通道设置在脚手架上时，脚手架应采用不燃材料搭设。

7　临时疏散通道应设置明显的疏散指示标识。

8　临时疏散通道应设置照明设施。

根据《水利工程生产安全重大事故隐患清单指南（2023年版）》宿舍、办公用房、厨房操作间、易燃易爆危险品库等消防重点部位安全距离不符合要求且未采取有效防护措施的，属于重大事故隐患。

（5）消防设施配备。

监理机构应监督承包人，在施工现场根据可能发生的火灾类型及消防需要，配置灭火器、临时消防给水系统、砂土和应急照明等临时消防设施，并采取有效的防护措施。相关设施的配备要求可参照 GB 50720—2011 第 5 章"临时消防设施"和 GB 50140—2005 的有关规定。对临时消防设施应做好日常检修、维护工作，对已失效、损坏或丢失的消防设施应及时更换、修复或补充。对于灭火器的验收与检查可参照 GB 50444—2008 的有关规定；维修与报废应执行 GA 95—2015 的有关规定。灭火器的选择包括类型和配置数量两方面，其中类型应根据可能发生的火灾类型进行选择，满足 GB 50720—2011 和 GB 50140—2005 的相关要求。在 GB 50720—2011 第 5.2.2 条的有关要求如下：

5.2.2　施工现场灭火器配置应符合下列规定：

1　灭火器的类型应与配备场所可能发生的火灾类型相匹配。

注：即施工现场的某些场所既可能发生固体火灾，也可能发生液体或气体或电气火灾灭火器配置场所的火灾种类可划分为以下五类：

1）A 类火灾：固体物质火灾场所，应选择水型灭火器、磷酸铵盐干粉灭火器、泡沫灭火器或卤代烷灭火器。

2）B 类火灾：液体火灾或可熔化固体物质火灾场所，应选择泡沫灭火器、碳酸氢钠干粉灭火器、磷酸铵盐干粉灭火器、二氧化碳灭火器、灭 B 类火灾的水型灭火器或卤代烷灭火器。极性溶剂的 B 类火灾场所应选择灭 B 类火灾的抗溶性灭火器。

3）C 类火灾：气体火灾场所，应选择磷酸铵盐干粉灭火器、碳酸氢钠干粉灭火器、二氧化碳灭火器或卤代烷灭火器。

4）D 类火灾：金属火灾场所，应选择扑灭金属火灾的专用灭火器。

5）E 类火灾（带电火灾）场所，应选择磷酸铵盐干粉灭火器、碳酸氢钠干粉灭火器、卤代烷灭火器或二氧化碳灭火器，但不得选用装有金属喇叭喷筒的二氧化碳灭火器物体带电燃烧的火灾。

在选配灭火器时，应选用能同时扑灭多类火灾的灭火器（如 ABC 型）。

2　灭火器的最低配置标准应符合表 5.2.2-1 的规定。

3　灭火器的配置数量应按现行国家标准《建筑灭火器配置设计规范》GB 50140 的有关规定经计算确定，且每个场所的灭火器数量不应少于 2 具。

4　灭火器的最大保护距离应符合表 5.2.2-2 的规定。

表 5.2.2-1　灭火器的最低配置标准

项　目	固体物质火灾		液体或可熔化固体物质火灾、气体火灾	
	单具灭火器最小灭火级别	单位灭火级别最大保护面积/(m²/A)	单具灭火器最小灭火级别	单位灭火级别最大保护面积/(m²/B)
易燃易爆危险品存放及使用场所	3A	50	89B	0.5
固定动火作业场	3A	50	89B	0.5

续表

项 目	固体物质火灾		液体或可熔化固体物质 火灾、气体火灾	
	单具灭火器 最小灭火级别	单位灭火级别 最大保护面积 /(m²/A)	单具灭火器 最小灭火级别	单位灭火级别 最大保护面积 /(m²/B)
临时动火作业场	2A	50	55B	0.5
可燃材料存放加工及使用场所	2A	75	55B	1.0
厨房操作间、锅炉房	2A	75	55B	1.0
自备发电机房	2A	75	55B	1.0
变配电房	2A	75	55B	1.0
办公用房、宿舍	1A	100	—	—

表 5.2.2-2　灭火器的最大保护距离　　　　单位：m

灭火器配置场所	固体物质火灾	液体或可熔化固体物质 火灾、气体火灾
易燃易爆危险品存放及使用场所	15	9
固定动火作业场	15	9
临时动火作业点	10	6
可燃材料存放加工及使用场所	20	12
厨房操作间、锅炉房	20	12
发电机房、变配电房	20	12
办公用房、宿舍等	25	—

灭火器配备的级别及数量，应根据 GB 50140—2005 第 7.3 节"配置设计计算"进行计算。

（6）消防检查。

监理机构应组织或督促承包人定期开展消防检查工作，承包人的检查周期应结合现场实际在消防管理制度中进行明确。根据 GB 50720—2011 的规定，消防检查应包括以下主要内容：

6.1.9　施工过程中，施工现场的消防安全负责人应定期组织消防安全管理人员对施工现场的消防安全进行检查。消防安全检查应包括下列主要内容：

1　可燃物及易燃易爆危险品的管理是否落实。

2　动火作业的防火措施是否落实。

3　用火、用电、用气是否存在违章操作，电、气焊及保温防水施工是否执行操作规程。

4　临时消防设施是否完好有效。

5　临时消防车道及临时疏散设施是否畅通。

（7）动火作业审批。

监理机构应监督检查承包人动火作业的管理工作。动火作业是指在施工现场进行明火、爆破、焊接、气割或采用酒精炉、煤油炉、喷灯、砂轮、电钻等工具进行可能产生火焰、火花和赤热表面的临时性作业。

施工现场动火作业前，应由动火作业人提出动火作业申请。动火作业申请至少应包含动火作业的人员、内容、部位或场所、时间、作业环境及灭火救援措施等内容。

施工现场用（动）火管理缺失和动火作业不慎引燃可燃、易燃建筑材料是导致火灾事故发生的主要原因。为此对施工现场动火审批、常见的动火作业、生活用火及用火各环节的防火管理应符合 GB 50720—2011 第 6.3.1 条的要求。

（8）消防教育培训与演练。

消防安全教育与培训应侧重于普遍提高施工人员的消防安全意识和扑灭初起火灾、自我防护的能力，承包人应定期组织开展消防安全教育富有开拓演练工作，消防安全教育、培训的对象为全体施工人员。教育培训和交底要求可参照 GB 50720—2011 第 6.1.7 条、第 6.1.8 条的有关规定：

6.1.7　施工人员进场时，施工现场的消防安全管理人员应向施工人员进行消防安全教育和培训。消防安全教育和培训应包括下列内容：

　　1　施工现场消防安全管理制度、防火技术方案、灭火及应急疏散预案的主要内容。

　　2　施工现场临时消防设施的性能及使用、维护方法。

　　3　扑灭初起火灾及自救逃生的知识和技能。

　　4　报警、接警的程序和方法。

6.1.8　施工作业前，施工现场的施工管理人员应向作业人员进行消防安全技术交底。消防安全技术交底应包括下列主要内容：

　　1　施工过程中可能发生火灾的部位或环节。

　　2　施工过程应采取的防火措施及应配备的临时消防设施。

　　3　初起火灾的扑救方法及注意事项。

　　4　逃生方法及路线。

　　3．参考示例

监理机构对承包人下列工作的监督检查记录，以及相关督促落实记录。

（1）以正式文件发布的消防管理制度。

（2）消防安全组织机构成立文件。

（3）消防安全责任制。

（4）防火重点部位或场所档案（示例见二维码49）。

（5）消防设施设备台账。

（6）消防设施设备定期检查、试验、维修。

（7）动火作业审批。

（8）消防应急预案。

（9）消防培训。

（10）消防演练。

二维码 49

（11）定期消防检查。

【标准条文】

4.2.8 监理机构应监督检查承包人按规定实施场内交通安全管理，审查承包人大型设备运输、搬运等专项安全措施，并监督检查其落实情况。

1. 工作依据

SL 398—2007《水利水电工程施工通用安全技术规程》

SL 714—2015《水利水电工程施工安全防护设施技术规范》

《水利部办公厅关于开展水利工程施工现场交通安全专项整治行动的通知》（办监督函〔2023〕210号）

2. 实施要点

随着水利工程施工机械化程度越来越高，施工作业现场的施工机械种类与数量也日益增多，对施工现场的交通安全管理，也是安全监理的工作之一。监理机构对承包人交通安全管理的主要内容应包括交通安全管理制度的制定、现场交通警示标志的设置、场内大件物品的运输以及相关车辆的检测检验、人员教育培训等内容。

（1）交通安全管理制度。

监理机构应督促承包人根据施工现场的实际，编制场内交通安全管理制度。制度中应明确施工现场道路、交通安全防护设施、机动车辆检测和检验、驾驶行为管理、大型设备运输或搬运制定专项施工方案和安全措施等方面的内容，并以正式文件下发执行。

（2）交通警示标志。

监理机构应监督检查承包人在施工现场，按规定设置道路、交通安全防护设施、警示标志。相关设施、标志应符合 SL 398—2007 第 3.3 节"施工道路及交通"和 SL 714—2015 第 4.1 节"水平运输"的相关要求。

（3）大件运输。

对于规格尺寸或重量达到一定规模的大型设备运输或搬运，监理机构督促承包人编制专项安全措施，场外运输应向交通管理部门办理申请手续，并根据需要对运输超大件或超重件所需的道路和桥梁临时加固；场内运输应做好现场交通道路、桥梁的维护，行走路线的规划与勘测。

（4）机动车辆检测检验。

监理机构应督促承包人对现场机动车辆进行检测和检验，相关工作可结合本章第二节"一、设备设施管理"工作一并开展。

（5）教育培训。

监理机构应督促承包人加强对驾驶人员的安全教育培训和管理工作，杜绝违章驾驶的情况发生。对土石方机械作业人员的安全管理，可参照 JGJ 180《建筑施工土石方工程安全技术规范》相关要求。

3. 参考示例

监理机构监督检查承包人下列工作的记录，以及督促落实的相关记录。

（1）以正式文件发布的交通安全管理制度。

（2）大型设备运输或搬运的专项安全措施。

（3）机动车辆定期检测和检验记录。

（4）驾驶人员教育培训记录。

（5）现场监督检查记录（含警示标志和交通安全设施）。

【标准条文】

4.2.9　监理机构应审批承包人防洪度汛方案和超标准洪水应急预案；监督检查承包人度汛组织机构、安全度汛工作责任制、险情应急抢护措施建立情况；监督检查承包人防汛抢险队伍和防汛器材、设备等物资准备工作，及时获取汛情信息，按度汛方案和预案的演练情况；组织或督促承包人开展汛前、汛中和汛后检查，发现问题及时处理。

1. 工作依据

《中华人民共和国防洪法》（中华人民共和国主席令第四十八号）

《中华人民共和国防汛条例》（国务院令第 86 号）

《水利工程建设安全生产管理规定》（水利部令第 26 号）

《水利部关于进一步做好在建水利工程安全度汛工作的通知 》（水建设〔2022〕99 号）

SL 398—2007《水利水电工程施工通用安全技术规程》

SL 721—2015《水利水电工程施工安全管理导则》

SL 303—2017《水利水电工程施工组织设计规范》

2. 实施要点

由于水利工程的临水而建、依水而建的特殊性，以及施工周期长，通常要跨数个汛期。洪水灾害对在建工程、建设人员、临时设施影响十分突出，施工期的防洪度汛工作是水利工程施工安全生产管理的重中之重。在《水利水电工程施工标准招标文件（2009 年版）》合同技术条款的安全措施中约定，承包人应做好洪水和气象灾害的防护工作。应向发包人或地方主管水文、气象预报工作的部门获取工程所在区域短、中、长期水文、气象预报资料。一旦发现有可能危及工程和人身财产安全的灾害预兆时，应立即采取确保安全的有效措施。每年汛前，承包人应编制防洪度汛预案，并按 SL 398—2007《水利水电工程施工通用安全技术规程》第 3.6 节、第 3.7 节的规定，制定切实可行的预防和减灾措施。

在《水利工程生产安全重大事故隐患清单指南（2023 年版）》中规定，有度汛要求的建设项目未按规定制定度汛方案和超标准洪水应急预案；工程进度不满足度汛要求时未制定和采取相应措施；位于自然地面或河水位以下的隧洞进出口未按施工期防洪标准设置围堰或预留岩坎的，为重大事故隐患。

（1）防洪度汛及抢险措施方案。

根据《水利工程建设安全生产管理规定》要求，水利工程建设项目的防洪度汛工作，应在项目法人的统一指挥、部署下进行，由项目法人单位根据工程实际情况编制工程防洪度汛方案和超标准应急预案。监理机构应根据合同约定，要求承包人根据批准的项目度汛方案和超标准洪水应急预案，制订防汛度汛及抢险措施，报监理机构批准，并按批准的措施落实防汛抢险队伍和防汛器材、设备等物资准备工作，做好汛期值班，保证汛情、工情、险情信息渠道畅通。涉及防汛调度或者影响其他工程设施度汛安全的，由项目法人报有管辖权的防汛指挥机构批准。

根据《水利水电工程标准施工招标文件技术标准和要求（合同技术条款）》（2009年版）要求，承包人所编制的防汛度汛及抢险措施应包括以下内容：

1）截至度汛前工程应达到的度汛形象面貌；

2）临时和永久工程建筑物的汛期防护措施；

3）防汛器材设备和劳动力配备；

4）施工区和生活区的度汛防护措施；

5）临时通航的安全度汛措施；

6）监理人要求提交的其他施工度汛资料。

2022年水利部下发了《水利部关于进一步做好在建水利工程安全度汛工作的通知》（水建设〔2022〕99号），在通知中给出了在建水利工程施工度汛方案和超标准洪水应急预案的编写大纲，可作为编写相关方案（预案）的依据。

（2）防汛演练。

监理机构应参加项目法人统一组织的防汛应急演练，必要时也应督促承包人至少自行组织防汛应急演练。

（3）工程形象进度。

汛期来临前，监理机构应重点检查承包人按批复的度汛方案中要求工程度汛形象面貌，施工围堰、导流明渠、涵管及隧洞等导流建筑物应满足度汛要求，以确保工程安全度汛。

（4）防汛专项检查及防汛值班。

监理机构应组织或督促承包人或参与项目法人组织的防汛（汛前、汛中和汛后）检查工作，针对检查出的问题及时要求承包人进行整改。

监理机构应督促承包人通过广播、电视、网络、电话等方式建立通畅的水文气象信息渠道，并将上级主管部门或项目法人单位的洪水及气象信息及时传达给承包人，以保证承包人能及时接收并传达防汛相关信息。督促承包人建立防汛值班制度，督促承包人要求相关人员认真履行值班职责，并对值班期间的水文、气象、施工现场情况等信息进行详细记录。

2022年水利部下发了《水利部关于进一步做好在建水利工程安全度汛工作的通知》（水建设〔2022〕99号），在通知中给出了在建水利工程施工防洪度汛检查的各类专用表格（详见二维码示例50）。

3．参考示例

（1）防汛度汛及抢险措施及监理机构的审查、批复记录。

（2）对承包人下列工作监督检查的记录，以及督促落实的相关记录。

1）成立防洪度汛的组织机构和防洪度汛抢险队伍的文件；

2）防洪度汛值班制度；

3）防洪应急预案演练；

4）防洪度汛专项检查；

5）防洪度汛值班记录。

二维码 50

【标准条文】

4.2.10　监理机构应对下列（不限于）危险性较大单项工程和作业行为按有关规定进行监督检查，包括措施方案审批、批复的措施方案落实、承包人资源配置、组织管理、现场安全防护措施情况等，并开展定期、不定期巡视检查：

　　1. 高边坡、深基坑作业；

　　2. 高大模板作业；

　　3. 洞室作业；

　　4. 拆除、爆破作业；

　　5. 水上或水下作业；

　　6. 高处作业；

　　7. 起重吊装及安装拆卸作业；

　　8. 临近带电体作业；

　　9. 焊接作业；

　　10. 交叉作业；

　　11. 有（受）限空间作业；

　　12. 围堰工程；

　　13. 沉井工程等。

　　1. 实施要点

　　《评审规程》中第 4.2.10 条三级要素，罗列了水利工程施工中所涉及的 13 项危险性较大单项工程，作为现场安全监理的工作重点。监理机构应结合其他相关三级要素的规定，对措施方案审批、批复的措施方案落实、承包人资源配置、组织管理、现场安全防护措施等情况开展定期、不定期巡视检查。

　　（1）高边坡、深基坑作业。

　　1）工作依据。

　　《水利工程建设安全生产管理规定》（水利部令第 26 号）

　　GB 50497—2019《建筑基坑工程监测技术标准》

　　SL 398—2007《水利水电工程施工通用安全技术规程》

　　SL 399—2007《水利水电工程土建施工安全技术规程》

　　SL 714—2015《水利水电工程施工安全防护设施技术规范》

　　SL 721—2015《水利水电工程施工安全管理导则》

　　JGJ 120—2012《建筑基坑支护技术规程》

　　JGJ 311—2013《建筑深基坑工程施工安全技术规范》

　　2）专项施工方案的编制。

　　监理机构应要求承包人编制高边坡、深基坑施工专项施工方案，并按规定的程序审核、论证及审批。根据《水利工程建设安全生产管理规定》的规定，高边坡属于危险性较大单项工程，所编制的施工方案应组织专家进行论证。SL 399—2007 中规定的高边坡是指开挖边坡高度不小于 50m 的边坡，并在第 3.1.4 条要求高边坡等危险作业应有专项安全技术措施；在 SL 721—2015 中将开挖深度超过 3m 的基坑开挖、支护与降水工程列为达到一定规模危险性较大单项工程，超过 5m 的为超过一定规模的危险性较大单项工程，要求编制专项施工技术方案，并按规定的程序履行审核（超过一定规模的需要进行论证和审批手续后方可施工）。施工专项施工方案中的施工工艺应满足现场实际情况，并符合相关规范要求。

对于危险性较大单项工程，相关规章、技术标准中所给定的标准为最低值，在实际施工过程中，应根据现场实际情况，对虽未达到技术标准规定值，但施工中因特殊情况，可能存在较大风险的分部分项工程，应进一步确认是否需要编制专项施工方案及组织专家论证，确保方案科学、合理，保证施工安全。

3）施工降、排水。

高边坡和基坑施工过程中，应做好临边安全防护，坡（坑）顶部位应设置截、排水沟拦截地表水，将地表水疏导出开挖边坡范围，防止引起边坡冲蚀、坍塌。在 SL 398—2007 第 3.8 节中，对地表水及基坑内降、排水提出了明确要求，施工过程中应遵照执行。

4）临边防护。

高边坡、深基坑的临边部位应设置符合 SL 714—2015 第 3.2.2 条规定的防护栏杆，并按规范要求设置挡脚板。

对开挖高度大于 5m、小于 100m，坡度大于 45°的低、中、高边坡和基坑开挖，临边防护栏杆应符合 SL 399—2007 第 3.4.9 条和 SL 714—2015 第 5.1.4 条的规定。

对坡高大于 100m 的超高边坡和坡高大于 300m 的特高边坡作业，其作业平台、临边防护及其他技术要求应符合 SL 399—2007 第 3.4.9 条和 SL 714—2015 第 5.1.5 条的规定。

涉及垂直交叉作业的，应采取设置安全隔离防护棚等安全防护措施或采取错时施工的方法，确保施工过程处于安全状态，安全防护的相关技术要求应满足 SL 398—2007 及 SL 714—2015 的相关规定。JGJ 80—2016《建筑施工高处作业安全技术规范》中，对隔离防护棚等交叉防护技术要求规定的更详细、具体，施工过程中可参照执行。

5）施工支护及监测。

为保证高边坡和基坑施工过程中的作业安全，应进行必要的支护，特别是对不良地质构造部位一定要加强支护，并符合 SL 399—2007 第 3 章"土石方工程"中有关规定。同时对高边坡和深基坑施工过程中，应设置监测装置，对边坡稳定进行监测，发现问题及时进行处理，并在危险部位设置警示标志。

基坑支护、降水与监测等，可参照 JGJ 120—2012《建筑基坑支护技术规程》、JGJ 311—2013《建筑深基坑安全技术规范》、GB 50497—2019《建筑基坑工程监测技术标准》等标准执行。

6）安全管理。

监理机构应监督检查承包人的施工人员上下高边坡、基坑走专用爬梯；要求承包人按规定安排专人监护、巡视检查，并及时进行分析、反馈监护信息；高处作业人员同时系挂安全带和安全绳。

（2）高大模板及特种模板作业。

1）工作依据。

SL 721—2015《水利水电工程施工安全管理导则》

SL 32—2014《水工建筑物滑动模板施工技术规范》

JGJ 162—2008《建筑施工模板安全技术规程》

2）实施要点。

关于模板工程的安全管理，重点在模板支撑体系以及工具式模板，如滑模、飞模、翻模、爬模等。模板支撑体系应依据《水利水电工程施工安全管理导则》中给出的标准确定，导则规定，混凝土模板支撑工程：搭设高度5～8m；搭设跨度10～18m；施工总荷载10～15kN/m²；集中线荷载15～20kN/m；高度大于支撑水平投影宽度且相对独立无联系构件的混凝土模板支撑工程；用于钢结构安装等满堂支撑体系；大模板、滑模、爬模、飞模等工具式模板，属于危险性较大的单项工程。混凝土模板支撑工程：搭设高度8m及以上；搭设跨度18m及以上；施工总荷载15kN/m²及以上；集中线荷载20kN/m及以上；承重支撑体系：用于钢结构安装等满堂支撑体系，承受单点集中荷载700kg以上，属于超过一定规模的危险性较大单项工程。

对于上述模板工程，根据《水利工程建设安全生产管理规定》和《水利水电工程施工安全管理导则》（SL 721）的要求，应编制专项施工方案，对于超过一定规模的，还应组织专家论证。关于模板工程的技术标准，在水利行业目前只有《水工建筑物滑动模板施工技术规范》，在工程施工过程中，可参照其他行业的标准执行。

原建设部发布的《建筑施工模板安全技术规程》，规定了模板工程的材料选用、荷载及变形值、设计、构造与安装、拆除、安全管理等内容，为模板工程的施工提供了技术支持。中国工程建设协会发布的团体标准《整体爬模安全技术规程》规定了整体爬模工程材料和构配件、荷载、设计计算、结构构造，安装、爬升、拆除，使用管理、检查与验收等，在工程施工过程可参照执行。

（3）洞室作业。

1）工作依据。

GB 50086—2015《岩土锚杆与喷射混凝土支护工程技术规范》

SL 377—2007《水利水电工程锚喷支护技术规范》

SL 378—2007《水工建筑物地下开挖工程施工规范》

SL 398—2007《水利水电工程施工通用安全技术规程》

SL 399—2007《水利水电工程土建施工安全技术规程》

SL 714—2015《水利水电工程施工安全防护设施技术规范》

2）实施要点。

SL 721—2015附录A规定，"地下暗挖工程"属于超过一定规模的危险性较大的单项工程，需要编制专项施工方案，并按要求组织审核、论证并报监理单位审批、项目法人单位备案。

根据《水利工程生产安全重大事故隐患清单指南（2023年版）》规定，遇到下列9种情况之一，未按有关规定及时进行地质预报并采取措施的，属于重大事故隐患：未按规定要求进行超前地质预报和监控测量；勘察设计与实际地质条件严重不符时，未进行动态勘察设计；监控测量数据异常变化，未采取措施处置；地下水丰富地段隧洞施工作业面带水施工无相应措施或控制措施失效时继续施工；矿山法施工仰拱一次开挖长度不符合方案要求、未及时封闭成环；矿山法施工仰拱、初期支护、二次衬砌与掌子面的距离不符合规范、设计或专项施工方案要求；矿山法施工未及时处理拱架背后脱空二衬拱顶脱空问题；盾构施工盾尾密封失效仍冒险作业；盾构施工未按规定带压开仓检查换刀。

无爆破设计或未按爆破设计作业；无统一的爆破信号和爆破指挥，起爆前未进行安全条件确认；爆破后未进行检查确认，或未排险立即施工；隧洞施工运输车辆未定期检查，超重运输或使用货运车辆运送人员；未按规定设置应急通信和报警系统；高瓦斯隧洞或瓦斯突出隧洞未按设计或方案进行揭煤防突，各开挖工作面未设置独立通风；高瓦斯或瓦斯突出的隧洞工程场所作业未使用防爆电器；洞室施工过程中，未对洞内有毒有害气体进行检测、监测；有毒有害气体达到或超过规定标准时未采取有效措施；隧洞内动火作业未按要求履行作业许可审批手续并安排专人监护。

a. 洞口开挖

隧洞施工过程中，应在进洞前对洞口按设计要求进行必要的安全防护和支护措施，相关技术要求应符合 SL 714—2015 第 5.3.1 条和 SL 378—2007 第 5.2 节的相关规定。地下洞室洞口削坡应自上而下分层进行，严禁上下垂直作业。进洞前，应做好开挖及其影响范围内的危石清理和坡顶排水，按设计要求进行边坡加固。

b. 不良地质洞段施工

不良地质段的开挖应符合 SL 378—2007 第 5.8 节的相关规定，隧洞开挖过程中，断层及破碎带缓倾角节理密集带、岩溶发育地下水丰富及膨胀岩体地段和高地应力区等不良地质条件洞段开挖，应根据地质预报针对其性质和特殊的地质问题制定专项保证安全施工的工程措施。不良地质条件洞段应采用短进尺和分部开挖方式施工开挖后应立即进行临时支护，支护完成后方可进行下一循环或下一分部的开挖，循环进尺应根据监测结果调整分部方法可根据地质构造及围岩稳定程度确定。

地下水丰富地段应探明地下水活动规律涌水量大小地下水位及补给来源可视实际情况采用排堵截引等技术措施。施工地段含有瓦斯气体时应参照煤矿安全规程中关于瓦斯防治的要求，结合实际情况制定预防瓦斯的安全措施。暗挖作业中，在遇到不良地质构造或易发生塌方地段、有害气体逸出及地下涌水等突发事件，应即令停工，作业人员撤至安全地点。

c. 安全监测

隧洞工程施工过程中的安全监测应满足 SL 399—2007 第 3.5.12 条和 SL 378—2007 第 10 章的有关规定，地下开挖工程施工期的安全监测，应根据工程等级、地形、地貌、围岩条件、施工方法等确定监测项目数量，选择监测仪器，施工前应对监测仪器的布置做出专门设计。

应及时整理分析监测资料，绘制变形与时间、变形与开挖进尺的关系曲线，遇有变形异常除应对观测资料进行复核外，还应对地质条件和临时支护进行宏观调查。围岩变形稳定标准可参照 GB 50086《岩土锚杆与喷射混凝土支护工程技术规范》的规定作为判定准则，在实际使用过程中可根据工程的具体情况进行调整。

d. 照明、通风与除尘

隧洞工程施工区照明应符合 SL 398—2007 第 4.5.9～第 4.5.1 4 条和 SL 378—2007 的有关要求。并满足以下强制性条文的要求：

SL 378—2007

12.3.7 洞内供电线路的布设应符合下列规定

3 电力起爆主线应与照明及动力线分两侧架设。

隧洞工程洞内通风与除尘应符合 SL 378—2007 第 11 章"通用与除尘"的有关要求。并满足以下强制性条文的要求：

SL 378—2007

11.1.1 洞内氧气体积不应少于 20％，有害气体和粉尘含量应符合表 11.1.1 的规定标准。

11.2.8 对存在有害气体、高温等作业区，必须做专项通风设计，并设置监测装置。

e. 瓦斯气体防治

施工地段含有瓦斯气体时应参照《煤矿安全规程》瓦斯防治结合实际情况制定预防瓦斯的安全措施并应遵守下列规定：

1）定期测定空气中瓦斯的含量。当工作面瓦斯浓度超过 1.0％，或二氧化碳浓度超过 1.5％时，必须停止作业，撤出施工人员采取措施进行处理。

2）施工单位人员应通过防瓦斯学习掌握预防瓦斯的方法。

3）机电设备及照明灯具均应采用防爆式。

4）应配备专职瓦斯检测人员检测设备应定期校检，报警装置应定期检查。

f. 特大断面和斜井、竖井施工。

隧洞工程施工过程中，还应加强对特大断面洞室、斜井、竖井开挖的安全管理工作。在 SL 378—2007 中，以强制性条文对特大断面洞室、斜井、竖井开挖等进行了规定：

5.5.5 当特大断面洞室设有拱座，采用先拱后墙法开挖时，应注意保护和加固拱座岩体。拱脚下部的岩体开挖，应符合下列条件：

1 拱脚下部开挖面至拱脚线最低点的距离不应小于 1.5m。

2 顶拱混凝土衬砌强度不应低于设计强度的 75％。

8.4.2 竖井吊罐及斜井运输车牵引绳，应有断绳保险装置。

8.4.11 井口应设阻车器、安全防护栏或安全门。

8.4.12 斜井、竖井自上而下扩大开挖时，应有防止导井堵塞和人员坠落的措施。

9.1.17 竖井或斜井中的锚喷支护作业应遵守下列安全规定：

1 井口应设置防止杂物落入井中的措施。

2 采用溜筒运送喷射混凝土混合料时，井口溜筒喇叭口周围应封闭严密。

12.4.5 洞内电、气焊作业区，应设有防火设施和消防设备。

13.2.6 当相向开挖的两个工作面相距小于 30m 或 5 倍洞径距离爆破时，双方人员均应撤离工作面；相距 15m 时，应停止一方工作，单向开挖贯通。

13.2.7 竖井或斜井单向自下而上开挖，距贯通面 5m 时，应自上而下贯通。

13.2.10　采用电力起爆方法，装炮时距工作面 30m 以内应断开电源，可在 30m 以外用投光灯或矿灯照明。

13.3.5　竖井和斜井运送施工材料或出渣时应遵守下列规定：

　　1　严禁人、物混运，当施工人员从爬梯上下竖井时，严禁运输施工材料或出渣。

　　2　井口应有防止石渣和杂物坠落井中的措施。

（4）拆除、爆破作业。

1）工作依据。

《水利工程建设安全生产管理规定》（水利部令第 26 号）

《民用爆炸物品安全管理条例》（国务院令第 653 号）

GB 6722—2014《爆破安全规程》

SL 378—2007《水工建筑物地下开挖工程施工规范》

SL 398—2007《水利水电工程施工通用安全技术规程》

SL 399—2007《水利水电工程土建施工安全技术规程》

SL 714—2015《水利水电工程施工安全防护设施技术规范》

GA 990—2012《爆破作业单位资质条件和管理要求》

GA 991—2012《爆破作业项目管理要求》

JGJ 147—2016《建筑拆除工程安全技术规范》

2）实施要点。

拆除与爆破的资质及备案要求。根据《水利工程建设安全生产管理规定》的要求，项目法人应将拆除、爆破工作委托给具有相应资质的单位。在《民用爆炸物品安全管理条例》中对从事爆破单位和作业人员资质、资格提出以下要求：

第三十一条　申请从事爆破作业的单位，应当具备下列条件：

（一）爆破作业属于合法的生产活动。

（二）有符合国家有关标准和规范的民用爆炸物品专用仓库。

（三）有具备相应资格的安全管理人员、仓库管理人员和具备国家规定执业资格的爆破作业人员。

（四）有健全的安全管理制度、岗位安全责任制度。

（五）有符合国家标准、行业标准的爆破作业专用设备。

（六）法律、行政法规规定的其他条件。

第三十二条　申请从事爆破作业的单位，应当按照国务院公安部门的规定，向有关人民政府公安机关提出申请，并提供能够证明其符合本条例第三十一条规定条件的有关材料。受理申请的公安机关应当自受理申请之日起 20 日内进行审查，对符合条件的，核发《爆破作业单位许可证》；对不符合条件的，不予核发《爆破作业单位许可证》，书面向申请人说明理由。

营业性爆破作业单位持《爆破作业单位许可证》到工商行政管理部门办理工商登记后，方可从事营业性爆破作业活动。

爆破作业单位应当在办理工商登记后 3 日内，向所在地县级人民政府公安机关备案。

第三十三条　爆破作业单位应当对本单位的爆破作业人员、安全管理人员、仓库管理人员进行专业技术培训。爆破作业人员应当经设区的市级人民政府公安机关考核合格，取得《爆破作业人员许可证》后，方可从事爆破作业。

第三十四条 爆破作业单位应当按照其资质等级承接爆破作业项目，爆破作业人员应当按照其资格等级从事爆破作业。爆破作业的分级管理办法由国务院公安部门规定。

根据《水利工程建设安全生产管理规定》的要求，项目法人应当在拆除工程或者爆破工程施工15日前，将拟拆除或拟爆破的工程及可能危及毗邻建筑物的说明、施工组织方案、堆放、清除废弃物的措施和生产安全事故的应急救援预案等资料报送水行政主管部门、流域管理机构或者其委托的安全生产监督机构备案：

监理机构应在拆除工程和爆破工程实施前，提醒项目法人开展上述工作。同时督促承包人编制爆破、拆除作业的管理制度，明确工作职责、工作程序和工作要求。

爆破试验与爆破设计。爆破作业开工前，监理机构应要求承包人，按规定进行爆破试验和爆破设计，以确定各项爆破参数，并严格履行向监理、项目法人及有关监管部门审批的手续。关于爆破设计审批的要求，在GB 6722—2014（强制性标准）中规定：

5.2.5 设计审批

5.2.5.1 A、B级爆破工程设计及在城区、名胜风景区、距重要设施500m范围内实施的爆破工程设计，应经所在地设区的市级公安机关审批，未经审批不准开工。

5.2.5.2 申请设计审批时，应如实向审批公安机关提交以下材料：

——设计、施工、安全评估、安全监理单位持有的《爆破作业单位许可证》、工商营业执照及复印件；

——设计、施工单位与建设单位签订的爆破作业合同；

——安全评估单位与建设单位签订的安全评估合同；

——安全监理单位与建设单位签订的安全监理合同；

——爆破技术设计；

——安全评估单位出具的安全评估报告及附件；

——法律、行政法规规定的其他文件。

5.2.5.3 C、D级爆破工程技术设计，应经具有相应级别和作业范围的爆破作业单位技术负责人审批，并报当地审批公安机关备案。

5.2.5.4 岩土爆破工程的标准爆破技术设计，由本单位具有相应级别和作业范围的爆破技术负责人审批；若总药量达到A、B级，应报当地负责设计审批的公安机关备案。

5.2.5.5 其他不纳入分级管理的爆破技术设计，应经具有相应作业范围的施工单位爆破技术负责人批准。

关于爆破试验和爆破设计，在SL 378—2007中规定：

6.3.1 施工前应进行爆破试验，可根据工程规模、地质条件选择下列项目和内容：

1 火工材料性能试验；

2 爆破参数及爆破方法试验；

3 光面爆破预裂爆破参数试验；

4 测定地震波的衰减规律；

5 测定爆破影响深度；

　　6　爆破震动试验；

　　对于小型工程爆破试验可以结合开挖施工进行。

6.3.2　爆破试验应由具有爆破资质的单位进行爆破试验，所使用的仪器应经计量部门检定。

6.1.4　施工单位应根据设计图纸地质情况、爆破器材性能及钻孔机械等条件和爆破试验结果进行钻孔爆破设计，设计应包括下列内容：

　　1　掏槽方式：应根据开挖断面大小、围岩类别、钻孔机具等因素确定，若采用中空直眼掏槽时应加大空眼直径和数目。

　　2　炮孔布置深度及角度：炮孔应均匀布置；孔深应根据断面大小、钻孔机具性能和循环进尺要求等因素确定；钻孔角度应按炮孔类型进行设计，同类钻孔角度应一致，钻孔方向可按平行或收放等形式确定。

　　3　装药量：应根据围岩类别确定。任一炮孔装药量所引起的爆破裂隙伸入到岩体的影响带不应超过周边孔爆破产生的影响带。应选用合适的炸药，特别是周边孔应选用低爆速炸药或采用间隔装药、专用小直径药卷连续装药。

　　4　确定堵塞方式。

　　5　起爆方式及顺序：宜采用塑料导爆管、非电毫秒雷管，根据孔位布置分段爆破，其分段爆破时差，应使每段爆破独立作用；周边孔应同时起爆。

　　6　当施工现场附近存在相邻建筑物、浅埋隧洞或附近有重点保护文物时应按其抗震要求进行专项设计，并进行爆破震动控制计算。

　　7　绘制炮孔布置图。

　　爆破作业安全管理。爆破作业时应统一指挥，统一信号，严格执行爆破设计和爆破安全规程，设专人警戒并划定安全警戒区。爆破后须经爆破人员检查，确认安全后，其他人员方能进入现场。关于安全距离的划定，应满足 SL 398—2007 第 8.5.5 条的规定。

　　拆除作业过程中的安全管理。《评审规程》中的"拆除作业"是指对建（构）物的拆除。根据 SL 721—2015 的规定，拆除作业属危险性较大单项工程，在施工过程中监理机构应要求承包人按下列规定开展工作：

　　1）编制专项施工方案。承包人应根据 SL 721—2015 的规定，编制专项施工方案，并按规定的程序履行审核、论证（如需要）、审批、备案等手续。

　　2）拆除过程中，严格依据审批的专项施工方案组织施工。

　　因现行水利行业技术标准中，对拆除作业的安全管理没有具体、详细的规定，在施工过程中，可参考住建部 JGJ 147—2016《建筑拆除工程安全技术规范》相关内容。

　　（5）水上或水下作业。

　　1）工作依据。

　　《中华人民共和国水上水下活动通航安全管理规定》（交通部令第 5 号）

　　《中华人民共和国内河避碰规则》（交通部令第 30 号）

　　SL 398—2007《水利水电工程施工通用安全技术规程》

　　SL 399—2007《水利水电工程土建施工安全技术规程》

　　SL 714—2015《水利水电工程施工安全防护设施技术规范》

SL 17—2014《疏浚与吹填工程技术规范》

SL 260—2014《堤防工程施工规范》

2）实施要点。

水上作业的范围包括使用施工平台、船舶等在水上、海上开展的作业行为，也包括在围堰、堤防、坝体及其他建筑物施工时的临水作业行为。

水下作业的专项施工方案。根据 SL 398—2007 第 3.1.4 条的规定，水上作业前应编制专项安全技术措施及安全应急防护预案：

3.1.4 爆破、高边坡、隧洞、水上（下）、高处、多层交叉施工、大件运输、大型施工设备安装及拆除等危险作业应有专项安全技术措施，并应设专人进行安全监护。

船舶水上作业。涉及使用船舶进行水上作业的，应按规定取得船舶检验机构签发的船舶适航证书，相关作业人员应持有相应的船员适任证书与船员服务簿，在开始作业前应进行教育培训，并定期进行体检，要求水上作业人员应正确穿戴救生衣、安全帽、防滑鞋、安全带等个人安全防护设备。船舶航行应遵守国家及相关行业的规定。

航道内作业。在航道内作业、影响通航安全的，在开工前应向航证管理（海事）部门提出施工作业许可申请，取得《中华人民共和国水上水下活动许可证》并办理发布航行通告的相关手续。根据《中华人民共和国水上水下活动通航安全管理规定》，在内河通航水域或者岸线上从事可能影响通航安全的水上水下作业或者活动，应当经海事管理机构批准，具体包括：

（一）勘探，港外采掘、爆破。

（二）构筑、设置、维修、拆除水上水下构筑物或者设施。

（三）架设桥梁、索道。

（四）铺设、检修、拆除水上水下电缆或者管道。

（五）设置系船浮筒、浮趸、缆桩等设施。

（六）航道建设施工、码头前沿水域疏浚。

（七）举行大型群众性活动、体育比赛。

（八）打捞沉船、沉物。

在管辖海域进行调查、勘探、开采、测量、建筑、疏浚（航道养护疏浚除外）、爆破、打捞沉船沉物、拖带、捕捞、养殖、科学试验和其他水上水下施工，应当经海事管理机构批准。

前款所称建筑，包括构筑、设置、维修、拆除水上水下构筑物或者设施，架设桥梁、索道，铺设、检修、拆除水上水下电缆或者管道，设置系船浮筒、浮趸、缆桩等设施，航道建设。

临边防护。临水临边的安全防护设施及施工平台和梯道等，应参照 SL 398—2007 第 5 章"安全防护设施"和 SL 714—2015 第 3.2 节"作业面"的相关规定。

救援设施设备。应按照作业人员数配备相应的防护、救生设备，如救生衣、救生圈、救生绳和通信工具、救生艇等。作业人员应熟知水上作业救护知识，具备自救互救技能。

恶劣天气作业。雨雪天气进行水上作业，采取防滑、防寒、防冻措施，水、冰、霜、雪及时清除；遇到六级以上强风等恶劣天气不进行水上作业，暴风雪和强台风后全面检查，消除隐患。

警示标识。施工平台、船舶上应设置明显标识和夜间警示灯，并保证运行正常。临水作业部位也应设置必要的警示标志，提醒作业及周边人员注意安全。

（6）高处作业。

1）工作依据。

GB/T 3608—2008《高处作业分级》

SL 398—2007《水利水电工程施工通用安全技术规程》

SL 714—2015《水利水电工程施工安全防护设施技术规范》

2）实施要点。

高处作业的定义与分级。根据 GB/T 3608—2008 中规定，高处作业是指对于在距坠落度基准面 2m 或 2m 以上有可能坠落的高处进行的作业。对于高处作业根据高处作业高度分为 2～5m、5～15m、15～30m 及 30m 以上 4 个区段，具体级别计算及确定，应执行 GB/T 3608—2008 的要求。

专项安全技术措施。监理机构应根据 SL 398—2007 的规定（强制性条文），要求承包人在进行三级、特级、悬空高处作业时，应事先制定专项安全技术措施，施工前，应向所有施工人员进行技术交底。

作业人员。监理机构应要求承包人从事高处作业的人员，在体检合格后上岗作业，凡经医生诊断患高血压、心脏病、精神病等不适于高处作业病症的人员不应从事高处作业，涉及登高架设作业人员的应持证上岗。作业过程中，作业人员应正确佩戴安全帽、安全绳及其他安全防护用品。采取措施防止物件从高处坠落。根据《特种作业人员安全技术培训考核管理规定》，对于从事登高架设作业（指在高处从事脚手架、跨越架设或拆除的作业）和高处安装、维护、拆除作业（指在高处从事安装、维护、拆除的作业，适用于利用专用设备进行建筑物内外装饰、清洁、装修，电力、电信等线路架设，高处管道架设，小型空调高处安装、维修，各种设备设施与户外广告设施的安装、检修、维护以及在高处从事建筑物、设备设施拆除作业）的高处作业人员，还应取得特种作业操作证：

安全防护设施。高处作业临边部位必须设置满足规定要求的安全防护设施，SL 398—2007 第 5.2 节"高处作业"对水利水电工程施工过程中高处作业做出了规定。关于安全防护设施如栏杆、安全网、防护棚等的技术要求和标准，可参考 JGJ 80—2016 的相关内容。

关于安全网，在 SL 398—2007 中规定：

5.1.3　高处临边、临空作业应设置安全网，安全网距工作面的最大高度不应超过 3.0m，水平投影宽度应不小于 2.0m。安全网应挂设牢固，随工作面升高而升高。

（7）安全防护设施的检查及验收。

高处作业前，应对安全防护设施进行检查、验收，验收合格后方可进行作业，具体要求可参照 JGJ 80—2016 的相关规定，如：

3.0.11　安全防护设施验收应包括下列主要内容：

1　防护栏杆立杆、横杆及挡脚板的设置、固定及其连接方式；

2　攀登与悬空作业时的上下通道、防护栏杆等各类设施的搭设；

3　操作平台及平台防护设施的搭设；

4　防护棚的搭设；

5　安全网的设置情况；

6　安全防护设施构件、设备的性能与质量；

7　防火设施的配备；

8　各类设施所用的材料、配件的规格及材质；

9　设施的节点构造及其与建筑物的固定情况，扣件和连接件的紧固程度。

对于高处作业期间的安全检查要求，在 SL 398—2007 中以强制性条文形式进行了规定：

5.2.2　高处作业下方或附近有煤气、烟尘及其他有害气体，应采取排除或隔离等措施，否则不应施工。

5.2.3　高处作业前，应检查排架、脚手板、通道、马道、梯子和防护设施，符合安全要求方可作业。高处作业使用的脚手架平台，应铺设固定脚手板，临空边缘应设高度不低于 1.2m 的防护栏杆。

5.2.10　高处作业时，应对下方易燃、易爆物品进行清理和采取相应措施后，方可进行电焊、气焊等动火作业，并应配备消防器材和专人监护。

当遇有 6 级以上强风、浓雾、沙尘暴等恶劣气候，严禁进行露天攀登与悬空高处作业。暴风雪及台风暴雨后，应对高处作业安全设施进行检查，当发现有松动、变形、损坏或脱落等现象时，应立即修理完善，维修合格后再使用。

监理机构应监督检查承包人从事高处作业人员，按规定正确佩戴和使用高处作业安全防护用品、用具。

对于特殊高处作业，监理机构应要求承包人按规定安排专人进行现场监护。特殊高处作业包括以下几个类别：

①在阵风风力 6 级以上的情况下进行的高处作业称为强风高处作业；

②在高温或低温环境下进行的高处作业称为异温高处作业；

③降雪时进行的高处作业称为雪天高处作业；

④降雨时进行的高处作业称为雨天高处作业；

⑤室外完全采用人工照明时进行的高处作业称为夜间高处作业；

⑥在接近或接触带电体条件下进行的高处作业称为带电高处作业；

⑦在无立足或无牢靠立足点的条件下进行的高处作业称为悬空高处作业；

⑧对突然发生的各种灾害事故进行抢险的高处作业称为抢险高处作业。一般高处作业系指除特殊高处作业以外的高处作业。

特殊高处作业都是在恶劣的环境中进行的高处作业，比一般高处作业更容易发生坠落事故。因此，在特殊高处作业时必须有专人监护，可靠的安全措施，可靠的通信装置。

临近带电体的高处作业，安全防护距离应满足 SL 378—2007 第 5.2.6 条的规定：

（8）起重吊装作业。

　　1）工作依据。

GB 5144—2006《塔式起重机安全规程》

GB 6067.1—2010《起重机械安全规程　第1部分：总则》

GB 10055—2007《施工升降机安全规程》

GB/T 14405—2011《通用桥式起重机》

GB/T 14406—2011《通用门式起重机》

SL 398—2007《水利水电工程施工通用安全技术规程》

SL 401—2007《水利水电工程施工作业人员安全操作规程》

SL 714—2015《水利水电工程施工安全防护设施技术规范》

SL 721—2015《水利水电工程施工安全管理导则》

　　2）实施要点。

　　监理机构对承包人起重吊装作业的安全监理，主要应从起重机械设备、作业人员、施工方案及作业行为等几方面开展相关工作。

　　在承包人开展起重吊装作业之前，监理机构应监督检查承包人起重机械设备的安全状况，按照《评审规程》设施设备的有关要求开展工作。

　　监理机构应监督检查承包人作业人员的持证上岗情况。根据2011年国家质量监督检验检疫总局发布的《特种作业人员作业项目和种类的通知》规定，与起重作业相关的起重机械指挥、桥门式起重机司机、塔式起重机司机、门座式起重机司机、缆索式起重机司机、流动式起重机司机、升降机司机等属于特种作业人员，均应持特种作业人员证书上岗。

　　要求承包人依据法规、规范和技术标准的规定，如SL 401—2007等，结合工种、岗位的特点编制岗位操作规程，并严格监督执行，不得违规作业。

　　关于"大件"及特殊情况的吊装作业，在SL 398—2007第7.1.16条对"大件"吊、运提出了安全管理要求，在其条文说明中解释："大件"在水利水电工程施工中，是指几何尺寸和单件重量大的构件和设备，其运输、吊装对运输设备、运输线路有一定的安全技术要求。但未明确"大件"的几何尺寸和单件重量标准，实施过程中应结合实际情况进行确定。根据SL 398—2007第3.1.4条和第7.1.16条的规定，监理机构要求承包人对大件吊运编制专项安全技术措施，并设专人进行安全监护：

3.1.4　爆破、高边坡、隧洞、水上（下）、高处、多层交叉施工、大件运输、大型施工设备安装及拆除等危险作业应有专项安全技术措施，并应设专人进行安全监护。

7.1.16　大件起吊运输和吊运危险的物品时，应制定专项安全技术措施，按规定要求审批后，方能施工。

　　根据SL 721—2015的规定，达到一定标准的"起重吊装及安装拆卸工程"属于危险性较大的单项工程，需要编制专项施工方案，并按要求组织审核、论证（如需要）并报监理机构审批、项目法人单位备案。

　　监理机构还应监督检查承包人针对起重吊装作业编制作业指导书及相关操作规程，并按SL 721—2015的有关规定开展安全技术交底或教育培训工作。

　　起重吊装过程中，需要办理审批手续的应及时办理；严禁以运行的设备、管道以及脚手架、平台等作为起吊重物的承力点；利用构筑物或设备的构件作为起吊重物的承力点时，应经核算；遇到大雪、暴雨、大雾及六级以上大风等恶劣天气时、无法看清场地、吊物情况和指挥信号等情况下不得进行起重操作；对起重吊装影响区域划定警戒区域，设置必要的安全警示标识；相关操作人员应严格按操作规程进行作业，严格遵守 SL 401—2007 中第 4.1.12 条关于"十不吊"及其他相关规定：

1　捆绑不牢、不稳的货物。

2　吊运物品上有人。

3　起吊作业需要超过起重机的规定范围时。

4　斜拉重物。

5　物体重量不明或被埋压。

6　吊物下方有人时。

7　指挥信号不明或没有统一指挥时。

8　作业场所不安全，可能触及输电线路、建筑物或其他物体。

9　吊运易燃、易爆品没有安全措施时。

10　起吊重要大件或采用双机抬吊，没有安全措施，未经批准时。

（9）临近带电体作业

1）工作依据。

GB 26859—2011《电力安全工作规程　电力线路部分》

GB 50194—2014《建设工程施工现场供用电安全规范》

SL 398—2007《水利水电工程施工通用安全技术规程》

SL 401—2007《水利水电工程施工作业人员安全操作规程》

SL 714—2015《水利水电工程施工安全防护设施技术规范》

JGJ 46—2005《施工现场临时用电安全技术规范》

2）实施要点。

临近带电体定义：临近带电体是指在运行中的电压在 250V（或按相关规定）及以上的发电、变电、输配电和带电运行的电气设备附近进行的可能影响电气设备和人员安全的作业行为。在此附近施工时，如不能保证标准允许的安全距离，则应采取必要的防护或申请停电措施，以确保作业安全。

临近带电体安全作业距离：在临近带电体附近作业时，应确保安全距离符合相关规定。在 SL 398—2007 中，对各类临近带电体作业的安全距离进行了规定：

4.1.5　在建工程（含脚手架）的外侧边缘与外电架空线路的边线之间应保持安全操作距离。最小安全操作距离应不小于表 4.1.5 的规定。

表 4.1.5　在建工程（含脚手架）的外侧边缘与外电架空线路边线之间
的最小安全操作距离

外线线路电压/kV	<1	1～10	35～110	154～220	330～500
最小安全操作距离/m	4	6	8	10	15
注：上、下脚手架的斜道严禁搭设在有外电线路的一侧。					

4.1.6 施工现场的机动车道与外电架空线路交叉时，架空线路的最低点与路面的垂直距离不应小于表4.1.6的规定。

表4.1.6 施工现场的机动车道与外电架空线路交叉时的最小垂直距离

外线线路电压/kV	<1	1～10	35
最小垂直距离/m	6	7	7

5.2.6 在带电体附近进行高处作业时，距带电体的最小安全距离，应满足表5.2.6的规定，如遇特殊情况，应采取可靠的安全措施。

表5.2.6 高处作业时与带电体的安全距离

电压等级/kV	10级以下	20～35	44	60～110	154	220	330
工器具、安装构件、接地线等与带电体的距离/m	2.0	3.5	3.5	4.0	5.0	5.0	6.0
工作人员活动范围与带电体的距离/m	1.7	2.0	2.2	2.5	3.0	4.0	5.0
整体组立杆塔与带电体的距离	应大于倒杆距离（自杆塔边缘到带电体的最近侧为塔高）						

在 JGJ 46—2005 中对起重机构与架空线路的最小安全距离和绝缘防护设施做出如下规定：

4.1.4 起重机械严禁超过无防护设施的外电架空线路作业。在外电架空线路附近吊装时，起重的任何部位或被吊物边缘在最大偏斜时与代线路连线的最小安全距离应符合表4.1.4规定。

表4.1.4 起重机与架空线路边线的最小安全距离

安全距离/m	电压/kV						
	<1	10	35	110	220	330	500
沿垂直方向	1.5	3.0	4.0	5.0	6.0	7.0	8.5
沿水平方向	1.5	2.0	3.5	4.0	6.0	7.0	8.5

4.1.6 当达不到本规范第4.1.2条～第4.1.4条中的规定时，必须采取绝缘隔离防护措施，并应悬挂醒目的警告标志。

架设防护设施时，必须经有关部门批准，采用线路暂时停电或其他可靠的安全技术措施，并应有电气工程技术人员和专职安全人员监护。

防护设施与外电线路之间的安全距离不应小于表4.1.6所列数值。

防护设施应坚固、稳定，且对外电线路的隔离防护应达到IP30级。

表4.1.6 防护设施与外电线路之间的最小距离

外线线路电压等级/kV	<10	35	110	220	330	500
最小安全距离/m	1.7	2.0	2.5	4.0	5.0	6.0

4.1.7　当本规范第4.1.6条规定的防护措施无法实现时，必须与有关部门协商，采取停电、迁移外电线路或改变工程位置等措施，未采取上述措施的严禁施工。

在GB 50194—2014中对施工现场供用电架空线路与道路等设施的最小距离，也做出了规定：

7.2.6　施工现场供用电架空线路与道路等设施的最小距离应符合表7.2.6的规定，否则应采取防护措施。

表7.2.6　施工现场供用电架空线路与道路等设施的最小距离　　单位：m

类　别	距　离		供用电绝缘线路电压等级	
			1kV及以下	10kV及以下
与施工现场	沿道路边架设时距道路边沿最小水平距离		0.5	1.0
	跨越道路时距路面最小垂直距离		6.0	7.0
与在建工程，包括脚手架工程	最小水平距离		7.0	8.0
与临时建（构）筑物	最小水平距离		1.0	2.0
与外电电力线路	最小垂直距离	与10kV及以下	2.0	
		与220kV及以下	4.0	
		与500kV及以下	6.0	
	最小水平距离	与10kV及以下	3.0	
		与220kV及以下	7.0	
		与500kV及以下	13.0	

安全防护设施：受现场作业条件所限，作业安全距离不能满足安全距离时，应采取申请停电或设置安全防护设施等措施。如在JGJ 46—2005中规定，临近带电体的安全防护设施应达到IP30级，即指防护设施的缝隙，能防止$\phi2.5$mm固体异物穿越。

在GB/T 16895.21《低压电气装置　第4-41部分：安全防护　电击防护》直接接触防护措施中用遮栏、外护物防护和用阻挡物防护规定，防护设施宜采用木、竹或其他绝缘材料搭设，不宜采用钢管等金属材料搭设，防护设施的警告标志必须昼、夜均醒目可见。

防护设施坚固、稳定是指所设的防护设施能承受施工过程中人体、工具、器材落物的意外撞击，而保持其防护功能。

监理机构应监督检查承包人建立临近带电体作业的安全管理制度，根据现场情况及实际需要，要求承包人编制专项施工方案或安全措施，并向作业人员进行安全技术交底，并办理安全施工作业票，必要时安排专人现场监护。

（10）焊接作业

1）工作依据。

GB 50194—2014《建设工程施工现场供用电安全规范》

SL 398—2007《水利水电工程施工通用安全技术规程》

SL 401—2007《水利水电工程施工作业人员安全操作规程》

SL 714—2015《水利水电工程施工安全防护设施技术规范》

2）实施要点。

监理机构对承包人焊接作业的安全监理，主要内容包括焊接设备、作业人员、作业行为管理三方面。

施工现场常用的焊接方式主要包括电焊和气焊（割）两种。监理机构对承包人焊接用设备监督检查时，应结合《评审规程》中"设备设施管理"的相关工作要求，确保焊接设备性能、状态良好。

对于电焊机来讲，主要是应预防因漏电对操作人员产生的伤害。因此应重点检查设备及导线的绝缘，安全防护装置的齐全有效、漏电保护器参数应匹配、安装应正确、动作应灵敏可靠，接零应良好等。交流电焊机除在开关箱内装设一次侧漏电保护器以外，还应配装防二次侧触电保护器，是为了防止电焊机二次空载电压可能对人体构成的触电伤害。如条件允许，尽可能选择安全性能更高、更节能的直流焊机。

对于气焊（割）设备应重点检查气瓶及其安全附件处于安全、可靠的状态，放置、使用符合规范要求（详见危险品管理）。

对于上述设备的检查，应按 SL 398—2007、SL 714—2015 、GB 50194—2014 的要求进行。此外，在 JGJ 160—2016《施工现场机械设备检查技术规范》中针对不同类型的电焊机和气焊（割）设备检查的内容及要求进行了详细的、具体的规定，可供借鉴和参考。

根据《特种作业人员安全技术培训考核管理规定》（安监总局令第 30 号）的规定，焊接作业人员属于特种作业人员，监理机构应监督检查承包人的作业人员取得《中华人民共和国特种作业操作证》后，方可上岗。

承包人应依据 SL 401—2007 的有关规定，制定上述相关岗位的操作规程，正确佩戴安全防护用品，并严格监督执行，不得违规作业。

监理机构应监督检查承包人在焊接作业前，应对作业区域及可能影响区域进行检查，确认无易燃易爆物品及其他可能导致生产安全事故的隐患。如在 SL 378—2007 中规定：

12.4.5　洞内电、气焊作业区，应设有防火设施和消防设备。

在 SL 398—2007 中规定：

5.2.10　高处作业时，应对下方易燃、易爆物品进行清理和采取相应措施后，方可进行电焊、气焊等动火作业，并应配备消防器材和专人监护。

9.1.6　对储存过易燃易爆及有毒容器、管道进行焊接与切割时，要将易燃物和有毒气体放尽，用水冲洗干净，打开全部管道窗、孔，保持良好通风，方可进行焊接和切割，容器外要有专人监护，定时轮换休息。密封的容器、管道不得焊割。

9.1.8　严禁在储存易燃易爆的液体、气体、车辆、容器等的库区内从事焊割作业。

9.3.7　在坑井或深沟内焊接时，应首先检查有无集聚的可燃气体或一氧化碳气体，如有应排除并保持通风良好。必要时应采取通风除尘措施。

焊接作业结束后，作业人员清理场地、消除焊件余热、切断电源，仔细检查工作场所周围及防护设施，确认无起火危险后离开。

（11）交叉作业

1）工作依据。

GB 50720—2011《建设工程施工现场消防安全技术规范》

SL 398—2007《水利水电工程施工通用安全技术规程》

SL 714—2015《水利水电工程施工安全防护设施技术规范》

2）实施要点。

根据 SL 714—2015 对交叉作业的定义，交叉作业是指在一个区域内，凡一项作业可能对其他作业造成危害或对其他作业人员造成伤害的作业。交叉作业包括立体作业和平面交叉作业。立体作业即通常所说的上、下层同时作业或垂直交叉作业，应作为交叉作业中的管理重点。水平交叉的现场，也应进行风险辨识与评估，如存在安全风险或隐患，也应采取必要的安全防护措施。

对于存在交叉作业的施工现场（包括上方作业、下方存在人行通道的部位），监理机构应监督检查承包人根据 SL 398—2007 第 3.1.4 条的规定，编制专项安全技术措施；组织交叉作业队伍进行充分的沟通、协调，组织开展安全交底工作，使作业人员充分熟悉、掌握交叉作业的安全风险及相应防范措施；施工期安排专人进行监护，及时制止违规作业〔《水利工程建设标准强制性条文》（2020 年版）〕。

3.1.4　爆破、高边坡、隧洞、水上（下）、高处、多层交叉施工、大件运输、大型施工设备安装及拆除等危险作业应有专项安全技术措施，并应设专人进行安全监护。

垂直交叉作业现场可按 SL 398—2007 第 5.5.7 条及 SL 714—2015 第 6.1.1 条的有关规定搭设满足规范要求的隔离防护棚，如在 SL 398—2007 中规定：

5.5.7　在同一垂直方向同时进行两层以上交叉作业时，底层作业面上方应设置防止上层落物伤人的隔离防护棚，防护棚宽度应超过作业面边缘 1m 以上。

在 SL 714—2015 中对于交叉作业规定：

3.3.6　排架、井架、施工用电梯、大坝廊道、隧洞等出入口和上部有施工作业的通道，应设有防护棚，其长度应超过可能坠落范围，宽度不应小于通道的宽度。当可能坠落的高度超过 24m 时，应设双层防护棚。

4.1.4　皮带栈桥供料线运输应符合下列安全规定：

9　供料线下方及布料皮带覆盖范围内的主要人行通道，上部必须搭设牢固的防护棚，转梯顶部设置必要防护，在该范围内不应设置非施工必需的各类机房、仓库。

6.1.1　灌浆作业应符合下列要求：

3　交叉作业场所，各通道应保持畅通，危险出入口、井口、临边部位应设有警告标志或钢防护设施。

在 SL 32—2014《水工建筑物滑动模板施工技术规范》中对交叉作业规定：

9.2.4　当滑模施工进行立体交叉作业时，在上、下工作面之间应搭设安全隔离棚。

除上述水利行业标准规范对交叉作业的安全防护技术标准提出要求外，在 JGJ

80—2016 第 7 章专门针对"交叉作业"进行了详细规定，如需要设置安全防护棚的情况，通道口防护棚的型式，防护棚的结构型式等的具体要求，具有很强的可操作性，施工过程中可参照此规范的相关规定开展工作。

监理机构应监督检查承包人在施工过程中，加强对作业人员作业行为的管理。交叉作业时，不得向下投掷材料、边角余料，工具放入袋内，不在吊物下方接料或逗留，防止发生物体打击伤害。

（12）有（受）限空间作业。

1）工作依据。

GB 8958—2006《缺氧危险作业安全规程》（强制性标准）

GB 30871—2022《化学品生产单位特殊作业安全规范》

GBZ/T 205—2007《密闭空间作业职业危害防护规范》

SL 398—2007《水利水电工程施工通用安全技术规程》

SL 714—2015《水利水电工程施工安全防护设施技术规范》

2）实施要点。

有限空间是指封闭或部分封闭、进出口受限但人员可以进入，未被设计为固定工作场所，通风不良，易造成有毒有害、易燃易爆物质积聚或氧含量不足的空间。构成有（受）空间作业条件的，应同时满足①、②、③的物理条件和具有至少 1 个④中的危险特征。

①空间有限，与外界相对隔离。有限空间是一个有形的，与外界相对隔离的空间。有限空间既可以是全部封闭的，如输水管道工程（含管线及阀井、设备等）、人工挖孔桩、地下室、坑（池）沟、地下工程、容器，水轮机、发电机及压力管道安装，顶管工程施工等处于封闭或半封闭的作业场所，也可以是部分封闭的，如敞口的污水处理池等。

②进出口受限或进出不便，但人员能够进入开展有关工作。有限空间限于本身的体积、形状和构造，进出口一般与常规的人员进出通道不同，大多较为狭小，如直径 80cm 的井口或直径 60cm 的人孔；或进出口的设置不便于人员进出，如各种敞口池。虽然进出口受限或进出不便，但人员可以进入其中开展工作。如果开口尺寸或空间体积不足以让人进入，则不属于有限空间，如仅设有观察孔的储罐、安装在墙上的配电箱等。

③未按固定工作场所设计，人员只是在必要时进入有限空间进行临时性工作。有限空间在设计上未按照固定工作场所的相应标准和规范，考虑采光、照明、通风和新风量等要求，建成后内部的气体环境不能确保符合安全要求，人员只是在必要时进入进行临时性工作。

④通风不良，易造成有毒有害、易燃易爆物质积聚或氧含量不足。有限空间因封闭或部分封闭、进出口受限且未按固定工作场所设计，内部通风不良，容易造成有毒有害、易燃易爆物质积聚或氧含量不足，产生中毒、燃爆和缺氧风险。

有（受）限空间作业存在的主要安全风险包括中毒、缺氧窒息、燃爆以及淹溺、高处坠落、触电、物体打击、机械伤害、灼烫、坍塌、掩埋、高温高湿等。在某些环境下，上述风险可能共存，并具有隐蔽性和突发性。有（受）限空间工作应执行强制性标准 GB 8958—2006《缺氧危险作业安全规程》的有关规定。

在有（受）限空间作业过程中，监理机构应监督检查承包人对含氧量和有毒有害气体进行检测。当从事具有缺氧危险的作业时，按照"先检测后作业"的原则，检测合格后方可作业。具体指标可参考 GB 30871—2022 的规定：

6.4　受限空间内气体检测内容及要求如下：

a）氧气含量为 19.5%～21%（体积分数），在富氧环境下不应大于 23.5%（体积分数）；

b）有毒物质允许浓度应符合 GBZ 2.1 的规定；

c）可燃气体、蒸气浓度要求应符合 5.3.2 的规定。

有限空间作业时应保持空间内的空气流通良好，可采取打开人孔、手孔、料孔、风门、烟门等与大气相通的设施进行自然通风。必要时，应采用风机强制通风或管道送风，管道送风前应对管道内介质和风源进行分析确认。

缺氧或有毒的受限空间经清洗或置换仍达不到规定要求的，应佩戴隔绝式呼吸器，必要时应拴带救生绳；易燃易爆的受限空间经清洗或置换仍达不到规定要求的，应穿防静电工作服及防静电工作鞋，使用防爆型低压灯具及防爆工具；酸碱等腐蚀性介质的受限空间，应穿戴防酸碱防护服、防护鞋、防护手套等防腐蚀用品；有噪声产生的受限空间，应佩戴耳塞或耳罩等防噪声护具；有粉尘产生的受限空间，应配戴防尘口罩、眼罩等防尘护具；高温的受限空间，进入时应穿戴高温防护用品，必要时采取通风、隔热、佩戴通信设备等防护措施；低温的受限空间，进入时应穿戴低温防护用品，必要时采取供暖、佩戴通信设备等措施。有（受）限空间照明电压应小于或等于 36V，在潮湿容器、狭小容器内作业电压应小于或等于 12V；在潮湿容器中，作业人员应站在绝缘板上，同时保证金属容器接地可靠。在受限空间外应设有专人监护，作业期间监护人员不应离开；在风险较大的受限空间作业时，应增设监护人员，并随时与受限空间内作业人员保持联络。受限空间外应设置安全警示标志，备有空气呼吸器（氧气呼吸器）、消防器材和清水等相应的应急用品；受限空间出入口应保持畅通；作业前后应清点作业人员和作业工器具；作业人员不应携带与作业无关的物品进入受限空间；作业中不应抛掷材料、工器具等物品；在有毒、缺氧环境下不应摘下防护面具；不应向受限空间充氧气或富氧空气；离开受限空间时应将气割（焊）工器具带出；难度大、劳动强度大、时间长的受限空间作业应采取轮换作业方式；作业结束后，受限空间所在单位和作业单位共同检查受限空间内外，确认无问题后方可封闭受限空间；最长作业时限不应超过 24h，特殊情况超过时限的应办理作业延期手续。

（13）围堰工程。

1）工作依据。

SL 645—2013《水利水电工程围堰设计规范》

SL 398—2007《水利水电工程施工通用安全技术规程》

2）实施要点。

围堰是指在水利工程建设中，为建造永久性水利设施，修建的临时性围护结构。其作用是防止水和土进入建筑物的修建位置，以便在围堰内排水，开挖基坑，修筑建筑物。一般主要用于水工建筑中，除作为正式建筑物的一部分外，围堰一般在用完后拆除。

监理机构应按合同约定要求承包人编制围堰工程施工专项施工方案，按规定组织审核、专家论证，报监理机构、项目法人审批。要求承包人严格按照设计要求及批复的专项施工方案，组织围堰施工，并确保形象进度满足防洪度汛及工程总体计划安排。防汛期间，应组织专人对围堰、子堤等重点防汛部位巡视检查，检察水情变化，发现险情，及时进行抢险加固或组织撤离。

围堰工程运行过程中，应要求承包人按照设计及批复的专项施工方案，设置围堰的监测项目、开展安全监测工作。围堰的监测项目通常包括堰体垂直位移和水平位移、围堰渗流量；对于 3 级围堰及重要的 4 级围堰，可设置下列监测项目：

①监测土石围堰堰体浸润线，防渗墙应力、应变等。

②监测混凝土围堰堰体及堰基应力、应变，渗透水压力等。

围堰不符合规范和设计要求以及围堰位移及渗流量超过设计要求，且无管控措施的，均属于重大事故隐患。

（14）沉井工程

1）工作依据。

GB/T 51130—2016《沉井与气压沉箱施工规范》

DL/T 5702—2014《水电水利工程沉井施工技术规程》

2）实施要点。

沉井是一种将在地面上制作成上下敞口带刃脚的空心井筒状结构，通过井内取土使之在自重作用下沉入地下预定深度的地下构筑物（DL/T 5702—2014）。

沉井施工应进行沉井的施工设计，包括垫层计算、摩阻力计算、下沉计算及封底混凝土计算等内容。

监理机构应要求承包人在沉井施工前，编制专项施工方案，并进行安全技术交底。并收集、具备下列资料：

①沉井的布置图、结构设计图及设计说明；

②沉井布置地段的地形、地质资料；

③施工河段的气象资料和水文资料；

④测量控制网、测量基线和水准点资料；

⑤工程总进度对沉井工期的要求；

⑥工程防洪度汛要求；

⑦环境保护的有关规定。

监理机构应监督检查承包人在沉井施工过程中配备施工供风及供、排水系统，具备有效的通信联络手段，并可在井内设置监控视频和摄像装置。沉井口范围场地应高于周边施工场地，四周应设置排水沟，遇大雨时井口周边场地应覆盖，防止雨水灌入。

沉井施工期间，应要求承包人结合工程特性和周边环境条件实施工程监测，包括主体结构监测和周边环境监测，且应编制监测方案。如周围地面沉降、建筑倾斜监测等，对影响范围内的建筑物应采取安全保护措施，具体要求可参照《沉井与气压沉箱施工规范》。

2. 参考示例（略）

（1）各项作业的专项方案及审核、审批记录。

（2）各项作业的监督检查记录及督促落实记录。

【标准条文】

4.2.11　监理单位应定期开展安全生产和职业卫生教育培训、安全生产管理技能训练、岗位作业危险预知、作业现场隐患排查、事故分析等岗位达标活动，并做好记录。从业人员应熟练掌握本岗位安全职责、安全生产和职业卫生管理知识、安全风险及管控措施、防护用品使用、自救互救及应急处置措施。

　1. 工作依据

《国务院关于进一步加强企业安全生产工作的通知》（国发〔2010〕23 号）

GB/T 33000—2016《企业安全生产标准化基本规范》

　2. 实施要点

岗位达标是国家安全生产方针、政策、标准、规范在生产（管理）岗位得到具体落实和实现的状态。岗位是企业安全管理的基本单元，是安全生产的前沿阵地，只有做好每个岗位的安全生产工作，才能保证企业生产安全。企业可以根据各自的生产特点和生产组织状况划分岗位安全达标创建的岗位单元，根据国家方针、政策和涉及本岗位的标准规范制定相应的岗位安全标准，确定工作方案在岗位逐步展开。

要求监理单位建立安全活动管理制度，将各项安全管理工作制度化、规范化、标准化。在开展岗位达标过程中，应注意与《评审规程》其他工作进行有效的融合，不能孤立的进行。最终使各岗位作业人员达到掌握本岗位安全职责、安全生产和职业卫生操作规程、安全风险及管控措施、防护用品使用、自救互救及应急处置措施情况的目的。

　3. 参考示例

岗位达标活动记录（可结合评审规程中其他相关工作开展）。

【标准条文】

4.2.12　监理机构应对承包人的分包申请进行审核并报项目法人批准；监督承包人对分包方的安全管理。

　1. 工作依据

《安全生产法》（中华人民共和国主席令第八十八号）

《建设工程质量管理条例》（国务院令第 279 号）

《建设工程安全生产管理条例》（国务院令第 393 号）

《建筑业企业资质管理规定》（住建部令第 22 号）

SL 721—2015《水利水电工程施工安全管理导则》

　2. 实施要点

（1）分包管理。

分包分为工程分包和劳务分包。施工单位在工程分包前，应按规定报监理机构、项目法人的批准，否则不得分包。根据《中华人民共和国建筑法》和《建设工程质量管理条例》的规定，主体工程不得分包，也不得将工程转包，经分包的工程不得再次分包。劳务分包无须监理或项目法人批准。

2015 年住建部发布的《建筑业企业资质管理规定》中规定：建筑业企业资质分为施工总承包资质、专业承包资质、施工劳务资质三个序列。施工总承包资质、专业承包资质按照工程性质和技术特点分别划分为若干资质类别，各资质类别按照规定的条件划分为若干资质等级。施工劳务资质不分类别与等级。

涉及工程分包的，监理机构应对分包方的资质等级、安全生产许可证等进行审核，是否能满足拟分包工程的资质等级要求；是否具有安全生产许可证书或安全生产许可证书不在有效期内或安全生产许可证书被暂扣的情况等。并监督检查承包人在与分包方签订分包合同时，根据各自职责在合同条款中应明确双方的安全责任。

（2）分包方人员及设备。

监理机构应监督检查总承包单位对分包方的人员和设备进行进场报验。要求总承包单位根据双方签订的分包合同，对进场人员和设备进行验证，并履行审批的手续。分包方的相关管理人员如专职安全员、特种作业人员等，均须具备相应资格并持证上岗；分包方的设备状况应良好、安全、适用。

分包方人员进场后，要求总承包方督促分包方对进场作业人员分工种进行安全教育培训，经考试合格后方可进入现场作业。作业前应组织对分包人员进行安全技术交底，交底人与被交底人在交底记录上履行签字手续。

（3）分包方的风险管理。

监理机构应督促总承包单位在分包方作业前，对所分包的工程编制安全施工措施报总承包单位审批；在作业过程中对其措施落实情况进行监督检查；定期根据分包方工程进展情况开展作业风险识别工作，并将风险识别的结果通报给分包方，要求其制定安全措施并督促落实。

3. 参考示例

（1）承包人分包申请文件及审核、审批记录。

（2）总承包方对分包方安全管理的监督检查记录及督促落实工作记录。

【标准条文】

4.2.13　监理机构应核查项目法人或承包人提供的图纸，并签发（批复）。按规定组织或参与施工图设计交底、施工图会审；按合同约定发出变更指示。

1. 工作依据

SL 288—2014《水利工程施工监理规范》

SL 721—2015《水利水电工程施工安全管理导则》

2. 实施要点

（1）图纸签发。

根据《水利水电工程标准施工招标文件（2009 年版）》通用合同条款的约定，发包人应按技术标准和要求（合同技术条款）约定的期限和数量将施工图纸以及其他图纸（包括配套说明和有关资料）提供给承包人。实行监理制的项目，发包人（或项目法人）应通过监理机构签发施工图纸。根据《水利工程施工监理规范》的规定，工程施工所需的施工图纸，应经监理机构核查并签发后，承包人方可用于施工。承包人无图纸施工或按照未经监理机构签发的施工图纸施工，监理机构有权责令其停工、返工或拆除，有权拒绝计量和签发付款证书。

监理机构应在收到发包人提供的施工图纸后及时核查并签发。在施工图纸核查过程中，监理机构可征求承包人的意见，必要时提请发包人组织有关专家会审。监理机构不得修改施工图纸，对核查过程中发现的问题，应通过发包人返回设计单位处理。

对承包人提供的施工图纸，监理机构应按施工合同约定进行核查，在规定的期限内签发。对核查过程中发现的问题，监理机构应通知承包人修改后重新报审。经核查的施工图纸应由总监理工程师签发，并加盖监理机构章。

（2）设计交底及图纸会审。

根据《水利水电工程标准施工招标文件（2009 年版）》通用合同条款的约定，发包人应根据合同进度计划，组织设计单位向承包人进行设计交底。监理机构应根据《水利工程施工监理规范》的规定，应参加、或经授权主持或与发包人联合主持召开设计交底会议，由设计单位进行设计文件的技术交底。并收集、整理技术交底记录、图纸会审纪要。根据图纸会审发现的图纸存在的问题，应提请发包人返回设计单位处理。

（3）变更的处理。

根据《水利水电工程标准施工招标文件（2009 年版）》通用合同条款的约定，在履行合同中发生以下情形之一，应按合同约定进行变更。

（1）取消合同中任何一项工作，但被取消的工作不能转由发包人或其他人实施；

（2）改变合同中任何一项工作的质量或其他特性；

（3）改变合同工程的基线、标高、位置或尺寸；

（4）改变合同中任何一项工作的施工时间或改变已批准的施工工艺或顺序；

（5）为完成工程需要追加的额外工作；

（6）增加或减少专用合同条款中约定的关键项目工程量超过其工程总量的一定数量的百分比。

承包人收到监理人按合同约定发出的图纸和文件，经检查认为其中存在上述条款约定情形的，可向监理人提出书面变更建议。变更建议应阐明要求变更的依据，并附必要的图纸和说明。监理人收到承包人书面建议后，应与发包人共同研究，确认存在变更的，应在收到承包人书面建议后的 14 天内做出变更指示。经研究后不同意作为变更的，应由监理人书面答复承包人。

变更指示只能由监理人发出。变更指示应说明变更的目的、范围、变更内容以及变更的工程量及其进度和技术要求，并附有关图纸和文件。承包人收到变更指示后，应按变更指示进行变更工作。

3. 参考示例（略）

（1）图纸签发记录。

（2）设计交底记录。

（3）施工图会审纪要。

（4）变更通知。

【标准条文】

4.2.14 监理机构应对供应商或承包人提供的原材料、中间产品、工程设备和构配件进行检验或验收，保证产品的质量和安全性能达到设计及标准要求。

1. 工作依据

SL 288—2014《水利工程施工监理规范》

SL 721—2015《水利水电工程施工安全管理导则》

2. 实施要点

根据《水利水电工程标准施工招标文件（2009 年版）》通用合同条款的约定，水工金属结构、启闭机及机电产品进场后，监理机构组织发包人按合同进行交货检查和验收。安装前，承包人应检查产品是否有出厂合格证、设备安装说明书及有关技术文件，对在运输和存放过程中发生的变形、受潮、损坏等问题应作好记录，并进行妥善处理。专用合同条款约定的试块、试件及有关材料，监理机构实行见证取样。见证取样资料由承包人制备，记录应真实齐全，监理机构、承包人等参与见证取样人员均应在相关文件上签字。

根据《水利工程施工监理规范》规定，对承包人所使用的原材料、中间产品和工程设备的检验或验收，应符合下列规定：

6.2.6 原材料、中间产品和工程设备的检验或验收在符合下列规定：

　　1 原材料和中间产品的检验工作程序应符合下列规定：

　　　　1）承包人对原材料和中间产品按照本条第 2 款中的工作内容进行检验，合格后向监理机构提交原材料和中间产品进场报验单。

　　　　2）监理机构应现场查验原材料和中间产品，核查承包人报送的进场报验单；监理合同约定需要平行检测的项目，按照 6.2.14 条进行。

　　　　3）经监理机构核验合格并在进场报验单签字确认后，原材料和中间产品方可用于工程施工。原材料和中间产品的进场报验单不符合要求的，承包人应进行复查，并重新上报；平行检测结果与承包人自检结果不一致的，按 6.2.14 条第 4 款处理。

　　2 原材料和中间产品的检验工作内容应符合下列规定：

　　　　1）对承包人或发包人采购的原材料和中间产品，承包人应按供货合同的要求查验质量证明文件，并进行合格性检测。若承包人认为发包人采购的原材料和中间产品质量不合格，应向监理机构提供能够证明不合格的检测资料。

　　　　2）对承包人生产的中间产品，承包人应按施工合同约定和有关规定进行合格性检测。

　　3 监理机构发现承包人未按施工合同约定和有关规定对原材料、中间产品进行检测，应及时指示承包人补做检测；若承包人未按监理机构的指示补做检测，监理机构可委托其他有资质的检测机构进行检测，承包人应为此提供一切方便并承担相应费用。

　　4 监理机构发现承包人在工程中使用不合格的原材料、中间产品时，应及时发出指示禁止承包人继续使用，监督承包人标识、处置并登记不合格原材料、中间产品。对已经使用了不合格原材料、中间产品的工程实体，监理机构应提请发包人组织相关参建单位及有关专家进行论证，提出处理意见。

5　监理机构应按施工合同约定的时间和地点参加工程设备的交货验收，组织工程设备的到场交货检查和验收。

3．参考示例（略）

（1）原材料、中间产品、工程设备、构配件进场报验及监理机构审核、审批记录。

（2）监理平行检测、跟踪检测、见证取样记录。

【标准条文】

4.2.15　监理机构应组织监理范围内交叉作业各方制定协调一致的施工组织措施和安全技术措施，签订安全生产协议，并监督实施。

1．工作依据

《安全生产法》（中华人民共和国主席令第八十八号）

《建设工程安全生产管理条例》（国务院令第393号）

SL 721—2015《水利水电工程施工安全管理导则》

2．实施要点

根据《安全生产法》第四十八条的规定，两个以上生产经营单位在同一作业区域内进行生产经营活动，可能危及对方生产安全的，应当签订安全生产管理协议，明确各自的安全生产管理职责和应当采取的安全措施，并指定专职安全生产管理人员进行安全检查与协调。

一个单位的安全生产状况，不仅关系着本单位从业人员人身和财产的安全，而且还可能对其他单位产生影响。特别是在同一作业区域内进行生产经营活动的不同单位，如果一个单位发生了生产安全事故，会直接威胁着其他单位的安全生产。要求在同一作业区域内进行生产经营活动、可能危及对方生产安全的生产经营单位进行安全生产方面的协作，是安全生产管理中的一项重要制度。在同一作业区域内进行生产经营活动的单位，进行安全生产方面的协作的主要形式是签订并执行安全生产管理协议。各单位应当通过安全生产管理协议互相告知本单位生产的特点、作业场所存在的危险因素、防范措施以及事故应急措施，以使各个单位对该作业区域的安全生产状况有一个整体上的把握。同时，各单位还应当在安全生产管理协议中明确各自的安全生产管理职责和应当采取的安全措施，做到职责清楚，分工明确。

3．参考示例

施工单位间签订的安全协议备案（略）。

【标准条文】

4.2.16　监理机构不应对承包人提出违反建设工程安全生产法律、法规、规章和强制性标准规定的要求。

1．工作依据

《安全生产法》（中华人民共和国主席令第八十八号）

《建设工程安全生产管理条例》（国务院令第393号）

SL 721—2015《水利水电工程施工安全管理导则》

2. 实施要点

监理机构主要依据监理合同、工程承包合同约定的授权，以及《建设工程安全生产管理条例》中的法定职责，即依据法律、法规、强制性标准，开展安全监理工作。在监理过程中，不得对承包人提出违反建设工程安全生产法律、法规、规章和强制性标准规定的要求，以避免产生强令冒险作业、违章作业的情况，导致质量、安全事故的发生。

【标准条文】

4.2.17　相关方管理

监理单位应与平行检测等相关方在委托合同中（或签订安全生产协议）明确安全要求及双方安全责任，并对相关方的作业行为进行有效监督管理。

1. 工作依据

《安全生产法》（中华人民共和国主席令第八十八号）

《建设工程安全生产管理条例》（国务院令第 393 号）

2. 实施要点

此三级要素是根据《安全生产法》，参照《建设工程安全生产管理条例》中有关施工单位的规定制定的。考虑到监理单位对外委托的业务量少，主要集中在平行检测的委托，且平行检测单位在施工现场开展工作，作业过程中存在着一定的安全风险。作为委托方，监理单位有责任、有义务在平行检测合同中明确安全要求以及双方的安全责任，并对相关方的作业行为进行有效监督管理。

3. 参考示例

（1）委托合同。

（2）对相关方安全生产行为监督管理的记录。

作业安全监督检查记录示例见表 6-4。

表 6-4　　　　　　　　作业安全监督检查表（示例）

工程名称：×××××工程　　　　　　　　监理机构：×××××公司××××工程项目监理部

被查承包人名称						
序号	检查项目	检查内容及要求		检查结果	检查人员	检查时间
1	作业安全管理	（1）承包人现场总布置的符合情况（可在施工组织设计或专项方案批复后实施前进行检查，且在每月综合检查或专项检查、日常检查中一并进行）	①布局与分区是否符合批复的施工总布置		×××	20××.××.××
			②布置是否符合文明施工、度汛、交通、消防、职业健康、环境保护等			
		（2）承包人安全技术交底及方案落实情况（可在施工组织设计或专项方案批复后实施前进行检查，且在每月综合检查或专项检查、日常检查中一并进行）	①施工组织设计及专项方案交底情况是否符合 SL 721—2015 的规定		×××	20××.××.××
			②是否按批复的施工组织设计或专项方案施工			

续表

序号	检查项目	检查内容及要求		检查结果	检查人员	检查时间
1	作业安全管理	（3）临时用电实施与方案符合情况 （可在专项方案批复后实施前进行检查，且在每月综合检查或专项检查、日常检查中一并进行）	按照施工方案以及方案所引用 JGJ 46—2005 或 GB 50194—2014 的要求现场开展监督检查		×××	20××.××.××
		（4）承包人易燃易爆危险化学品管理 （可在每月综合检查或专项检查、日常检查中一并进行）	监督检查易燃易爆危险品运输手续；现场存放炸药、雷管等，得到当地公安部门的许可，并分别存放在专用仓库内，指派专人保管，严格领退制度；氧气、乙炔、液氨、油品等危险品仓库屋面采用轻型结构，并设置气窗及底窗，门、窗向外开启；有避雷及防静电接地设施，选用防爆电器；氧气瓶、乙炔瓶存放、使用应符合规定；带有放射源的仪器的使用管理，应符合相关规定		×××	20××.××.××
		（5）承包人消防管理 （可在每月综合检查或专项检查、日常检查中一并进行）	监督检查承包人是否建立健全消防安全组织机构，落实消防安全责任制，建立重点防火部位或场所档案；临建设施之间的安全距离、消防通道等均符合消防安全规定；仓库、宿舍、加工场地及重要设备配有足够的消防设施、器材，并建立台账；消防设施、器材应有防雨、防冻措施，并定期检验、维修，确保完好有效；严格执行动火审批制度；组织开展消防培训和演练		—	—
		（6）承包人交通管理 （可在每月综合检查或专项检查、日常检查中一并进行）	监督检查施工现场道路（桥梁）是否符合规范要求，交通安全防护设施齐全可靠，警示标志齐全完好；定期对车船进行检测和检验，保证安全技术状态良好；车船不得违规载人；车辆在施工区内应限速行驶；定期组织驾驶人员培训，严格驾驶行为管理，严禁无证驾驶、酒后驾驶、疲劳驾驶、超载驾驶；大型设备运输或搬运应制定专项方案			

续表

序号	检查项目	检查内容及要求		检查结果	检查人员	检查时间
1	作业安全管理	（7）防汛措施落实情况 （可在专项检查、日常检查中一并进行）	监督检查承包人成立防洪度汛的组织机构和防洪度汛抢险队伍，配置足够的防洪度汛物资，并组织演练；施工进度应满足安全度汛要求；施工围堰、导流明渠、涵管及隧洞等导流建筑物应满足安全要求；开展防洪度汛专项检查；建立畅通的水文气象信息渠道；做好汛期值班			
		（8）承包人的分包管理 （可在每月综合检查、日常检查中一并进行）	对分包方人员进行安全交底；审查分包方编制的安全施工措施，并督促落实；定期识别分包方的作业风险，督促落实安全措施			
其他检查人员				承包人代表		

注：1. 对已按规定或合同约定向监理机构履行了报批、查验或备案手续的工作，包括规章制度、施工总布置、施工组织设计、专项方案、危大工程验收、防洪度汛预案及超标准洪水应急预案、设备管理制度、进场使用前报验（含检查）、特种设备管理、临时设施设计等，在监督检查表中不必再重复检查。
　　2. "作业安全管理"部分的其他需要监督检查的内容，应结合专项施工方案、合同约定以及技术标准的规定，确定检查项目和内容，采取专项检查的方式进行监督检查。

第三节　职　业　健　康

　　职业病是指企业、事业单位和个体经济组织等用人单位的劳动者在职业活动中，因接触粉尘、放射性物质和其他有毒、有害因素而引起的疾病。根据《中共中央　国务院关于推进安全生产领域改革发展的意见》的规定，坚持管安全生产必须管职业健康，要求企业对本单位安全生产和职业健康工作负全面责任。保护劳动者健康及相关权益，对促进经济发展的意义和作用是十分重要的。首先，健康是社会和经济发展的基础，是人类发展追求的基本目标之一。劳动者即是社会财富的创造者，同时也是社会经济均衡发展的受益者。从广大劳动者的根本推举为帮忙内推，发展社会主义市场经济，应当不断适应劳动者日益增长的职业健康保健要求，依法保障劳动者一般的人职业卫生保护权利。第二，对用人单位来说，保护劳动者健康，提高劳动者的健康素质，是提高个人职业素质和用人单位整体素质的决定性因素之一。市场竞争归根到底是人才的竞争，是表现为人的体能与智能的健康素质及以此为基础的职业素质的竞争，做好职业卫生工作，直接关系到现代企业制度建设及企业在国内外市场的竞争力。第三，国内外大量事实和报告数据表明，职业病危害是造成劳动者过早丧失劳动能力的最主要因素，不仅给身患职业病的劳动者及其家庭带来身心痛苦，而且造成劳动者的创造力、劳动能力的丧失，导致劳动生产率降低和劳动生产力的巨大损失。

水利工程施工过程中，涉及粉尘、噪声、振动等职业危害因素，对从业人员的职业健康管理，也是各参建单位的法定职责。建筑行业职业病危害因素来源多、种类多，几乎涵盖所有类型的职业病危害因素。既有施工工艺产生的危害因素，也有自然环境、施工环境产生的危害因素，还有施工过程产生的危害因素。既存在粉尘、噪声、放射性物质和其他有毒有害物质等的危害，也存在高处作业、密闭空间作业、高温作业、低温作业、高原（低气压）作业、水下（高压）作业等产生的危害，劳动强度大、劳动时间长的危害也相当突出。一个施工现场往往同时存在多种职业病危害因素，不同施工过程存在不同的职业病危害因素。《评审规程》中分别对监理单位自身以及按照合同约定对承包人的职业健康管理做出了规定。

【标准条文】

4.3.1　监理单位的职业健康管理制度应明确职业危害的管理职责、作业环境、劳动防护品及职业病防护设施、职业健康检查与档案管理、职业危害告知、职业病治疗和康复、职业危害因素管理的职责和要求。

监理机构应监督检查承包人开展此项工作。

1. 工作依据

《职业病防治法》（中华人民共和国主席令第八十一号）

2. 实施要点

根据《职业病防治法》第五条的规定，用人单位应当建立、健全职业病防治责任制，加强对职业病防治的管理，提高职业病防治水平，对本单位产生的职业病危害承担责任。

监理单位应在相关法律法规、规范和其他要求的基础上制定切实可行的职业健康管理制度，明确职业危害的管理职责、作业环境、劳动防护品及职业病防护设施、职业健康检查与档案管理、职业危害告知、职业病治疗和康复、职业危害因素管理的职责和要求，以及监理机构对承包人监督检查的内容。

3. 参考示例

（1）监理单位的职业健康管理制度。

×××公司职业健康管理制度（编写示例）

第一章　总　　则

第一条　为了预防、控制和消除职业危害，预防职业病，保护公司全体员工的身体健康和相关权益，规范公司职业病危害因素的监测、评价和控制，为员工配备相适应的劳动防护用品，教育并监督作业人员按照规定正确佩戴、使用个人劳动防护用品的管理，结合公司实际制定本制度。

第二条 本制度根据《中华人民共和国安全生产法》《中华人民共和国职业病防治法》《中华人民共和国劳动法》《使用有毒物品作业场所劳动保护条例》等有关法律、法规规定制定。

第三条 本制度适用于公司职业健康管理工作以及项目监理部对承包人相关工作的监督检查。

第二章 工 作 职 责

第四条 综合办公室是职业健康管理的职能部门,负责职业危害告知和警示、职业危害申报、建立健全员工健康监护档案、工伤保险工作,负责劳动防护品及职业病防护设施发放标准的制定工作。

第五条 工会实施职业健康管理的监督职能,负责为职工体检建立健全职业卫生档案、职业病治疗和康复工作。制定或者修改有关职业健康的规章制度,应当听取工会组织的意见。

第六条 工程管理部负责职业危害因素、作业环境分析与管理、职业危害警示和职业健康的管理工作。

第七条 各监理项目部落实公司职业健康监护工作,依据合同约定督促承包人制定职业危害场所检测计划,定期对职业健康监护管理工作进行监督并将检测结果存档,对存在的问题督促承包人进行改正。

第三章 职业健康监护及档案管理

第八条 公司应如实告知从业人员在监理工作过程中可能接触的职业病危害因素及其后果、防护措施等,并在劳动合同中写明,使其了解工作过程中的职业危害、预防和应急处理措施。应关注从业人员的身体、心理状况和行为习惯,注重从业人员的心理疏导、精神慰藉,严格落实岗位安全生产职责,防范监理工作中由从业人员行为异常导致事故的发生。

第九条 为各级从业人员提供符合职业健康要求的工作环境和条件。夏季高温作业应提供防暑降温物品等,冬季高寒作业应为员工提供高寒作业相适应的工作环境和劳动防护用品等防寒保暖措施等。

第十条 劳动防护用品的采购、验收、保管、发放标准等按公司相关制度执行,劳动防护用品配备应符合 GB 39800.1—2020《个体防护装备配备规范 第 1 部分:总则》的规定,相关个体防护装备的质量应满足现行国家标准、行业标准的规定。监督、教育员工按规定正确佩戴、使用劳动防护用品,保证员工的职业健康。

第十一条 公司组织可能接触职业病危害因素的员工进行上岗前职业健康检查。不得安排未经上岗前职业健康体检的员工从事接触职业病危害因素的作业,不得安排有职业禁忌的员工从事其所禁忌的作业。

第十二条 公司不得安排未成年工从事接触职业病危害的作业;不得安排孕期、哺乳期的女职工从事对本人和胎儿、婴儿有危害的作业。

第十三条　公司应组织接触职业病危害因素的员工进行在岗期间定期职业健康检查。发现职业禁忌或者与从事职业相关健康损害的员工，应当及时调离原岗位。对需要复查和医学观察者，应安排复查和医学观察。

第十四条　公司应对准备脱离所从事的职业病危害作业或者岗位的员工，在其离岗前 30 日内，进行离岗时职业健康检查（离岗前 90 日内的在岗期间职业健康体检可以视为离岗时职业健康体检）。未进行离岗时职业健康检查的，不得解除或者终止与其订立的劳动合同。

第十五条　出现下列情况之一的，监理项目部应当向公司综合办公室申请，立即组织有关员工进行应急职业健康检查：

接触职业病危害因素的员工在作业过程中出现与所接触职业病危害因素相关的不适症状的；

员工受到急性职业中毒危害或者出现职业中毒症状的。

第十六条　公司应制定员工职业健康体检年度计划，与职业健康体检机构签订委托协议书，内容包括接触职业病危害因素种类、健康体检人数、体检项目、体检时间、地点等。

第十七条　公司应当及时将职业健康检查结果及职业健康检查机构的建议，以书面形式如实告知员工。

第十八条　公司应当为从事职业危害作业的员工建立职业卫生档案和职业健康监护档案，并按规定妥善保存。职业健康监护档案内容包括：

（一）员工的职业史，既往史和职业危害接触史。

（二）相应作业场所职业病危害因素监测结果。

（三）职业健康体检结果及处理情况。

（四）职业病诊疗等健康资料。

第十九条　综合办公室应当建立职业健康监护管理档案，并按规定妥善保存。职业健康监护管理档案内容包括：

（一）职业健康监护委托书。

（二）职业健康检查结果报告和评价报告。

（三）职业病报告卡。

（四）职业病患者、患有职业禁忌症者和已出现职业相关健康损害员工的处理和安置记录。

（五）其他相关资料。

第二十条　监理项目部定期对承包人职业健康管理工作按合同约定进行监督检查：

（一）是否按有关规定制定了职业健康管理制度，对施工现场的职业病危害因素进行全面、系统、准确的辨识。

（二）从业人员的工作环境和条件是否符合相关规定。

（三）工作场所是否设置相应的职业病防护设施，设置报警装置，制定应急处置预案，以现场配置急救用品、设备等进行监督检查。

（四）督促承包人采取有效措施确保现场施工作业场所的粉尘、噪音、毒物指标符合有关标准规定。

（五）制定职业病危害因素检测计划，按有关规定开展检测工作。

（六）督促承包人按有关规定及时、如实申报职业病危害项目，及时更新。

（七）对检查中发现的问题应督促承包人及时整改。

<h3 style="text-align:center">第四章　附　则</h3>

第二十一条　本制度由公司综合办公室负责解释。

第二十二条　本制度自下发之日起施行。

附件：

职业健康监护档案（示例见二维码51）

二维码51

（2）监理机构对承包人相关工作开展情况的监督检查记录及督促落实记录。

【标准条文】

4.3.2　监理机构应监督检查承包人定期开展职业危害因素辨识，制定职业危害场所检测计划，对职业危害场所进行检测，并保存实施记录。

1. 工作依据

《职业病防治法》（中华人民共和国主席令第八十一号）

《工作场所职业卫生管理规定》（国家卫生健康委令第5号）

《国家卫生计生委等4部门关于印发〈职业病分类和目录〉的通知》（国卫疾控发〔2013〕48号）

《关于印发〈职业病危害因素分类目录〉的通知》（国卫疾控发〔2015〕92号）

GBZ/T 211—2008《建筑行业职业病危害预防控制规范》

SL 398—2007《水利水电工程施工通用安全技术规程》

AQ/T 4256—2015《建筑施工企业职业病危害防治技术规范》

2. 实施要点

监理机构应监督检查承包人在现场开展职业健康工作时，首先要开展职业危害因素辨识工作，确定。辨识出存在职业危害因素的作业场所，再根据辨识的结果进行有针对性的职业健康管理工作。目前在标准化建设过程中，部分单位未在职业健康工作开展前进行职业危害因素辨识，不能准确判定施工现场存在的职业健康因素，导致职业健康管理工作带有一定的盲目性和随意性。如承包人不具备职业危害因素辨识能力，可委托专业机构进行，根据职业病危害因素的种类、浓度（或强度）、接触人数、频度及时间，职业病危害防护措施和发生职业病的危险程度，对不同施工阶段、不同岗位的职业病危害因素进行识别、检测和评价，确定重点职业病危害因素和关键控制点。

职业危害因素辨识工作应按卫生主管部门发布的《职业病危害因素分类目录》开展辨识工作，目录中将可能导致职业病的危害因素进行了分类，示例详见表6-5。

表 6-5　　　　　　　　　　职业病危害因素分类目录（部分）

序号	名　称	CAS 号	序号	名　称	CAS 号
1	矽尘（游离 SiO$_2$ 含量≥10%）	14808-60-7	7	水泥粉尘	
2	煤尘		8	云母粉尘	12001-26-2
3	石墨粉尘	7782-42-5	9	陶土粉尘	
4	炭黑粉尘	1333-86-4	10	铝尘	7429-90-5
5	石棉粉尘	1332-21-4	11	电焊烟尘	
6	滑石粉尘	14807-96-6	⋮	…	

承包人职业健康危害因素辨识工作可参照 AQ/T 4256—2015 附录 A 的有关规定进行。

表 A.1　建筑施工单位职业危害归类表

职业危害种类		危害作业	危害工艺
粉尘	硅尘	挖土机、推土机、刮土机、铺路机、压路机、打桩机、钻孔机、凿岩机、碎石设备、爆破作业、喷砂除锈作业、电焊作业、石材切割	土石方工程、桩基础工程、砌体工程、钢筋混凝土工程、结构吊装工程、防水工程、装饰工程
	水泥尘		
	电焊尘		
	石棉尘		
	其他粉尘		
噪声	机械性噪声	凿岩机、钻孔机、打桩机、挖土机、推土机、刮土机、自卸车、挖泥船、升降机、起重机、混凝土搅拌机、柴油打桩机、拔桩机、传输机、混凝土破碎机、碎石机、压路机、铺路机、移动沥青铺设机和整面机、混凝土振动棒、电动圆锯、刨板机、金属切割机、电钻、磨光机、射钉枪类工具；通风机、鼓风机、空气压缩机、铆枪、发电机爆破作业、管道吹扫等作业	土石方工程、桩基础工程、钢筋混凝土工程、结构吊装工程、防水工程、装饰工程
	空气动力性噪声		
振动		混凝土振动棒、凿岩机、风钻、射钉枪类、电钻、电锯、砂轮磨光机、挖土机、推土机、刮土机、移动沥青铺设机和整面机、铺路机、压路机、打柱机	土石方工程、桩基础工程、钢筋混凝土工程、结构吊装工程、防水工程、装饰工程
化学毒物		爆破作业、油漆、防腐作业、涂料作业、敷设沥青作业、电焊作业、地下储罐等地下作业	防水工程、装饰工程
密闭空间		排水管、排水沟、螺旋桩、桩基井、桩井孔、地下管道、烟道、隧道、涵洞、地坑、箱体、密闭地下室；密闭储罐、反应塔（釜）、炉、槽车等设备的安装作业	
电离辐射		挖掘作业、地下建筑以及在放射性元素的区域作业	
高气压		潜水作业、沉箱作业、隧道作业	
低气压		高原地区作业	

续表

职业危害种类	危害作业	危害工艺
紫外线	电焊作业、高原作业	
高温	露天作业、沥青制备、焊接、预热	
低温	北方冬季作业	
可能接触生物因素	旧建筑物和污染建筑物的拆除、疫区等作业	

3. 参考示例

监理机构对承包人相关工作开展情况的监督检查记录及督促落实记录。（示例见二维码，职业危害因素评价报告52）

二维码52

【标准条文】

4.3.3 监理机构应监督检查承包人为从业人员提供符合职业健康要求的工作环境和条件，在产生职业病危害的工作场所设置相应的职业病防护设施。采取有效措施确保砂石料生产系统、混凝土生产系统、钻孔作业、洞室作业等场所的粉尘、噪声、毒物指标符合有关标准的规定。

1. 工作依据

《职业病防治法》（中华人民共和国主席令第八十一号）

《使用有毒物品作业场所劳动保护条例》（国务院令第352号）

《建设工程安全生产管理条例》（国务院令第393号）

《工作场所职业卫生管理规定》（国家卫生健康委令第5号）

《用人单位职业健康监护监督管理办法》（安监总局令第49号）

GBZ 188—2014《职业健康监护技术规范》

GBZ/T 211—2008《建筑行业职业病危害预防控制规范》

SL 398—2007《水利水电工程施工通用安全技术规程》

SL 714—2015《水利水电工程施工安全防护设施技术规范》

AQ/T 4256—2015《建筑施工企业职业病危害防治技术规范》

2. 实施要点

监理机构应监督检查承包人，在施工过程中对存在职业病危害因素场所的作业人员，在施工工艺、防护措施上提供满足规范要求的作业环境。特别是水利工程施工过程中，产生职业危害因素较多的砂石料生产系统、混凝土生产系统、钻孔作业、洞室作业等场所，应作为管理的重点。

如在SL 398—2007中规定：

3.4.3 常见产生粉尘危害的作业场所应采取以下相应措施控制粉尘浓度：

1 钻孔应采取湿式作业或采取干式捕尘措施，不应打干钻。

2 水泥储存、运送、混凝土拌和等作业应采取隔离、密封措施。

3 密闭容器、构件及狭窄部位进行电焊作业时应加强通风，并佩戴防护电焊烟尘的防护用品。

4　地下洞室施工应有强制通风设施，确保洞内粉尘、烟尘、废气及时排出。

5　作业人员应配备防尘口罩等防护用品。

3.4.7　对产生噪声危害的作业场所应符合下列要求：

1　筛分楼、破碎车间、制砂车间、空压机站、水泵房、拌和楼等生产性噪声危害作业场所应设隔音值班室，作业人员应佩戴防噪耳塞等防护用品。

2　木工机械、风动工具、喷砂除锈、锻造、铆焊等临时性噪声危害严重的作业人员，应配备防噪耳塞等防护用品。

3　砂石料的破碎、筛分、混凝土拌和楼、金属结构制作厂等噪音严重的施工设施，不应布置在居民区、工厂、学校、生活区附近。因条件限制时，应采取降噪措施，使运行时噪声排放符合规定标准。

3.4.8　宜采用无毒或低毒的原材料及先进的生产工艺，对易产生毒物危害的作业场所应采取通风、净化装置或密闭等措施，使毒物排放符合规定要求。

在 AQ/T 4256—2015 中规定：

5　防尘技术措施

5.1　一般防尘措施

5.1.1　采用不产生或少产生粉尘的施工工艺、施工设备和工具，淘汰粉尘危害严重的施工工艺、施工设备和工具。

5.1.2　采用机械化、自动化或密闭隔离操作。如将挖土机、推土机、刮土机、铺路机、压路机等施工机械的驾驶室或操作室密闭隔离。

5.1.3　劳动者作业时应在上风向操作。

5.1.4　建筑物拆除和翻修作业时，在接触石棉的施工区域应设置警示标识，禁止无关人员进入。

5.1.5　对施工现场裸露的道路应进行硬化处理，成立现场清洁队每天对施工道路进行清扫和洒水。

5.1.6　原材料在贮存与运输过程中应有可靠的防水、防雨雪、防散漏措施。

5.1.7　大量的粉状辅料宜采用密闭性较好的集装箱（袋）或料罐车运输。袋装粉料的包装应具有良好的密闭性和强度。

5.1.8　根据粉尘的种类和浓度，按照 GB/T 18664 的要求为劳动者配备符要求的呼吸防护用品，并定期更换。

5.2　专项防尘措施

5.2.1　凿岩作业

5.2.1.1　凿岩作业应正确选择和使用凿岩机械，配备除尘装置，采取湿式作业法。

5.2.1.2　在缺水或供水困难地区进行凿岩作业时，应设置捕尘装置，保证工作地点粉尘浓度符合 GBZ 2.1 的要求。

5.2.1.3　对于任何挖方工程、竖井、土方工程、地下工程或隧道均须采取通风措施，保证所有工作场所有足够的通风，粉尘浓度不得超出 GBZ 2.1 的规定。

3. 参考示例

监理机构对承包人相关工作开展情况的监督检查记录及督促落实记录。

【标准条文】

4.3.4 监理机构应监督检查承包人在可能发生急性职业危害的有毒、有害工作场所，设置报警装置，制定应急处置预案，现场配置急救用品、设备。

1. 工作依据

《职业病防治法》（中华人民共和国主席令第八十一号）

《使用有毒物品作业场所劳动保护条例》（国务院令第 352 号）

《工作场所职业卫生管理规定》（国家卫生健康委令第 5 号）

GBZ/T 211—2008《建筑行业职业病危害预防控制规范》

AQ/T 4256—2015《建筑施工企业职业病危害防治技术规范》

2. 实施要点

在水利工程施工过程中，可能发生急性职业危害因素的有毒、有害工作场所，如在可能发生急性职业危害的有毒、有害工作场所，如化学毒物：爆破作业、油漆、防腐作业、涂料作业、敷设沥青作业、电焊作业、地下储罐等地下作业；密闭空间：排水管、排水涵、螺旋桩、桩基井、桩井孔、地下管道、隧道、涵洞、地坑、箱体、密闭地下室；密闭储罐、炉、槽车等设备的安装作业；高温：露天作业、沥青制备、焊接、预热等。根据有关规定，监理机构应监督检查承包人，设置报警装置、制定应急预案，并在现场配置适用的急救用品、设备，保证紧急撤离通道畅通。

在使用有毒物品的工作场所应设置黄色区域警示线、警示标识和中文警示说明。警示说明应载明产生职业中毒危害的种类、后果、预防以及应急救援措施等内容。使用高毒物品的工作场所应当设置红色区域警示线、警示标识和中文警示说明，并设置通信报警设备，设置应急撤离通道和必要的泄险区。

可能突然泄漏大量有毒化学品或者易造成急性中毒的施工现场（如接触酸、碱、有机溶剂、危险性物品的工作场所等），应设置自动检测报警装置、事故通风设施、冲洗设备（沐浴器、洗眼器和洗手池）、应急撤离通道和必要的泄险区。除为劳动者配备常规个人防护用品外，还应在施工现场醒目位置放置必需的防毒用具，以备逃生、抢救时应急使用，并设有专人管理和维护，保证其处于良好待用状态。应急撤离通道应保持通畅。

施工现场应配备受过专业训练的急救员，配备急救箱、担架、毯子和其他急救用品，急救箱内应有明了的使用说明，并由受过急救培训的人员进行、定期检查和更换，超过 200 人的施工工地应配备急救室。

应根据施工现场可能发生的各种职业病危害事故对全体劳动者进行有针对性的应急救援培训，使劳动者掌握事故预防和自救互救等应急处理能力，避免盲目救治。

3. 参考示例

监理机构对承包人相关工作开展情况的监督检查记录及督促落实记录。

【标准条文】

4.3.5 为从业人员提供符合国家标准或者行业标准的劳动防护用品，并监督、教育从业人员按照使用规则佩戴、使用。

监理机构应监督检查承包人开展此项工作。

1. 工作依据

《职业病防治法》（中华人民共和国主席令第八十一号）

《使用有毒物品作业场所劳动保护条例》（国务院令第 352 号）

《用人单位职业健康监护监督管理办法》（安监总局令第 49 号）

GB 39800.1—2020《个体防护装备配备规范　第 1 部分：总则》

GBZ/T 211—2008《建筑行业职业病危害预防控制规范》

SL 398—2007《水利水电工程施工通用安全技术规程》

SL 714—2015《水利水电工程施工安全防护设施技术规范》

AQ/T 4256—2015《建筑施工企业职业病危害防治技术规范》

2. 实施要点

监理单位应为接触职业病危害因素场所的作业人员提供满足 GB 39800.1—2020《个体防护装备配备规范　第 1 部分：总则》和 GB/T 18664《呼吸防护用品的选择、使用与维护》等技术标准要求的个人防护用品，并监督检查承包人为其从业人员配备满足规定的个人防护用品。如在 AQ/T 4256—2015 中规定：

11.1　建筑施工单位应按 GB 39800.1—2020 和 GB/T 18664 为作业人员配备合格的个体劳动防护装备。

11.2　应定期或不定期检查个体劳动防护装备，保证其有效。

11.3　作业人员应按规定正确使用个体劳动防护装备。

在 GB 39800.1—2020《个体防护装备配备规范　第 1 部分：总则》中规定了个体防护装备配备的原则、配备程序和配备管理等要求，该标准作为全文强制性国家标准，各生产经营单位应严格遵照执行。

二维码 53

3. 参考示例

（1）监理单位个体防护用品发放记录（示例见二维码 53）。

（2）监理单位体防护用品维护、管理记录（示例见二维码 54）。

（3）监理机构对承包人相关工作开展情况的监督检查记录及督促落实记录。

二维码 54

【标准条文】

4.3.6　监理单位应对从事接触职业危害因素的从业人员进行职业健康检查（包括上岗前、在岗期间和离岗时），建立健全职业卫生档案和员工健康监护档案。按规定给予职业病患者治疗、疗养；患有职业禁忌的员工，应及时调整到合适岗位。

监理机构应监督检查承包人开展此项工作。

1. 工作依据

《职业病防治法》（中华人民共和国主席令第八十一号）

《工作场所职业卫生管理规定》（国家卫生健康委令第 5 号）

《用人单位职业健康监护监督管理办法》（安监总局令第 49 号）

GBZ 188—2014《职业健康监护技术规范》

2. 实施要点

监理机构应在职业病危害因素辨识的基础上，对有职业病危害因素接触的作业人员开展职业健康体检工作，并对承包人相关工作进行监督检查。

关于职业健康体检的概念，很多生产经营单位把常规体检等同于职业健康体检，属于概念上的错误。根据《职业病防治法》的规定，职业健康体检应符合以下要求：

第三十五条 对从事接触职业病危害的作业的劳动者，用人单位应当按照国务院卫生行政部门的规定组织上岗前、在岗期间和离岗时的职业健康检查，并将检查结果书面告知劳动者。职业健康检查费用由用人单位承担。

用人单位不得安排未经上岗前职业健康检查的劳动者从事接触职业病危害的作业；不得安排有职业禁忌的劳动者从事其所禁忌的作业；对在职业健康检查中发现有与所从事的职业相关的健康损害的劳动者，应当调离原工作岗位，并妥善安置；对未进行离岗前职业健康检查的劳动者不得解除或者终止与其订立的劳动合同。

职业健康检查应当由取得《医疗机构执业许可证》的医疗卫生机构承担。卫生行政部门应当加强对职业健康检查工作的规范管理，具体管理办法由国务院卫生行政部门制定。

因此，监理单位对从事接触职业病危害的作业人员开展职业健康检查，应按《职业病防治法》第三十五条的规定，分别于上岗前、在岗期间和离岗时的职业健康体检。上岗前，根据工种和岗位确定检查项目，评价劳动者是否适合从事相关作业；在岗期间，定期检查，评价健康变化，判断劳动者是否适合继续从事相关作业；离岗时，评价劳动者健康变化是否与职业病危害因素有关，以分清责任。在实际工作过程中，部分企业对该条款未全面理解、掌握，导致工作出现偏差，一般有以下几种情况：

一是未经有相关资质的医疗机构进行体检。用人单位应当选择由取得《医疗机构执业许可证》的医疗卫生机构、取得职业病诊断资格的执业医师承担职业健康检查工作。

二是对职业健康体检人员检查范围的界定上不明确。在《职业防治法》的第三十五条明确规定了需要进行职业健康体检的对象为从事接触职业病危害的作业的劳动者。

三是检查频次不够。未按《职业防治法》的第三十五条规定进行上岗前、在岗期间和离岗时三个阶段的职业健康体检工作。

SL 714—2015《水利水电工程施工安全防护设施技术规范》第3.11.7条规定，工程建设各单位应建立职业卫生管理规章制度和施工人员职业健康档案，对从事尘、毒、噪声等职业危害的人员应至少每年进行一次职业病体检，对确认职业病的职工应及时给予治疗，并调离工作岗位。

职业健康监护档案是健康监护全过程的客观记录资料，是系统地观察劳动者健康状况的变化，评价个体和群体健康损害的依据。在《职业病防治法》第三十六条中规定，用人单位应当为劳动者建立职业健康监护档案，并按照规定的期限妥善保存。职业健康监护档案应当包括劳动者的职业史、职业病危害接触史、职业健康检查结果和职业病诊疗等有关个人健康资料。劳动者离开用人单位时，有权索取本人职业健康监护档案复印件，用人单位应当如实、无偿提供，并在所提供的复印件上签章。

此外，生产经营单位还应依据《国家安全监管总局办公厅关于印发职业卫生档案管理规范的通知》（安监总厅安健〔2013〕171号）做好职业卫生档案管理工作。职业健康档案一般应包括：

（1）劳动者姓名、性别、年龄、籍贯、婚姻、文化程度、嗜好等情况；

（2）劳动者职业史、既往病史和职业病危害接触史；

（3）历次职业健康检查结果及处理情况；

（4）职业病诊疗资料；

（5）需要存入职业健康监护档案的其他有关资料。

劳动者离开用人单位时，有权索取本人职业健康监护档案复印件，用人单位应当如实、无偿提供，并在所提供的复印件上签章。

根据《职业病防治法》的规定，生产经营单位应当根据职业健康检查结果对有职业禁忌的劳动者，调离或者暂时脱离原工作岗位；对健康损害可能与所从事的职业相关的劳动者，进行妥善安置；对需要复查的劳动者，按照职业健康检查机构要求的时间安排复查和医学观察；对疑似职业病病人，按照职业健康检查机构的建议安排其进行医学观察或者职业病诊断、治疗。

3．参考示例

（1）监理单位职业健康监护档案（劳动者的职业史和职业中毒危害接触史、职业危害告知书、作业场所职业危害因素监测结果、职业健康检查结果及处理情况、职业病诊疗情况）。

（2）患职业病员工治疗、疗养、补偿等记录。

（3）监理机构对承包人相关工作开展情况的监督检查记录及督促落实记录。

【标准条文】

4.3.7　监理单位应如实告知从业人员工作过程中可能产生的职业危害及其后果、防护措施等，并在劳动合同中写明，使其了解工作过程中的职业危害、预防和应急处理措施。和应急处理措施。应关注从业人员的身体、心理状况和行为习惯，加强对从业人员的心理疏导、精神慰藉，严格落实岗位安全生产责任，防范从业人员行为异常导致事故发生。

监理机构应监督检查承包人开展此项工作。

1．工作依据

《安全生产法》（中华人民共和国主席令第八十八号）

《职业病防治法》（中华人民共和国主席令第八十一号）

《工作场所职业卫生管理规定》（国家卫生健康委令第5号）

《用人单位职业健康监护监督管理办法》（安监总局令第49号）

2．实施要点

监理单位应按《职业病防治法》第三十三条规定，在与劳动者订立劳动合同（含聘用合同，下同）时，将工作过程中可能产生的职业病危害及其后果、职业病防护措施和待遇等如实告知劳动者，并在劳动合同中写明，不得隐瞒或者欺骗。

劳动者在已订立劳动合同期间因工作岗位或者工作内容变更，从事与所订立劳动合同中未告知的存在职业病危害的作业时，用人单位应当依照前款规定，向劳动者履行如实告知的义务，并协商变更原劳动合同相关条款。

监理单位应按《职业病防治法》的规定，对企业主要负责人、职业健康管理人员和作业人员开展职业健康教育培训工作。

第三十四条　用人单位的主要负责人和职业卫生管理人员应当接受职业卫生培训，遵守职业病防治法律、法规，依法组织本单位的职业病防治工作。

用人单位应当对劳动者进行上岗前的职业卫生培训和在岗期间的定期职业卫生培训，普及职业卫生知识，督促劳动者遵守职业病防治法律、法规、规章和操作规程，指导劳动者正确使用职业病防护设备和个人使用的职业病防护用品。

劳动者应当学习和掌握相关的职业卫生知识，增强职业病防范意识，遵守职业病防治法律、法规、规章和操作规程，正确使用、维护职业病防护设备和个人使用的职业病防护用品，发现职业病危害事故隐患应当及时报告。

劳动者不履行前款规定义务的，用人单位应当对其进行教育。

2021 年修订发布的《安全生产法》第四十四条增加了要求生产经营单位关注从业人员的身体、心理状况和行为习惯的要求。主要考虑是汲取实践有关事故的经验教训，规定生产经营单位除了应当督促从业人员执行规章制度和安全操作规程，以及保障从业人员的安全生产知情权外，还应当关注从业人员的身体、心理状况和行为习惯，加强对从业人员的心理疏导、精神慰藉，严格落实岗位安全生产责任、防范和避免因从业人员行为异常从而导致事故发生的情况。

二维码 55

监理机构应按上述规定，对承包人相关工作的开展情况进行监督检查。

3. 参考示例

（1）劳动合同（应包含职业健康危害因素告知的内容）。

（2）职业病危害告知书（示例见二维码 55）。

（3）职业健康教育培训记录（示例见二维码 56）。

（4）监理机构对承包人相关工作开展情况的监督检查记录及督促落实记录。

二维码 56

【标准条文】

4.3.8　监理机构应监督检查承包人按有关规定及时、如实申报职业病危害项目，并及时更新信息。

1. 工作依据

《职业病防治法》（中华人民共和国主席令第八十一号）

《工作场所职业卫生管理规定》（国家卫生健康委令第 5 号）

2. 实施要点

监理机构应监督检查承包人按《职业病防治法》等规定，对存在职业病危害因素的作业场所及时向卫生行政部门进行申报，如有变化应及时进行补报。申报网址为：职业病危害项目申报系统（https：//www.zybwhsb.com/）。

3. 参考示例

监理机构对承包人相关工作开展情况的监督检查记录及督促落实记录。

第四节　警　示　标　志

在生产经营中存在危险因素的地方，设置安全警示标志，是对从业人员知情权的保障，有利于提高从业人员的安全生产意识，防止和减少生产安全事故的发生。实践中，对于生产经营场所或者有关设备、设施存在的较大危险因素，从业人员或者其他有关人员因不够清楚，或者忽视，是造成严重的后果的重要原因。

【标准条文】

4.4.1　监理机构应监督检查承包人按照规定和场所的安全风险特点，在施工现场重大风险、较大危害因素和严重职业病危害因素等场所，根据 GB 2893、GB 2894、GB/T 5768、GB 13495.1、GBZ 158 等技术标准的要求设置明显、符合有关规定的安全和职业病危害警示标志、标识；根据需要设置警戒区或安全隔离、防护设施，安排专人现场监护，定期进行维护，确保其完好有效。

1. 工作依据

GB 13495.1—2015《消防安全标志　第 1 部分：标志》

GBZ 158—2003《工作场所职业病危害警示标识》

GB 2893—2008《安全色》

GB 2894—2008《安全标志及其使用导则》

GB/T 2893.5—2020《图形符号安全色和安全标志　第 5 部分：安全标志使用原则与要求》

SL 398—2007《水利水电工程施工通用安全技术规程》

2. 实施要点

（1）管理制度。

监理机构应监督检查承包人根据相关标准要求制定安全警示标志、标牌使用管理制度。在管理制度中应结合本企业（项目部）的工作特点及实际情况，明确需要设置警示标志、标牌的部位、场所，一般应包括主要进出口处，危险作业场所，施工现场的井、洞、坑、沟、口等危险处，交通频繁的施工道路，交叉路口等；其次明确安全标志、标牌的制作标准及技术要求，严格遵照 GB 2894、GB 5768、GB 13495 等的规定制作、设置；明确对警示标志、标牌的安装、检查、维护等的工作要求。

（2）施工现场警示标志设置要求。

监理机构应监督检查承包人在施工现场按规定设置警示标志、标牌，具体包括（不限于）：

1）主要进出口处应设有明显的施工警示标志和安全文明生产规定、禁令，包括"五牌一图"；

2）施工现场的井、洞、坑、沟、口等危险处；

3）机械设备、电气盘柜和其他危险部位；

4）电气设备检修、高压试验或动作试验作业；

　　5）施工机械设备检修，如混凝土拌和系统、片冰机等需要进入施工设备内部进行检修的作业；

　　6）交通频繁的施工道路、交叉路口；

　　7）重大危险源及重大事故隐患部位；

　　8）危险作业场所；

　　9）易燃易爆有毒危险物品存放场所；

　　10）库房、变配电场；

　　11）禁止烟火场所。

　　警示标志、标牌应符合 GB 2894、GB 5768、GB 13495 等标准的规定，并与所提示的风险相符。对警示标志、标牌应定期进行检查、维护，确保完好。

　　（3）隔离设施。

　　在爆破作业、大型设备安拆、滑模施工等危险作业的影响区域，监理机构应监督检查承包人设置明显的隔离设施，并安排专人现场监护，留存监护记录。关于警戒区域，根据危险作业影响范围和技术标准要求来确定。如 SL 32—2014 中对滑模施工影响区域规定如下：

9.2.2　在施工的建（构）筑物周围应划出施工危险警戒区，警戒线至建（构）筑物外边线的距离应不小于施工对象高度的 1/10，且不小于 10m。警戒线应设置围栏和明显的警戒标志，施工区出入口应设专人看守。

　　SL 399—2007 中对钢筋冷拉时，安全防护距离的规定：

6.3.1　钢筋加工应遵守下列规定：

　　8　冷拉时，沿线两侧各 2m 范围为特别危险区，人员和车辆不应进入。

　　（4）有毒物品工作场所。

　　承包人使用有毒物品的工作场所应按 GBZ 158—2003《工作场所职业病危害警示标识》规定，设置黄色区域警示线、警示标志和中文警示说明。警示说明应载明产生职业中毒危害的种类、后果、预防以及应急救援措施等内容。使用高毒物品的工作场所应当设置红色区域警示线、警示标志和中文警示说明，并设置通信报警设备，设置应急撤离通道和必要的泄险区。

　　（5）安全警示标志的维护。

　　承包人应设专人负责施工现场安全警示标志的维护工作，建立安全警示标志台账，建立维护管理制度，定期开展维护工作，并留存工作记录。

　　3．参考示例

　　监理机构对承包人相关工作开展情况的监督检查记录及督促落实记录，应监督检查承包人以下工作记录（现场符合规范要求的警示标志牌，见二维码 57）：

　　（1）警示标志、标牌使用管理制度。

　　（2）警示标志、标牌台账。

　　（3）警示标志、标牌检查、维护记录。

　　（4）危险作业监护记录。

　　职业健康监督检查示例见表 6-6。

二维码 57

表 6-6　　　　　　　　　　　　　**职业健康监督检查表**（示例）

工程名称：×××××工程　　　　　　　　监理机构：××××××公司××××工程项目监理部

被查承包人名称						
序号	检查项目	检查内容及要求		检查结果	检查人员	检查时间
1	作业安全管理	职业病危害因素辨识与检测	①是否开展了职业病危害因素辨识，并与现场实际相符			20××.××.××
			②是否制定了职业病危害项目检测计划			
			③是否按检测计划开展检测工作			
			③承包人作业环境和条件、检测结果是否符合相关标准要求			
			④是否在可能发生急性职业危害的有毒、有害工作场所，设置报警装置，制定应急处置预案，现场配置急救用品、设备			20××.××.××
		劳动防护用品	是否为从业人员提供符合国家标准或者行业标准的劳动防护用品，并监督、教育从业人员按照使用规则佩戴、使用			20××.××.××
		职业健康体检	是否为接触职业病危害因素的作业人员进行职业健康体检			20××.××.××
		职业危害告知	是否如实告知从业人员工作过程中可能产生的职业危害及其后果、防护措施等			—
		职业病危害项目申报	承包人是否按有关规定及时、如实申报职业病危害项目，并及时更新信息			
2	警示标志及隔离防护设施	警示标志	是否按根据 GB 2893、GB 2894、GB/T 5768、GB 13495.1、GBZ 158 等技术标准的要求设置明显、符合有关规定的安全和职业病危害警示标志、标识			
		警戒区或安全隔离、防护设施	是否根据需要设置警戒区或安全隔离、防护设施			
			是否安排专人现场监护，定期进行维护，确保其完好有效			
其他检查人员				承包人代表		

注：1. 此项监督检查，可制定专项检查计划，根据现场实际定期开展监督检查。

2. 对已按规定或合同约定向监理机构履行了报批、查验或备案手续的工作，包括职业健康管理制度、职业病危害因素辨识成果、检测计划等，在监督检查表中不必再重复检查。

第七章　安全风险分级管控及隐患排查治理

安全风险分级管控及隐患排查治理机制，称为"双重预防机制"，是安全生产管理工作中的重要工作机制。风险管控是第一重"预防"；对隐患及时发现、及时治理，预防事故发生，是第二重"预防"。

构建"双重预防机制"就是针对安全生产领域"认不清、想不到"的突出问题，强调安全生产的关口前移，从隐患排查治理前移到安全风险管控。通过强化风险意识，分析事故发生的全链条，抓住关键环节采取预防措施，防范安全风险变成事故隐患、隐患未及时被发现和治理演变成事故。风险分级管控与隐患排查治理双体系建设是企业安全生产主体责任，是企业主要负责人的重要职责之一，是企业安全管理的重要内容，是企业自我约束、自我纠正、自我提高的预防事故发生的根本途径。

2021年6月10日，第十三届全国人民代表大会常务委员会第二十九次会议通过了《全国人民代表大会常务委员会关于修改〈安全生产法〉的决定》，"双重预防机制"被正式写入了修改后的《安全生产法》，这表明，风险分级管控与隐患排查治理双重预防机制将长期开展下去，而且必须要认真、规范、科学地开展下去，这将是企业管控风险、消除隐患、保证安全生产的重要手段。水利部《关于开展水利安全风险分级管控的指导意见》（水监督〔2018〕323号）规定了水利行业开展安全风险分级管控工作要求。2022年7月，为深入推进水利行业安全风险分级管控和隐患排查治理双重预防机制建设，进一步提升水利安全生产风险管控能力，防范化解各类安全风险，水利部下发了《构建水利安全生产风险管控"六项机制"的实施意见》就构建水利安全生产风险查找、研判、预警、防范、处置和责任等风险管控"六项机制"，提出了具体要求。

第一节　安全风险管理

安全风险是指有可能导致事故发生的不安全因素，通常用事件后果（包括情形的变化）的严重性和事件发生的可能性的组合来表示。安全风险管控是指为有效防范和减少事故发生，降低事故造成的损失所进行的风险辨识、风险评估、风险管控、预警干预、评价改进等防范和消除风险的科学管理方法。

危险源是指可能导致人身伤害和（或）健康损害和（或）财产损失的根源、状态或行为，或它们的组合。其中：根源是指具有能量或产生、释放能量的物理实体。如起重设备、电气设备、压力容器等。行为是指决策人员、管理人员以及从业人员的决策行为、管理行为以及作业行为。状态是指物的状态和环境的状态等。危险源是风险的载体，风险是危险源的属性。讨论风险必然是涉及哪类或哪个危险源的风险，没有危险源，风险则无从谈起。任何危险源都会伴随着风险，只是危险源不同，其伴随的风险大小也不同。

【标准条文】

5.1.1　监理单位及监理机构的危险源及风险分级管控制度应明确职责、辨识范围、流程、方法等内容。

监理机构应监督检查承包人开展此项工作。

1. 工作依据

《安全生产法》（中华人民共和国主席令第八十八号）

《国务院安委会办公室关于印发标本兼治遏制重特大事故工作指南的通知》（安委办〔2016〕3号）

《国务院安委会办公室关于实施遏制重特大事故工作指南构建双重预防机制的意见》（安委办〔2016〕11号）

《水利部关于开展水利安全风险分级管控的指导意见》（水监督〔2018〕323号）

《水利水电工程施工危险源辨识与风险评价导则（试行）》（办监督函〔2018〕1693号）

2. 实施要点

《评审规程》规定监理单位应建立安全风险分级管控制度，要求监理机构根据有关规定和合同约定，监督检查承包人制定该项制度。对于此项工作，《安全生产法》第四条规定："生产经营单位必须遵守本法和其他有关安全生产的法律、法规……构建安全风险分级管控和隐患排查治理双重预防机制……"；第二十一条中对单位主要负责人的法定安全生产职责中规定："（五）组织建立并落实安全风险分级管控和隐患排查治理双重预防工作机制，督促、检查本单位的安全生产工作，及时消除生产安全事故隐患"；第四十一条规定"生产经营单位应当建立安全风险分级管控制度，按照安全风险分级采取相应的管控措施。生产经营单位应当建立健全并落实生产安全事故隐患排查治理制度，采取技术、管理措施，及时发现并消除事故隐患。"；第一百零一条规定，对未按规定建立安全风险分级管控制度或者未按照安全风险分级采取相应管控措施的，要求生产经营单位责令限期改正，处十万元以下的罚款；逾期未改正的，责令停产停业整顿，并处十万元以上二十万元以下的罚款，对其直接负责的主管人员和其他直接责任人员处二万元以上五万元以下的罚款；构成犯罪的，依照刑法有关规定追究刑事责任。

《水利水电工程施工危险源辨识与风险评价导则（试行）》规定，开工前，项目法人应组织其他参建单位研究制定危险源辨识与风险管理制度，明确监理、施工、设计等单位的职责、辨识范围、流程、方法等。

3. 参考示例

（1）监理单位危险源辨识及风险分级管控制度。

×××危险源辨识及风险分级管控制度（示例）

第一章　总　则

第一条　为规范和指导公司风险分级管控工作，预防生产安全事故的发生，制定本制度。

第二条　本制度依据《中华人民共和国安全生产法》《水利部关于开展水利安全风险分级管控的指导意见》《水利部办公厅关于印发水利水电工程施工危险源辨识与风险评价导则（试行）的通知》（办监督函〔2018〕1693 号）等规定制定。

第三条　本制度适用于公司及各项目监理部安全风险分级管控工作。

第二章　工　作　职　责

第四条　公司董事长及总经理

（一）组织建立并实施安全风险分级管控和隐患排查治理双重预防机制。

（二）负责组织制定并实施危险源辨识、风险评估及分级管控制度。

第五条　公司分管安全领导

负责协助公司主要负责人建立双重预防机制，组织实施危险源辨识、风险评估和风险分级管控工作；负责重大风险的监督管理。

第六条　工程管理部

（一）负责拟订危险源辨识、风险评估及分级管理制度，明确责任、方法、程序、管控措施等，并及时修订；

（二）负责组织开展危险源辨识、风险评估及分级管控专项培训，组织危险源辨识和风险评价工作，督促落实公司重大风险的安全管理措施；

（三）负责对本制度落实情况进行监督检查。

第七条　各部门（单位）、项目部

（一）按照本制度规定开展危害辨识、风险评价和风险分级管控工作，确保部门、项目部安全生产风险的可控，根据风险评估的结果，针对安全风险特点，从组织、制度、技术、应急等方面对安全风险进行有效管控；

（二）依据安全风险类别和等级建立安全风险数据库和风险评估报告，绘制"红橙黄蓝"四色安全风险空间分布图；

（三）落实安全风险公告警示，要在醒目位置和重点区域分别设置安全风险公告栏，制作岗位安全风险告知卡，对存在重大安全风险的工作场所和岗位，要设置明显警示标志，并强化危险源监测和预警；

（四）动态开展危害辨识、风险评价和风险分级管控工作，并报送公司工程管理部备案。

第三章 工 作 要 求

第八条 项目部所监理的项目工程开工前，应协助项目法人单位研究制定危险源辨识与风险管理制度，明确管理职责、辨识范围、流程、方法等。

第九条 项目部应督促承包人按合同约定和《水利水电工程施工危险源辨识与风险评价导则（试行）》的规定，组织开展本标段危险源辨识及风险等级评价工作，并及时报送成果，经项目部审核后报项目法人单位。

第十条 施工期，项目部应对危险源实施动态管理，及时掌握危险源及风险状态和变化趋势，实时更新危险源及风险等级，并根据危险源及风险状态制定针对性防控措施。对危险源进行登记，其中重大危险源和风险等级为重大的一般危险源应建立专项档案，明确管理的责任部门和责任人。并按合同约定监督检查承包人开展相关工作。

第十一条 施工现场危险源辨识范围，按规定包括施工作业类、机械设备类、设施场所类、作业环境类和其他类。

第十二条 危险源分两个级别，分别为重大危险源和一般危险源。

第十三条 危险源的风险等级分为四级，由高到低依次为重大风险、较大风险、一般风险和低风险。

第十四条 危险源辨识应先采用直接判定法，不能用直接判定法辨识的，可采用安全检查表法、预先危险性分析法及因果分析法等其他方法。当本工程区域内出现符合《水利水电工程施工重大危险源清单》中的任何一条要素的，可直接判定为重大危险源。

第十五条 危险源的风险等级评价可采取直接评定法和作业条件危险性评价法。重大危险源的风险等级直接评定为重大风险等级；对一般危险源按 LEC 法进行风险评价。

第十六条 风险管控原则

（一）重大风险项目部与项目法人、承包人共同管控，配合主管部门监督检查。

（二）较大风险由项目部组织承包人共同管控，接受项目法人的监督。

（三）一般风险由承包人管控，项目部进行监督检查。

（四）低风险由承包人自行管控。

第十七条 项目部应每月将项目部风险分级管控清单报公司工程管理部备案。

第十八条 工程管理部应监督检查项目部重大风险的管控落实情况，在组织安全检查时，应重点加强对项目部工作范围内存在的重大风险的监督管理。

第四章 附 则

第十九条 本制度由安全管理部归口并负责解释。

第二十条 本制度自下发之日起施行。

（2）监理机构对承包人相关工作开展情况的监督检查记录及督促落实记录。

【标准条文】

5.1.2　监理机构应参与项目法人组织的危险源辨识及风险评价工作；统计、分析、整理和归档危险源辨识及风险评价资料。

监督检查承包人按规定从施工作业、机械设备、设施场所、作业环境及其他类型等方面入手，开展危险源辨识及风险评价工作；审查承包人提交的工作成果。

1. 工作依据

《安全生产法》（中华人民共和国主席令第八十八号）

《水利部关于开展水利安全风险分级管控的指导意见》（水监督〔2018〕323 号）

《水利水电工程施工危险源辨识与风险评价导则（试行）》（办监督函〔2018〕1693 号）

《构建水利安全生产风险管控"六项机制"的实施意见》（水监督〔2022〕309 号）

2. 实施要点

根据《水利水电工程施工危险源辨识与风险评价导则（试行）》的规定，水利工程建设项目法人和勘测、设计、施工、监理等参建单位（以下一并简称为各单位）是危险源辨识、风险评价和管控的主体。各单位应结合本工程实际，根据工程施工现场情况和管理特点，全面开展危险源辨识与风险评价，严格落实相关管理责任和管控措施，有效防范和减少安全生产事故。

《构建水利安全生产风险管控"六项机制"的实施意见》中也要求水利生产经营单位是本单位风险管控工作的责任主体，应全面分析可能发生事故的领域、部位和环节，从水利工程施工、工程运行、设施设备、人员行为、管理体系和作业环境等方面全方位辨识危险源。危险源辨识应按照"横向到边、纵向到底"的原则，覆盖所有区域、设施、场所和工作面，覆盖所有人员，做到系统、全面、无遗漏。

（1）工作要求。

根据《水利水电工程施工危险源辨识与风险评价导则（试行）》（办监督函〔2018〕1693 号）的规定，危险源的辨识与风险等级评价按阶段划分为工程开工前和施工期两个阶段。开工前，项目法人应开展本工程危险源辨识和风险等级评价，编制危险源辨识与风险评价报告。监理机构应根据有关规定，参与项目法人组织的危险源辨识及风险评价工作，全面掌握所监理项目存在的危险源及其风险等级，做到"未雨绸缪"，减少事故的发生。施工期，监理机构应监督检查承包人，根据工程实际，对工程建设项目进行危险源辨识及风险评价工作。

（2）工作步骤。

水利工程建设过程中，危险源辨识及安全风险评价可按照以下流程开展相关工作，见图 7-1。

1）单元划分。

科学、合理制定工程施工组织计划，根据作业场所、施工工艺、设施的不同，编制作业活动表，科学划分作业单元。对于建设工程的分部分项工程甚至是单元（工序）工程，划分出所有包括的工序操作和管理活动，并收集相关信息，主要包括：

①工程周边环境资料；

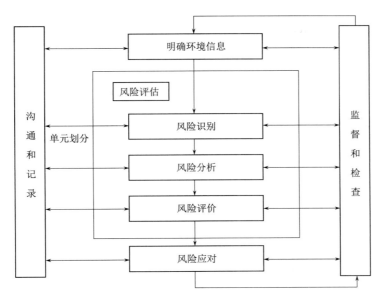

图 7-1　危险源辨识及安全风险评价

②工程勘察和设计文件；

③施工组织设计（方案）等技术文件；

④现场勘查资料。

对于工程的风险因素分解，应考虑自然环境、工程地质和水文地质、工程自身特点、周边环境以及工程管理等方面的主要内容：

①自然环境因素：台风、暴雨、冬期施工、夏季高温、汛期雨季等；

②工程地质和水文地质因素：触变性软土、流砂层、浅层滞水、（微）承压水、地下障碍物、沼气层、断层、破碎带等；

③周边环境因素：城市道路、地下管线、轨道交通、周边建筑物（构筑物）、周边河流及防洪设施等；

④施工机械设备等方面的因素；

⑤建筑材料与构配件等方面的因素；

⑥施工技术方案和施工工艺的因素；

⑦施工管理因素。

2）危险源辨识。

a. 危险源辨识要求。

水利工程建设危险源辨识是发现、列举和描述风险要素的过程。危险源辨识过程包括对风险源、风险事件及其原因和潜在后果的识别。

危险源辨识的方法包括：

①基于证据的方法，例如检查表法以及对历史数据的评审；

②系统性的团队方法，例如一个专家团队遵循系统化的过程，通过一套结构化的提示或问题来识别风险；

③归纳推理技术，例如危险和可操作性分析方法等。

对于建设工程项目的风险辨识，应符合以下要求：

风险识别与分析可从建设工程项目工作分解结构开始，运用风险识别方法对建设工程的风险事件及其因素进行识别与分析，建立工程项目风险因素清单。风险识别与分析流程见图7-2，并应符合以下要求：

在建设工程项目每个阶段的关键节点都应结合具体的设计工况、施工条件、周围环境、施工队伍、施工机械性能等实际状况对风险因素进行再识别，动态分析建设工程项目的具体风险因素。

风险再识别的依据主要是上一阶段的风险识别及风险处理的结果，包括已有风险清单、已有风险监测结果和对已处理风险的跟踪。风险再识别的过程本质上是对建设工程项目新增风险因素的识别过程，也是风险识别的循环过程，工作流程见见图7-2。

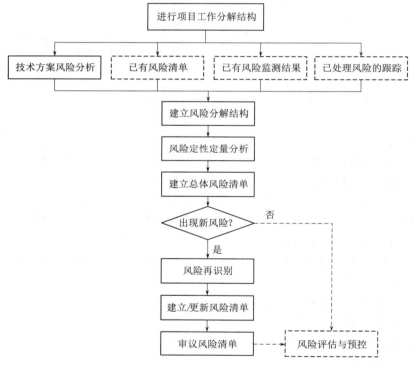

图7-2　风险再识别流程图

根据《水利水电工程施工危险源辨识与风险评价导则（试行）》的规定，水利水电工程施工危险源分两个级别，分别为重大危险源和一般危险源。危险源包括五个类别，分别为施工作业类、机械设备类、设施场所类、作业环境类和其他类，具体如下：

施工作业类：明挖施工，洞挖施工，石方爆破，填筑工程，灌浆工程，斜井竖井开挖，地质缺陷处理，砂石料生产，混凝土生产，混凝土浇筑，脚手架工程，模板工程及支撑体系，钢筋制安，金属结构制作、安装及机电设备安装，建筑物拆除，配套电网工程，降排水，水上（下）作业，有限空间作业，高空作业，管道安装，其他单项工程等。

机械设备类：运输车辆，特种设备，起重吊装及安装拆卸等。

设施场所类：存弃渣场，基坑，爆破器材库，油库油罐区，材料设备仓库，供水系统，通风系统，供电系统，修理厂、钢筋厂及模具加工厂等金属结构制作加工厂场所，预制构件场所，施工道路、桥梁，隧洞，围堰等。

作业环境类：不良地质地段，潜在滑坡区，超标准洪水，粉尘，有毒有害气体及有毒化学品泄漏环境等。

其他类：野外施工，消防安全，营地选址等。

对首次采用的新技术、新工艺、新设备、新材料及尚无相关技术标准的危险性较大的单项工程应作为危险源对象进行辨识与风险评价。

b. 危险源辨识方法。

危险源辨识可采取直接判定法、安全检查表法、预先危险性分析法及因果分析法等方法。危险源辨识应考虑工程区域内的生活、生产、施工作业场所等危险发生的可能性，暴露于危险环境频率和持续时间，储存物质的危险特性、数量以及仓储条件，环境、设备的危险特性以及可能发生事故的后果严重性等因素，综合分析判定。

根据《水利水电工程施工危险源辨识与风险评价导则（试行）》的规定，危险源辨识应先采用直接判定法，不能用直接判定法辨识的，可采用其他方法进行判定。当工程区域内出现符合《水利水电工程施工危险源辨识与风险评价导则（试行）》附件 2《水利水电工程施工重大危险源清单》中的任何一条要素的，可直接判定为重大危险源。见表 7-1。

表 7-1　　　　　　　水利水电工程施工重大危险源清单（指南，部分示例）

序号	类别	项目	重大危险源	可能导致的事故类型
1	施工作业类	明挖施工	滑坡地段的开挖	坍塌、物体打击、机械伤害
2			堆渣高度大于 10m（含）的挖掘作业	坍塌、物体打击、机械伤害
3			土方边坡高度大于 30m（含）或地质缺陷部位的开挖作业	坍塌、物体打击、机械伤害
4			石方边坡高度大于 50m（含）或滑坡地段的开挖作业	坍塌、物体打击、机械伤害
			……	

关于一般危险源，在《水利水电工程施工危险源辨识与风险评价导则（试行）》附件 3 中给出了部分示例，可作为各参建单位辨识一般危险源的依据。需要注意的是，各参建单位在依据导则辨识过程中，应结合现场实际进行必要的增补，不应局限于导则给出的范围，避免辨识出现偏差。

3）风险评价。

风险评价是对所辨识出危险源的各种危险因素、发生事故的可能性及损失与伤害程度等进行调查、分析、论证等，以判断危险源风险等级的过程。

a. 风险等级划分。

危险源的风险等级分为四级，由高到低依次为重大风险、较大风险、一般风险和低风险。

①重大风险（红色）：发生风险事件概率、危害程度均为大，或危害程度为大、发生风险事件概率为中；极其危险，由项目法人组织监理单位、施工单位共同管控，主管部门重点监督检查。

②较大风险（橙色）：发生风险事件概率、危害程度均为中，或危害程度为中、发生风险事件概率为小；高度危险，由监理单位组织施工单位共同管控，项目法人监督。

③一般风险（黄色）：发生风险事件概率为中、危害程度为小；中度危险，由施工单位管控，监理单位监督。

④低风险（蓝色）：发生风险事件概率、危害程度均为小；轻度危险，由施工单位自行管控。

b. 风险评价方法。

危险源的风险等级评价可采取直接评定法、安全检查表法、作业条件危险性评价法（LEC）等方法，作业条件危险性评价法（LEC）是常用的辨识方法。

重大危险源风险评价。在《水利水电工程施工危险源辨识与风险评价导则（试行）》中规定，重大危险源的风险等级直接评定为重大风险等级，关于本导则中的此项规定，在理论上及实践中有待商榷。从定义上看，风险是发生事故的可能性和发生事故后果严重性的组合，即二者的乘积计算出事故（事件）的风险度，据此来判定危险源的风险等级。在工程建设过程中，即使存在重大危险源，如深基坑开挖，如果其地质条件良好，支护及防护措施充分、到位，则发生坍塌等事故的可能性将大幅降低，根据风险的定义，按照作业条件危险性评价法 $D = LEC$ 计算，当 L 值（事故发生的可能性）极不可能（取值 0.2）或很不可能（取值 0.5）时，该重大危险源的风险度也将大幅下降，最终不一定达到重大风险的程度。

另外，根据对重大风险程度的描述，为"极其危险，不能继续作业"，即当施工过程中遇到重大风险的情形，原则上应立即停工整改，直至风险消除或降低到可接受的程度，方可继续施工。然而根据本导则的规定，即使整改到位、采取了充分有效的措施，仍被评定为重大风险，陷入了概念上的错误逻辑循环。上述内容是笔者对《水利水电工程施工危险源辨识与风险评价导则（试行）》中未考虑辨识出的重大危险源所采取的防护措施对其风险度的影响的个人见解，供实践中参考。

一般危险源风险评价。可结合工程施工实际选取适当的评价方法，推荐使用作业条件危险性评价法（LEC），在《水利水电工程施工危险源辨识与风险评价导则（试行）》中的《水利水电工程施工一般危险源 LEC 法风险评价赋分表》，给出了 L、E 和 C 值赋分参考取值范围及判定风险等级范围，供实践中参考。作业条件危险性评价法适用于各个阶段。作业条件危险性评价法中危险性大小值 D 按式（7-1）计算：

$$D = LEC \tag{7-1}$$

式中　D——危险性大小值；

　　　L——发生事故或危险事件的可能性大小；

　　　E——人体暴露于危险环境的频率；

C——危险严重程度。

L 值与作业类型有关，可根据施工工期制定出相应的 L 值判定指标，L 值可按表 7-2 的规定确定。

E 值与工程类型无关，仅与施工作业时间长短有关，可从人体暴露于危险环境的频率，或危险环境人员的分布及人员出入的多少，或设备及装置的影响因素，分析、确定 E 值的大小，可按表 7-3 的规定确定。

表 7-2　　　　事故或危险性事件发生的可能性 L 值对照表

L 值	事故发生的可能性	L 值	事故发生的可能性
10	完全可以预料	1	可能性小，完全意外
6	相当可能	0.5	很不可能，可以设想
3	可能，但不经常	0.2	极不可能

表 7-3　　　　暴露于危险环境的频率因素 E 值对照表

E 值	暴露于危险环境的频繁程度	E 值	暴露于危险环境的频繁程度
10	连续暴露	2	每月 1 次暴露
6	每天工作时间内暴露	1	每年几次暴露
3	每周 1 次，或偶然暴露	0.5	非常罕见暴露

C 值与危险源在触发因素作用下发生事故时产生后果的严重程度有关，可从人身安全、财产及经济损失、社会影响等因素，分析危险源发生事故可能产生的后果确定 C 值，可按表 7-4 的规定确定。

表 7-4　　　　危险严重度因素 C 值对照表

C 值	危险严重度因素
100	造成 30 人以上（含 30 人）死亡，或者 100 人以上重伤（包括急性工业中毒，下同），或者 1 亿元以上直接经济损失
40	造成 10~29 人死亡，或者 50~99 人重伤，或者 5000 万元以上 1 亿元以下直接经济损失
15	造成 3~9 人死亡，或者 10~49 人重伤，或者 1000 万元以上 5000 万元以下直接经济损失
7	造成 3 人以下死亡，或者 10 人以下重伤，或者 1000 万元以下直接经济损失
3	无人员死亡，致残或重伤，或很小的财产损失
1	引人注目，不利于基本的安全卫生要求

D 值按表 7-5 的规定确定。

表 7-5　　　　作业条件危险性评价法危险性等级划分标准

D 值区间	危险程度	风险等级
$D>320$	极其危险，不能继续作业	重大风险
$320 \geqslant D>160$	高度危险，需立即整改	较大风险
$160 \geqslant D>70$	一般危险（或显著危险），需要整改	一般风险
$D \leqslant 70$	稍有危险，需要注意（或可以接受）	低风险

采用作业条件危险性评价法对危险源的风险进行评价时，对参与评价人员的素质要求较高，要求具备一定的施工技术知识和安全生产管理知识，各参建单位应结合本

单位的实际，根据工程施工现场情况和管理特点，合理确定 L、E 和 C 值，准确判定危险源的风险等级。

危险源辨识与风险评价报告。危险源辨识及风险评价工作完成后，责任单位应形成工作报告，在《水利水电工程施工危险源辨识与风险评价导则（试行）》中规定，评价报告应包括下列内容：

一、工程简介包括：工程概况，对施工作业环境、危险物质仓储区、生活及办公区自然环境、危险特性、工作或作业持续时间等进行描述。

二、辨识与评价主要依据。

三、评价方法和标准：结合工程实际选用相关评价方法，制定评价标准。

四、辨识与评价：危险源及其级别，危险源风险等级。

五、安全管控措施：根据辨识与评价结果，对可能导致事故发生的危险、有害因素提出安全制度、技术及管理措施等。

六、应急预案：根据辨识与评价结果提出相关的应急预案。

危险源辨识与风险评价报告应经本单位安全生产管理部门负责人和主要负责人签字确认，必要时组织专家进行审查后确认。

3. 参考示例

（1）监理机构参与项目法人组织危险源辨识及风险评价的工作记录。

（2）监理机构对承包人危险源辨识及风险评价报告的审核、审批记录（示例见二维码58）。

【标准条文】

5.1.3　监理机构应监督检查承包人在施工期对危险源实施动态管理，及时掌握危险源及其风险状态和变化趋势。

1. 工作依据

《水利部关于开展水利安全风险分级管控的指导意见》（水监督〔2018〕323号）

《水利水电工程施工危险源辨识与风险评价导则（试行）》（办监督函〔2018〕1693号）

2. 实施要点

由于工程施工的动态性，致使现场危险源及其风险等级也处在实时变化之中，不存在一次辨识、评价就可以覆盖整个施工过程的情况。在工程建设过程中，监理机构、承包人应定期开展危险源辨识，当有新的法规、技术标准发布（修订），或施工条件、环境、要素或危险源致险因素发生较大变化，或发生生产安全事故时，应及时组织重新辨识。对危险源实施动态管理，及时掌握危险源及风险状态和变化趋势，实时更新危险源及风险等级。

根据《构建水利安全生产风险管控"六项机制"的实施意见》的要求，水利生产经营单位要结合本单位实际，制定风险管控制度，合理确定工作周期，定期辨识危险源。水利生产经营单位原则上每季度至少组织开展1次危险源辨识工作，当环境、设施、组织、人员等发生变化时，要及时对相关危险源开展重新辨识。要建立危险源清单并动态更新，通过水利安全生产监管信息系统填报危险源信息。

3. 参考示例

危险源辨识及风险评价动态管理记录。

【标准条文】

5.1.4　监理机构应监督检查承包人制定并落实风险防控措施（包括组织、制度、技术、应急等）对安全风险进行管控；制定应急预案，建立应急救援组织或配备应急救援人员、必要的防护装备及应急救援器材、设备、物资；并确保完好有效。参与需要进行验收的重大风险防控措施的验收工作。

1. 工作依据

《水利部关于开展水利安全风险分级管控的指导意见》（水监督〔2018〕323 号）

《水利水电工程施工危险源辨识与风险评价导则（试行）》（办监督函〔2018〕1693 号）

2. 实施要点

各参建单位要根据风险评估的结果，针对安全风险特点，从组织、制度、技术、应急等方面对安全风险进行有效管控，应依次按照工程控制措施、安全管理措施、个体防护措施以及应急处置措施等 4 个逻辑顺序，对每一个风险点制定精准的风险控制措施。要通过隔离危险源、采取技术手段、实施个体防护、设置监控设施等措施，达到回避、降低和监测风险的目的。要对安全风险分级、分层、分类、分专业进行管理，逐一落实企业、项目部、班组和岗位的管控责任，尤其要强化对重大危险源和存在重大安全风险的生产经营系统、生产区域、岗位的重点管控。要高度关注运营状况和危险源变化后的风险状况，动态评估、调整风险等级和管控措施，确保安全风险始终处于受控范围内。

监理机构及承包人应针对不可容许的危险、高度危险、中度危险和轻度危险，制定控制措施，评审控制措施的合理性、充分性、适宜性，确认是否足以把风险控制在可容许的范围，确认采取的控制措施是否产生新的风险。

安全生产管理是项系统性的工作，具体到安全风险分级管控的工作也是如此。实际工作中，不应将其与其他安全管理行为割裂开来，机械的开展相关工作，应与其他安全管理工作充分结合。

安全风险防控措施的技术措施，应与施工技术管理相关工作结合，包括专项施工方案的编制、审查、论证审批等，严格按照有关规定开展；管理措施包括安全生产责任制的建立、明确各级各类风险的管理责任人，对重大危险源及重大风险的一般危险源的教育培训、专项施工方案的安全技术交底，专项施工方案实施的监督管理，以及针对危险源开展的有针对性隐患排查与治理等；个体防护措施，结合劳动防护用品配备及管理的相关要求开展，确保作业人员个体防护措施到位；应急管理措施，监理机构与承包人应结合应急管理工作的相关要求，做好现场应急预案体系的制定，应急物资的储备、人员的配备等。

监理机构应按有关规定及合同约定，组织或参与需要进行验收的重大风险防控措施的验收工作。如高大脚手架工程、模板工程及支撑体系，起重机械设备安装、拆卸，基坑支护与降水等。

3. 参考示例

（1）监理机构各项管控措施及对承包人管控措施的监督检查、审批记录。

（2）需要进行验收的重大风险防控措施的验收记录（示例见二维码59）。

【标准条文】

二维码59

5.1.5　监理机构应监督检查承包人按有关规定将危险化学品重大危险源按规定报有关部门备案，并以适当方式告知可能受影响的单位、区域及人员；监督检查承包人对评价为重大风险的危险源进行登记、建档，明确管理的责任部门或责任人。

5.1.6　监理机构应定期对监理人员进行重大风险监理工作的培训，对其他一般危险源应将风险评价结果及所采取的控制措施告知监理人员，使其了解重大风险危险源的特性，熟悉工作岗位和作业环境存在的安全风险，熟悉相关管理要求和控制措施。

监理机构应监督检查承包人开展此项工作。

1. 工作依据

《安全生产法》（中华人民共和国主席令第八十八号）

《危险化学品重大危险源监督管理暂行规定》（安监总局令第40号）

GB 18218—2018《危险化学品重大危险源辨识》

SL 721—2015《水利水电工程施工安全管理导则》

2. 实施要点

根据《安全生产法》规定，危险物品，是指易燃易爆物品、危险化学品、放射性物品等能够危及人身安全和财产安全的物品。重大危险源，是指长期地或者临时地生产、搬运、使用或者储存危险物品，且危险物品的数量等于或者超过临界量的单元（包括场所和设施）。《危险化学品重大危险源辨识》中规定，危险化学品重大危险源是指长期地或临时地生产、加工、使用或储存危险化学品，且危险化学品的数量等于或超过临界量的单元。在上述规定中的"重大危险源"，与水利行业的定义不完全相同，这里所指的"重大危险源"特指等于或超过临界量的危险物品（化学品）。而水利行业的"重大危险源"包括了如深基坑、高边坡等安全风险较大的施工作业行为，在实践中应加以区分。

根据《安全生产法》的规定，对涉及法律中规定的危险化学品重大危险源，应进行建档、备案：

第四十条　生产经营单位对重大危险源应当登记建档，进行定期检测、评估、监控，并制定应急预案，告知从业人员和相关人员在紧急情况下应当采取的应急措施。

生产经营单位应当按照国家有关规定将本单位重大危险源及有关安全措施、应急措施报有关地方人民政府应急管理部门和有关部门备案。有关地方人民政府应急管理部门和有关部门应当通过相关信息系统实现信息共享。

之所以这样规定，主要是考虑到安全生产工作的重点在于经营单位重大危险源的分布及具体危害情况，可以有针对性地采取措施，加强监督管理，经常性进行检查，防止生产安全事故的发生。同时了解生产经营单位重大危险源的情况、安全措施以及应急措施，也有利于应急管理部门和有关部门在发生生产安全事故时及时组织抢救，并为事故原因的处理提供方便。生产经营单位应当认真执行这一规定，及时备案。负责应急管理部门和有关部门应当建立、完善有关备案的工作制度和程序，方便有关部门和有关生产经营单位进行备案，管理好报备的有关材料，并做好对生产经营单位的监督工作。对于非《安全生产法》中规定的重大危险源，不在地方人民政府应急管理部门和有关部门备案范畴，监理机构可要求承包人将辨识出的其他类型的重大危险源，报监理机构、项目法人备案即可。

告知从业人员和其他可能受到影响的相关人员在紧急情况下应当采取的应急措施，有利于从业人员和相关人员对自身安全的保护，也有利于他们在紧急情况下采取正确的应急措施，防止事故扩大或者减少事故损失。监理机构应根据辨识出的重大危险风险对监理人员进行培训，对其他一般危险源应将风险评价结果及所采取的控制措施告知监理人员，使其了解重大风险危险源的特性，熟悉工作岗位和作业环境存在的安全风险，熟悉相关管理要求和控制措施。

3. 参考示例

（1）监理机构监督检查承包人按有关规定将危险化学品重大危险源按规定报有关部门备案以及告知记录（示例见二维码60）。

（2）其他重大危险源的登记、建档及备案等记录。

二维码60

【标准条文】

5.1.7　监理机构的变更管理制度或监理实施细则应明确变更事项的监理工作要求。

监理机构应监督检查承包人开展此项工作。

5.1.8　监理机构应对承包人组织机构、施工技术措施、方案等的变更履行审批手续。

监理机构应监督检查承包人对变更可能产生的风险进行分析；制定控制措施；履行审批及验收程序；告知相关从业人员并组织教育培训。

1. 工作依据

SL 288—2014《水利工程施工监理规范》

SL 721—2015《水利水电工程施工安全管理导则》

2. 实施要点

（1）《评审规程》中规定的变更内容包括承包人管理组织机构、施工人员、设备设施、作业过程及环境，经过审批的施工方案发生变化等情况。根据工程承包合同约定，上述变更内容实施之前，应履行变更手续，未经允许不得擅自变更。

（2）由于施工方案、设备设施、作业过程及环境、设计等原因引起的变更，应重新制定相应的施工方案及措施，并按规定要求承包人向监理机构履行审核、论证、审批手续，方案中应包含或单独针对变更可能产生的风险进行辨识、评价工作。监督检查承包人作业前应向作业人员进行专门培训和安全技术交底；变更完工后，应按合同约定或标准规范要求履行验收手续。

3. 参考示例

（1）变更管理制度（示例）。

变更管理制度（示例）

第一章　总　　则

第一条　为规范工程变更管理工作，制定本制度。

第二条　本制度所称的变更，指工程设计、组织机构、人员、职责、施工方案、施工设备设施、作业过程及环境等方面发生变化时，安全管理工作进行的相应改变。

第三条　本制度适用于项目监理部及承包人的变更管理工作。

第二章　工　作　职　责

第四条　项目监理部负责项目监理部变更管理工作，对承包人的变更管理工作进行监督检查。

第五条　项目监理部相关部门及其他监理人员在职责范围内负责承包人提交的变更进行审核并监督实施。

第三章　工　作　要　求

第六条　变更工作应坚持"先批准、后实施"的原则。无特殊原因，未经批准，任何单位和个人不得擅自进行变更。无特殊原因未经批准的变更产生的所有责任及不良后果由变更发起、执行单位承担。

第七条　工程施工过程中所发生的各项变更，应严格依据工程承包合同中约定的原则履行变更手续。

第八条　对涉及工程设计、施工方案、设备设施、作业过程及环境等变更项目的，承包人应对变更后产生的风险进行辨识，并编制相应安全技术措施方案报项目监理部审批；相关变更的其他要求，按工程承包合同的相关约定进行。

第九条　项目监理部及承包人主要人员发生变更时，变更后人员应符合合同约定及相关规定。

第十条　监理机构主要人员发生变更时，应按合同约定向项目法人提出变更申请，经审批同意后方可进行变更。

第十一条　承包人主要人员变更时，如项目经理、项目部技术负责人、专职安全管理人员及其他主要人员，应经项目监理部审核，项目法人批准后，方可按合同约定进行变更。

第十二条　变更应在批准的范围和时限内进行，超过原批准范围和时限的任何临时性变更，都应重新进行申请和批准。

第十三条　涉及第八条变更内容的，变更项目完成后，承包人应按合同约定及有关规定履行验收手续。

第四章　监　督　检　查

第十四条　项目监理部应对承包人变更文件的落实情况进行监督检查。

第十五条　项目监理部及承包人未认真履行职责，申报、审核时把关不严或未尽到应尽义务，造成虚假变更或变更后未按批准的安全生产变更方案实施，给工程造成经济损失或发生生产安全事故的，将根据合同约定承担违约责任。

第五章 附 则

第十六条 本制度由安全管理部归口并负责解释。

第十七条 本制度自下发之日起施行。

（2）监理机构对承包人变更申请的审核、审批记录以及变更通知等。

（3）监理机构对承包人相关工作开展情况的监督检查记录及督促落实记录。

（4）安全风险分级管控监督检查示例见表7-6。

表7-6　　　　　　　　　　安全风险分级管控监督检查表（示例）

工程名称：×××××工程　　　　　　　　　　监理机构：×××××公司×××××工程项目监理部

序号	检查项目	被查承包人名称		检查结果	检查人员	检查时间
1	安全风险管理	危险源动态管理	①是否动态辨识危险源，并评价风险等级		×××	20××.××.××
			②是否动态调整风险管控措施			
		防护措施制定及落实	针对某项风险，分别从组织、制度、技术、应急等方面进行监督检查。组织方面包括明确与风险相关的各项工作责任人并明确工作职责；制度方面包括制定风险管控、隐患排查治理、教育培训以及专项的规章制度以及落实情况；技术方面包括专项方案的编制、论证、审批，技术交底，实施过程中的监督检查等；应急方面包括相应应急预案的编制、应急物资人员的准备、应急演练等		×××	20××.××.××
		重大风险的登记、建档	①重大危险源是否按规定进行了备案		×××	20××.××.××
			②是否告知可能受影响的单位、区域及人员			
			③是否对评价为重大风险的危险源进行登记、建档，明确管理的责任部门或责任人			
		风险培训	是否对相关人员开展了重大风险的培训		×××	20××.××.××
		变更管理	相关变更是否履行了变更手续；是否对涉及设计、施工技术措施、方案的变更进行了风险分析、制定相应控制措施		×××	20××.××.××
其他检查人员				承包人代表		

注：1. 此项监督检查，可结合现场管理实际，制定专项检查计划或与其他检查工作一并开展。

　　2. 对已按规定或合同约定向监理机构履行了报批、查验或备案手续的工作，包括风险管控制度、措施、危险源辨识及风险评价成果等，在监督检查表中不必再重复检查。

第二节　隐患排查治理

隐患排查治理是"双重预防机制"建设中的第二重。隐患与风险的区别在于，风险是对客观的可能性进行的主观评价，具有不确定性，它可能发生，可能不发生，可以采取防控措施减少风险，但是一般不能消除。隐患是不安全、缺陷状态，具有确定性，如果不把隐患整改，就会引发事故，并且隐患是可以消除的。

《安全生产事故隐患排查治理暂行规定》定义的生产安全事故隐患，是指生产经营单位违反安全生产法律、法规、规章、标准、规程和安全生产管理制度的规定，或者因其他因素在生产经营活动中存在可能导致事故发生的物的危险状态、人的不安全行为和管理上的缺陷。事故隐患分为一般事故隐患和重大事故隐患。一般事故隐患是指危害和整改难度较小，发现后能够立即整改排除的隐患。重大事故隐患是指危害和整改难度较大，应当全部或者局部停产停业，并经过一定时间整改治理方能排除的隐患，或者因外部因素影响致使生产经营单位自身难以排除的隐患。

【标准条文】

5.2.1　监理单位及监理机构的事故隐患排查制度（或监理细则）应明确包括隐患排查范围、内容、方法、频次、要求，隐患登记建档及监控等内容；逐级建立并落实隐患治理和监控责任制。

监理机构应监督检查承包人开展此项工作。

1. 工作依据

《安全生产法》（中华人民共和国主席令第八十八号）

《安全生产事故隐患排查治理暂行规定》（安监总局令第 16 号）

SL 721—2015《水利水电工程施工安全管理导则》

2. 实施要点

关于隐患排查治理制度，在《安全生产法》第四条，要求生产经营单位建立包括隐患排查治理机制的双重预防机制，作为其安全生产的基本义务；第二十一条规定，建立隐患排查治理机制是企业主要负责人的法定安全管理职责，并对本单位事故隐患排查治理工作全面负责；第四十一条规定了生产经营单位应当建立健全并落实生产安全事故隐患排查治理制度，采取技术、管理措施，及时发现并消除事故隐患。修订后的《安全生产法》在原有相关规定的基础上，重点强调了制度的"落实"，要求生产经营单位不能把事故隐患排查制度只写在纸上、贴在墙上、锁在抽屉里，要逐步建立并落实从主要负责人到从业人员的事故隐患排查责任制。

《评审规程》要求监理单位和监理机构，应分别建立隐患排查治理制度，其中监理机构也可根据工作需要编制相应的监理实施细则。隐患排查的内容应包括法律法规和强制性标准执行情况、安全生产责任制落实情况、教育培训开展情况、安全生产投入情况、作业安全管理情况、应急管理、事故管理等；排查方法包括综合检查、专业专项检查、季节检查、节假日检查和日常检查的工作要求以及各项检查的频次、组织等；以及隐患登记建档及监控等内容。监理机构的制度（或细则）中，还应明确对承包人的安全检查及隐患排查治理情况的监督检查等内容。

3. 参考示例

（1）监理单位、监理机构隐患排查治理制度（或细则）。

×××公司隐患排查治理制度（示例）

第一章 总 则

第一条 为强化安全生产事故隐患排查治理工作，有效防止和减少事故发生，建立健全安全生产事故隐患排查长效机制，结合公司实际情况，制定本制度。

第二条 本制度依据《中华人民共和国安全生产法》《安全生产事故隐患排查治理暂行规定》《水利工程建设安全生产管理规定》等规定制定。

第三条 本制度适用于公司机关办公区域及所属监理项目部管理范围内的场所、环境、人员、设施设备和活动的隐患排查与治理。

第四条 本制度所称生产安全事故隐患（以下简称事故隐患），是指违反安全生产法律、法规、规章以及标准、规程和安全生产管理制度的规定，或者因其他因素在生产经营活动中，存在可能导致事故发生的物的危险状态、人的不安全行为和管理上的缺陷。

第五条 事故隐患分为一般事故隐患和重大事故隐患。

一般事故隐患，是指危害和整改难度较小，发现后能够立即整改排除的隐患。

重大事故隐患是指危害和整改难度较大，可能致使全部或者局部停产作业，并经过一定时间整改治理方能排除的隐患，或者因外部因素影响致使单位和项目部自身难以排除的隐患。具体执行《水利部办公厅关于印发水利工程生产安全重大事故隐患清单指南（2023 年版）》（办监督〔2023〕273 号）。

第二章 工 作 职 责

第六条 公司董事长、总经理是安全生产检查和隐患排查治理的第一责任人，负责建立隐患排查治理机制，并组织实施。

第七条 分管安全领导协助董事长、总经理开展公司的隐患排查治理工作。

第八条 公司技术负责人提供公司隐患排查治理工作的技术保障。

第九条 工程管理部负责具体组织制定公司隐患排查治理方案，每季度开展一次综合检查，对检查过程中发现的隐患督促责任单位落实整改。

第十条 综合办公室负责组织公司机关总部所在地的隐患排查治理工作。

第十一条 各监理项目部总监理工程师对所监理项目的隐患排查治理工作负总责，相关安全监理人员负责组织对本项目生活和办公区域的安全检查，参与项目法人或其他部门组织开展的隐患排查工作。

第三章　工　作　要　求

第十二条　隐患排查范围

（一）公司隐患排查范围：公司机关办公区域及现场监理项目部管理范围内的办公生活环境、安全设施和人员安全等。

（二）现场监理项目部隐患排查范围：

（1）项目部管理范围内的生活区、办公区等。

（2）承包人的施工现场与工程施工有关的场所、环境、人员、设备设施和活动进行检查。

第十三条　隐患排查方式

（一）定期综合检查：以落实岗位安全责任制为重点、各个专业共同参与的全面检查。主要检查安全监督组织、安全思想、安全活动、安全规程、安全制度执行、安全生产目标实施的情况等。

（二）专项检查：主要是对各类危险性较大的单项工程、临时用电、防洪度汛、特种设备、危化品等分别进行的专项安全检查。

（三）季节性检查：根据当地的地理和气候特点对防火防爆、防雨防洪、防雷电、防暑降温、防风及防冻保暖等内容进行预防性季节检查。

（四）节假日检查：春节、国庆、五一等国家法定节假日前后节前对安全、保卫、消防、机械设备、安全设备设施、备品备件、应急预案等的检查。

（五）日常检查：各专业监理人员对分管范围内施工单位作业行为的日常检查。

（六）其他检查：参与项目法人、承包人和其他有关部门组织的对施工现场的安全检查。

第十四条　公司级安全检查

综合办公室每月对公司办公区内的用电、防盗、消防安全、行车安全等检查一次。

工程管理部每季度组织一次对各项目监理部的综合检查工作，根据实际需要，不定期组织专项、季节、节假日等专项检查工作。

第十五条　项目部安全检查

（一）定期综合检查频次：每月至少1次。

（二）专项检查频次：根据工作需要，不定期地组织。

（三）季节性检查频次：每季度1次，每季度按当年气候情况确定检查时间。

（四）节假日检查频次：国家法定节假日前、后开展。

（五）日常检查频次：结合工程巡视检查、每日检查1次。

第十六条　公司相关部门、项目部在安全检查过程中应详细记录安全检查情况，包括文字资料、图片资料，安全档案存档等。

第十七条　对公司自身的一般事故隐患，由隐患所在部门组织立即组织整改。对重大事故隐患、整改难度较大且必须投入一定数量的资金，由隐患部门编制隐患整改方案，经负责人审核，由负责人批准后组织实施，并由各级安全生产领导机构对整改落实情况进行验收。对于承包人存在的事故隐患，应按上述要求监督检查。

第十八条 监理项目部检查施工单位安全生产过程中发现的事故隐患，应督促施工单位及时整改，并对施工单位整改结果进行验证和评估，签署审核意见后上报项目法人。如施工单位未按要求整改，监理项目部应发出暂停施工指令，施工单位拒不整改也不暂停施工的，应及时向项目法人和水行政主管部门或流域机构报告。

第十九条 监理项目部对排查出的重大事故隐患，要立即向项目法人报告，按合同约定及时督促承包人制定重大事故隐患治理方案，经审批后实施。重大事故隐患排除前或者排除过程中无法保证安全的，应当从危险区域内撤出作业人员，并疏散可能危及的其他人员，设置警戒标志，暂时停产停业或者停止使用。对暂时难以停产或者停止使用的相关生产施工设施、设备，应当加强维护和保养，防止事故发生。

第二十条 重大事故隐患治理结束后，监理项目部应督促承包人对治理情况进行评估，出具评估报告。

第二十一条 各监理部应于每月月底将所属监理部的事故隐患排查治理情况统计分析表（可参照 SL 721—2015 中表 E.0.3-67 或集团公司事故月报报表格式内容）上报工程管理部。

第二十二条 每月月底，工程管理部门将安全隐患排查治理情况统计汇总后上报集团安监部，并将隐患排查治理情况向员工进行通报。

第二十三条 公司各部门和监理项目部定期将本部门事故隐患排查治理的报表、台账、会议记录等资料分门别类进行整理，汇编成册，并妥善保存。

第四章 附 则

第二十四条 本制度由工程管理部负责解释。

第二十五条 本制度自印发之日起施行。

附件：

隐患排查治理统计信息表（示例见二维码 61）

二维码 61

（2）监理机构对承包人相关工作开展情况的监督检查记录或督促落实记录。

【标准条文】

5.2.2 监理单位应根据事故隐患排查制度定期开展事故隐患排查，排查前应制定排查方案，明确排查的目的、范围、内容、频次和方法。

监理机构应参加项目法人和有关部门组织的安全检查；根据隐患排查治理制度，定期开展事故隐患排查，排查前应制定排查方案，明确排查的目的、范围、内容、频次和方法；排查方式主要包括定期综合检查、专项检查、季节性检查、节假日检查和日常检查等；按照事故隐患的等级建立事故隐患信息台账；监理机构至少每月组织一次安全生产综合检查（可与项目法人和承包人联合开展上述工作）。

监理机构应监督检查承包人开展此项工作。

1. 工作依据

《安全生产法》（中华人民共和国主席令第八十八号）

《建设工程安全生产管理条例》（国务院令第 393 号）

《安全生产事故隐患排查治理暂行规定》（安监总局令第 16 号）

《关于进一步加强水利生产安全事故隐患排查治理工作的意见》（水安监〔2017〕409 号）

SL 288—2014《水利工程施工监理规范》

SL 721—2015《水利水电工程施工安全管理导则》

2. 实施要点

（1）基本要求。

根据有关规定，监理单位及监理机构的隐患排查治理工作，应从两方面开展。一是根据《安全生产法》及有关规定，监理单位及监理机构应落实安全生产主体责任，组织开展自身生产经营过程中的隐患排查治理工作；二是监理机构应根据《建设工程安全生产管理条例》的规定和监理合同、工程承包合同中的约定，在实施监理过程中发现安全事故隐患，应要求承包人整改，这里的"发现"即指应该发现，也指能够发现。

（2）隐患排查方案。

为了保证隐患排查工作达到预期的目的，通常在综合检查、专项检查、季节性检查、节假日检查前，制定隐患排查方案（即书面检查计划）。在方案中，要讲清排查（检查）的目的、检查人员组成，检查对象、时间、步骤，检查内容、标准、方法和其他有关要求。在检查活动实施前应做好信息、文件、人员和装备等准备工作。

（3）隐患排查方式。

隐患排查一般采取综合检查、专项检查、季节性检查、节假日检查、日常检查等五种方式：

1）综合检查：以落实岗位安全责任制为重点、各个专业共同参与的全面检查。主要检查安全监督组织、安全思想、安全活动、安全规程、安全制度执行、安全生产目标实施的情况等。

2）专项检查：主要是对锅炉、压力容器、电气设备、安全装备、监测仪器、危险品、运输车辆等分别进行的专业检查，以及在装置开、停机前，新装置竣工及试运转时期进行的专项安全检查。

3）季节性检查：根据季节特点开展的专项检查。

4）节假日检查：主要是节前对安全、保卫、消防、机械设备、安全设备设施、备品备件、应急预案等的检查。

5）日常检查：包括现场安全规程执行情况、安全措施是否执行、安全工器具是否合格、作业人员是否符合要求、有无违章违规作业、检查现场安全情况等。

监理单位在制定并落实隐患排查治理制度时，可根据实际工作需要，明确综合检查、专项检查、季节性检查和节假日检查的相关工作要求，并组织实施。监理机构在上述四项隐患排查方式的基础上，还应增加日常检查。对于采取综合检查、专项检查、季节性检查和节假日检查方式的，应该制定隐患排查工作方案，明确检查范围、检查内容、检查责任人及检查工作要求等，以确保隐患排查工作的针对性和有效性。

根据监理机构的工作特点，可根据有关规定和合同约定对所监理项目自行开展隐患排查，也可以参加由项目法人组织或组织承包人一并联合开展隐患排查工作，在形式上不做特别的要求。《评审规程》对综合检查的频次提出了要求，要求每月至少开展一次。对于其他隐患排查方式开展的频次，根据实际需要在制度中予以明确。同时，还应该监督检查承包人隐患排查治理工作的开展情况，监理机构或项目法人单位组织的隐患排查治理工作，不能替代承包人此项工作的主体责任，承包人也应按有关要求开展隐患排查治理工作。

（4）事故信息档案。

关于事故信息档案建立，在《安全生产法》第四十一条规定，生产经营单位应如实记录事故隐患排查治理情况，确保隐患排查治理信息的可追溯性。此外，在《安全生产事故隐患排查治理暂行规定》中规定：

第十条　生产经营单位应当定期组织安全生产管理人员、工程技术人员和其他相关人员排查本单位的事故隐患。对排查出的事故隐患，应当按照事故隐患的等级进行登记，建立事故隐患信息档案，并按照职责分工实施监控治理。

档案建立可参照《水利水电工程施工安全管理导则》规定，主要包括《事故隐患排查记录表》（E.0.3-62）、《生产安全事故重大事故隐患排查报告表》（E.0.3-63）、《事故隐患排查记录汇总表》（E.0.3-64）、《事故隐患整改通知单》（E.0.3-65）、《事故隐患整改通知回复单》（E.0.3-66）、《生产安全事故隐患排查治理情况统计分析月报表》（E.0.3-67）等。

3. 参考示例（示例详见二维码62）

（1）隐患排查方案。

（2）事故隐患排查记录表。

（3）生产安全事故重大事故隐患排查报告表。

（4）事故隐患排查记录汇总表。

（5）事故隐患整改通知单。

（6）事故隐患整改通知回复单。

（7）生产安全事故隐患排查治理情况统计分析月报表。

二维码62

【标准条文】

5.2.3　监理单位对排查出的事故隐患，应及时通知责任单位组织整改，并对整改结果进行验证。

监理机构对排查出的一般事故隐患，应及时书面通知有关单位，定人、定时、定措施进行整改，整改后及时进行验证；对重大事故隐患（或情况严重的），应按规定要求承包人暂时停止施工，重大事故隐患排除前或排除过程中无法保证安全的，应督促承包人采取安全防范措施，防止事故发生应从危险区域内撤出作业人员，疏散可能危及的人员，设置警示标志；承包人拒不整改或者不停止施工的，监理机构应及时向水行政主管部门、流域管理机构或者其委托的安全生产监督机构以及项目法人报告。

1. 工作依据

《安全生产法》(中华人民共和国主席令第八十八号)

《建设工程安全生产管理条例》(国务院令第 393 号)

《安全生产事故隐患排查治理暂行规定》(安监总局令第 16 号)

《关于进一步加强水利生产安全事故隐患排查治理工作的意见》(水安监〔2017〕409 号)

SL 288—2014《水利工程施工监理规范》

SL 721—2015《水利水电工程施工安全管理导则》

2. 实施要点

针对隐患排查过程中发现的事故隐患，监理机构及承包人应立即组织进行整改，实行排查-发现-治理-验证-销号的"闭环"管理，并对各环节进行详细的记录。

在《安全生产法》第四十一条和四十六条中，分别对此做出了规定。如第四十一条规定：生产经营单位应当建立健全并落实生产安全事故隐患排查治理制度，采取技术、管理措施，及时发现并消除事故隐患；四十六条规定：生产经营单位的安全生产管理人员应当根据本单位的生产经营特点，对安全生产状况进行经常性检查，对检查中发现的安全问题，应当立即处理。在《安全生产事故隐患排查治理暂行规定》和 SL 721—2015 和 SL 288—2014 中对事故隐患的整改也同样作出了详细规定，在工作过程中应遵照执行。如 SL 288—2014 规定：

6.5.6 监理机构发现施工安全隐患时，应要求承包人立即整改；必要时，可按 6.3.5 条指示承包人暂停施工，并及时向发包人报告。

对于重大事故隐患，由于其整改难度大、整改周期长，根据《安全生产法》的规定，应由生产经营单位主要负责人组织制定并实施事故隐患治理方案。生产经营单位在事故隐患治理过程中，应当采取相应的安全防范措施，防止事故发生。事故隐患排除前或者排除过程中无法保证安全的，应当从危险区域内撤出作业人员，并疏散可能危及的其他人员，设置警戒标志，暂时停产停业或者停止使用；对暂时难以停产或者停止使用的相关生产储存装置、设施、设备，应当加强维护和保养，防止事故发生。

对于监理单位及监理机构而言，隐患排查治理的重点是施工现场，对象是承包人。因此在发现隐患时，应根据有关规定，及时要求承包人进行治理、整改。对此，在《建设工程安全生产管理条例》规定："工程监理单位在实施监理过程中，发现存在安全事故隐患的，应当要求施工单位整改；情况严重的，应当要求施工单位暂时停止施工，并及时报告建设单位。"这里的"情况严重"一般是指发现的重大事故隐患。

承包人拒绝执行监理机构指令的，除要求承包人承担工程承包合同中的违约责任之外，监理机构还应依据《建设工程安全生产管理条例》和《水利工程建设安全生产管理规定》的有关要求，履行报告的义务，否则将承担相关法律责任。在《建设工程安全生产管理条例》中规定："施工单位拒不整改或者不停止施工的，工程监理单位应当及时向有关主管部门报告。工程监理单位和监理工程师应当按照法律、法规和工程建设强制性标准实施监理，并对建设工程安全生产承担监理责任。"在《水利工程建设安全生产管理规定》中，明确要求监理机构对于承包人拒不整改或者不停止施工的，应及时向水行政主管部门、流域管理机构或者其委托的安全生产监督机构以及项目法人报告。

3．参考示例

（1）监理单位及监理机构发出的《隐患整改通知单》。

（2）隐患责任单位的《整改回复单》及检查单位的《隐患整改验证单》。

（3）向有关单位及主管部门的报告记录。

【标准条文】

5.2.4　对于重大事故隐患，监理机构应要求承包人主要负责人组织制定治理方案，经监理机构审查，报项目法人同意后实施。治理方案应包括下列内容：重大事故隐患描述；治理的目标和任务；采取的方法和措施；经费和物资的落实；负责治理的机构和人员；治理的时限和要求；安全措施和应急预案等。

1．工作依据

《安全生产法》（中华人民共和国主席令第八十八号）

《建设工程安全生产管理条例》（国务院令第 393 号）

《安全生产事故隐患排查治理暂行规定》（安监总局令第 16 号）

《关于进一步加强水利生产安全事故隐患排查治理工作的意见》（水安监〔2017〕409 号）

《水利工程生产安全重大事故隐患清单指南（2023 年版）》（办监督〔2023〕273 号）

SL 288—2014《水利工程施工监理规范》

SL 721—2015《水利水电工程施工安全管理导则》

2．实施要点

根据《安全生产法》的规定：国务院应急管理部门和其他负有安全生产监督管理职责的部门应当根据各自的职责分工，制定相关行业、领域重大危险源的辨识标准和重大事故隐患的判定标准。水利部于 2017 年发布了《水利工程生产安全事故隐患判定指南》，2021 年修订发布了《水利工程生产安全重大事故隐患清单指南（2021 年版）》，2023 年修订印发了《水利部办公厅关于印发水利工程生产安全重大事故隐患清单指南（2023 年版）》（办监督〔2023〕273 号），作为水利工程建设与运行重大事故隐患判定的标准。其中水利工程建设重大事故隐患清单，共 4 大类、20 项，涵盖了基础管理、临时工程、专项工程和其他等内容，该清单指南取消了上一版本中的综合判定，调整为直接判定。

根据《安全生产法》的规定，生产经营单位应高度重视重大事故隐患的排查与治理工作，确保治理的效果，避免事故的发生。对此，2021 年修订发布的《中华人民共和国刑法修正案（十一）》中规定："强令他人违章冒险作业，或者明知存在重大事故隐患而不排除，仍冒险组织作业，因而发生重大伤亡事故或者造成其他严重后果的，处五年以下有期徒刑或者拘役；情节特别恶劣的，处五年以上有期徒刑。""因存在重大事故隐患被依法责令停产停业、停止施工、停止使用有关设备、设施、场所或者立即采取排除危险的整改措施，而拒不执行，具有发生重大伤亡事故或者其他严重后果的现实危险的，处一年以下有期徒刑、拘役或者管制。"

施工现场排查出的重大事故隐患，监理机构首先应要求承包人采取相应的安全防范措施，防止事故发生。事故隐患排除前或者排除过程中无法保证安全的，应当从危险区域内撤出作业人员，并疏散可能危及的其他人员，设置警戒标志，暂时停产停业或者停止使用；对暂时难以停产或者停止使用的相关生产储存装置、设施、设备，应当加强维护和保养，防止事故发生；其次，要求承包人制定切实可行的重大事故隐患治理方案，经监理机构审核、批准后组织实施。关于重大事故隐患的治理方案，可参照 SL 721—2015 中的相关规定：

重大事故隐患治理方案应包括以下内容：

1 重大事故隐患描述；

2 治理的目标和任务；

3 采取的方法和措施；

4 经费和物资的落实；

5 负责治理的机构和人员；

6 治理的时限和要求；

7 安全措施和应急预案等。

3. 参考示例

（1）重大事故隐患治理方案及审批记录。

（2）监理机构对相关工作开展的监督检查记录及督促落实记录。

【标准条文】

5.2.5 监理机构应监督检查承包人对自行排查出的一般事故隐患及时进行整改、验证；重大事故隐患治理完成后，对承包人的治理情况进行验证和效果评估，并签署审核意见后报项目法人。

1. 工作依据

《安全生产法》（中华人民共和国主席令第八十八号）

《建设工程安全生产管理条例》（国务院令第 393 号）

《安全生产事故隐患排查治理暂行规定》（安监总局令第 16 号）

SL 288—2014《水利工程施工监理规范》

SL 721—2015《水利水电工程施工安全管理导则》

2. 实施要点

承包人自行隐患排查发现的事故隐患，监理机构也应要求其及时进行整改、验证，即按照上述隐患排查治理工作的要求开展相关工作。其中重大事故隐患治理完成后，监理机构应对承包人的治理情况进行验证和效果评估，验证重大事故隐患治理的效果，在签署意见后报项目法人。

3. 参考示例

（1）重大事故隐患的监理机构审核、项目法人审批记录。

（2）《事故隐患整改通知单》。

（3）《事故隐患整改通知回复单》。

（4）重大事故隐患验证、效果评估资料；监理单位审核、报项目法人资料。

【标准条文】

5.2.6　对于地方人民政府或有关部门挂牌督办并责令全部或者局部停止施工的重大事故隐患，治理工作结束后，监理机构应对承包人治理情况进行评估。治理后符合安全生产条件的，经有关部门审查同意后，方可允许承包人恢复施工。

1. 工作依据

《安全生产法》（中华人民共和国主席令第八十八号）

《安全生产事故隐患排查治理暂行规定》（安监总局令第16号）

SL 288—2014《水利工程施工监理规范》

2. 实施要点

根据《安全生产法》及有关规定，县级以上地方各级人民政府负有安全生产监督管理职责的部门应当，建立健全重大事故隐患治理督办制度，督促生产经营单位消除重大事故隐患。必要时，报告同级人民政府并对重大事故隐患实行挂牌督办。

重大事故隐患的危害大、整改难度大，一旦发生事故，通常会造成严重的人员伤亡和财产损失。生产经营单位对列入挂牌督办并责令全部或局部停工的重大事故隐患，应组织对治理情况进行评估。上级水行政主管部门挂牌督办并责令停建停用治理的重大事故隐患，评估报告经上级水行政主管部门审查同意方可销号。

在《安全生产事故隐患排查治理暂行规定》中规定：

第十八条　地方人民政府或者安全监管监察部门及有关部门挂牌督办并责令全部或者局部停产停业治理的重大事故隐患，治理工作结束后，有条件的生产经营单位应当组织本单位的技术人员和专家对重大事故隐患的治理情况进行评估；其他生产经营单位应当委托具备相应资质的安全评价机构对重大事故隐患的治理情况进行评估。

经治理后符合安全生产条件的，生产经营单位应当向安全监管监察部门和有关部门提出恢复生产的书面申请，经安全监管监察部门和有关部门审查同意后，方可恢复生产经营。申请报告应当包括治理方案的内容、项目和安全评价机构出具的评价报告等。

监理机构在对挂牌督办的重大事故隐患实施安全监理过程中，除按前述规定对治理方案、治理过程进行监督检查外，在治理结束后应对承包人治理情况进行评估，配合相关行政主管部门现场审查，经审查合格、在承包人提出复工申请后方可允许其继续施工。

3. 参考示例

（1）重大事故隐患验证、效果评估资料；监理单位审核、报项目法人资料。

（2）复工申请及审核、审批记录。

【标准条文】

5.2.7　监理单位应按月、季、年将隐患排查治理情况上报主管部门（如有），并向全体员工进行通报。

监理机构应定期将隐患排查治理统计分析情况报项目法人及监理单位，并在监理机构范围内进行通报。

监理机构应监督承包人开展此项工作。

1. 工作依据

《安全生产法》（中华人民共和国主席令第八十八号）

《安全生产事故隐患排查治理暂行规定》（安监总局令第 16 号）

《水利安全生产信息报告和处置规则》（水监督〔2022〕156 号）

SL 721—2015《水利水电工程施工安全管理导则》

2. 实施要点

关于隐患排查治理情况的报告，《安全生产法》第四十一条规定，生产经营单位应当建立健全并落实生产安全事故隐患排查治理制度，采取技术、管理措施，及时发现并消除事故隐患。事故隐患排查治理情况应当如实记录，并通过职工大会或者职工代表大会、信息公示栏等方式向从业人员通报。其中，重大事故隐患排查治理情况应当及时向负有安全生产监督管理职责的部门和职工大会或者职工代表大会报告。《安全生产事故隐患排查治理暂行规定》对隐患报告提出了具体的要求：

生产经营单位应当每季、每年对本单位事故隐患排查治理情况进行统计分析，并分别于下一季度 15 日前和下一年 1 月 31 日前向安全监管监察部门和有关部门报送书面统计分析表。统计分析表应当由生产经营单位主要负责人签字。

对于重大事故隐患，生产经营单位除依照前款规定报送外，应当及时向安全监管监察部门和有关部门报告。重大事故隐患报告内容应当包括：

（一）隐患的现状及其产生原因；

（二）隐患的危害程度和整改难易程度分析；

（三）隐患的治理方案。

监理单位在开展隐患排查治理工作过程中，应严格遵守上述规定。对隐患信息的报送，应执行水利部《水利安全生产信息报告和处置规则》的要求：

事故隐患排查治理情况的统计分析的内容，一般应包括隐患排查数、已整改数、整改率、整改投入资金（应区分一般事故隐患和重大事故隐患）、重大事故隐患整改计划等（可参照 SL 721—2015 表 E.0.3-79 安全生产事故隐患排查治理情况统计分析月报表的样式）当期事故隐患排查治理情况的分析，对本阶段安全生产管理（监理）工作进行总结性的分析，并结合安全生产预测、预警工作，提出下一阶段安全生产管理（监理）工作的注意事项和工作重点。

3. 参考示例

（1）监理单位月、季、年将隐患排查治理情况报告及向员工通报的记录（示例见二维码 63）。

（2）监理机构隐患排查治理统计分析情况向项目法人及监理单位报告、监理机构内部通报的记录。

（3）监督检查承包人相关工作开展情况的监督检查记录及督促落实记录。

对承包人隐患排查治理工作的监督检查示例见表 7-7。

二维码 63

表7-7　　　　　　　　　　　隐患排查治理监督检查表（示例）

工程名称：××××××工程　　　　　　监理机构：××××××公司××××工程项目监理部

被查承包人名称					
序号	检查项目	检查内容及要求	检查结果	检查人员	检查时间
1	安全风险管理	隐患排查 ①针对综合检查、专项检查等，是否制定了隐患排查方案			
		②综合检查、专项检查、季节性检查、节假日检查、日常检查方式是否齐全；检查是否符合合同约定或相关规定		×××	20××.××.××
		③是否建立了隐患排查治理台账；隐患排查治理档案是否完整			
		隐患整改 ①一般事故隐患是否及时整改，并经验证			
		②重大事故隐患是否制定了治理方案，经监理部批复后严格落实		×××	20××.××.××
		③重大事故隐患整改到位前，是否采取了相应的管控措施经监理部批复后严格落实			
		④重大事故隐患治理完成后是否治理情况进行验证和效果评估；复工是否经过批准			
		隐患排查治理统计通报 ①是否定期（月季年）对隐患排查治理情况进行统计分析		×××	20××.××.××
		②是否及时对隐患排查治理情况在承包人项目部范围人进行通报		×××	20××.××.××
其他检查人员			承包人代表		

注：1. 此项监督检查，可结合现场管理实际，制定专项检查计划或与其他检查工作一并开展。

　　2. 对已按规定或合同约定向监理机构履行了报批、查验或备案手续的工作，包括隐患排查治理制度、重大事故隐患治理方案、重大事故隐患评估、复工申请等，在监督检查表中可不必再重复检查。

第三节　预　测　预　警

　　《安全生产法》第三条规定了我国安全生产"安全第一、预防为主、综合治理"的基本方针。其中的预防为主，是安全生产工作的重要任务和价值所在，是实现安全生产的根本途径。预防为主，就是要把预防生产安全事故的发生放在安全生产工作的首位。对安全生产的管理，主要不是在发生事故后去组织抢救，进行事故调查，找原因、追责任、堵漏洞，而要谋事在先、尊重科学、探索规律，采取有效的事前控制措施，千方百计预防事故的发生，做到防患于未然，将事故消灭在萌芽状态。只有把安全生产的重点放在建立事故隐患预防体系上，超前防范，才能有效避免和减少事故，实现安全第一。《评审规程》中据此规定了监理单位应在安全生产管理过程中做好安全生产的预测预警工作，以实现预防为主的安全生产管理方针。

【标准条文】

5.3.1　监理机构应监督检查承包人根据项目地域特点及自然环境情况、工程建设情况、安全风险管理、隐患排查治理及事故等情况，运用定量或定性的安全生产预测预警技术，建立项目安全生产状况及发展趋势的安全生产预测预警体系。

　　1. 工作依据

《安全生产法》（中华人民共和国主席令第八十八号）

《安全生产事故隐患排查治理暂行规定》（安监总局令第 16 号）

SL 721—2015《水利水电工程施工安全管理导则》

　　2. 实施要点

监理机构在开展安全监理过程中，也应落实《安全生产法》中"预防为主"的工作方针。要求承包人建立项目安全生产状况及发展趋势的安全生产预测预警体系，根据项目地域特点及自然环境情况、工程建设情况、安全风险管理、隐患排查治理及事故等情况，运用定量或定性的安全生产预测预警技术，对项目安全生产状况及发展趋势进行预测预警。

　　3. 参考示例

监督检查承包人相关工作开展情况的监督检查记录及督促落实记录。

【标准条文】

5.3.2　监理机构应监督检查承包人采取多种途径及时获取水文、气象等信息，在接到有关自然灾害预报时，及时发出预警通知；发生可能危及作业人员安全的情况时，采取撤离人员、停止作业、加强监测等安全措施。

　　1. 工作依据

《安全生产法》（中华人民共和国主席令第八十八号）

《安全生产事故隐患排查治理暂行规定》（安监总局令第 16 号）

SL 721—2015《水利水电工程施工安全管理导则》

　　2. 实施要点

水利工程施工过程受洪水、高温、低温、台风等自然灾害影响的概率大，如不能提前预测、预警，将对水利工程施工安全生产带来不利影响。因此，在安全监理过程中，监理机构应督促承包人，采取多种途径及时获取水文、气象等信息，在接到有关自然灾害预报时，及时发出预警通知；发生可能危及作业人员安全的情况时，采取撤离人员、停止作业、加强监测等安全措施。

在《安全生产事故隐患排查治理暂行规定》中，对生产经营单位的预测预警工作提出以下要求：

第十七条　生产经营单位应当加强对自然灾害的预防。对于因自然灾害可能导致事故灾难的隐患，应当按照有关法律、法规、标准和本规定的要求排查治理，采取可靠的预防措施，制定应急预案。在接到有关自然灾害预报时，应当及时向下属单位发出预警通知；发生自然灾害可能危及生产经营单位和人员安全的情况时，应当采取撤离人员、停止作业、加强监测等安全措施，并及时向当地人民政府及其有关部门报告。

在 SL 721—2015 中，对水利工程建设各参建单位的预测、预警工作作出了以下规定：

11.2.8　各参建单位应加强对自然灾害的预防。对于因自然灾害可能导致的事故隐患，应按照有关法律、法规、规章、制度和标准的要求排查治理，采取可靠的预防措施，制定应急预案。

各参建单位在接到有关自然灾害预报时，应及时发出预警通知；发生可能危及参建单位和人员安全的情况时，应采取撤离人员、停止作业、加强监测等安全措施，并及时向项目主管部门和安全生产监督机构报告。

3．参考示例

监理项目部对承包人监督检查记录。

【标准条文】

5.3.3　监理单位应根据安全风险管理、隐患排查治理及事故统计分析结果进行安全生产预测预警。

监理机构应监督检查承包人开展此项工作。

1．工作依据

《安全生产法》（中华人民共和国主席令第八十八号）

《安全生产事故隐患排查治理暂行规定》（安监总局令第 16 号）

SL 721—2015《水利水电工程施工安全管理导则》

2．实施要点

通过安全风险管理、隐患排查治理和事故统计分析等安全生产管理工作，可以通过对实际安全管理现状及数据的分析，对安全生产管理工作作出趋势性预测，并据此发出安全生产预警。如某监理单位可以在汛期来临前，对所有在建项目的监理机构发出加强防洪度汛监理工作的通知；通过隐患排查工作，对存在问题比较集中的临时用电、脚手架等项目，应加强现场安全监理工作；通过安全风险分级管控，提醒在建项目监理机构或相关职能部门，加强对风险程度高的隧洞开挖、深基坑施工等作业行为加强监督检查及现场安全监理工作等。

同时，应根据《评审规程》的规定，监督检查承包人按上述要求开展相关工作。

3．参考示例

（1）监理单位安全生产预测预警记录（示例见二维码 64）。

（2）监督检查承包人相关工作开展情况的监督检查记录及督促落实记录。

二维码 64

第八章 应 急 管 理

应急管理是生产经营单位在突发事件的事前预防、事发应对、事中处置和善后恢复过程中，通过建立必要的应对机制，采取一系列必要措施，应用科学、技术、规划与管理等手段，保障公众生命、健康和财产安全。应急管理的内容包括预防、准备、响应和恢复四个阶段。尽管在实际情况中，这些阶段往往是重叠的，但每一部分都有自己单独的目标，并且成为下个阶段内容的一部分。事故管理是指生产经营单位发生生产安全事故后，根据有关规定采取的一系列措施。其中部分工作与应急管理工作重叠。

第一节 应 急 准 备

根据《安全生产法》规定，鼓励生产经营单位和其他社会力量建立应急救援队伍，配备相应的应急救援装备和物资，提高应急救援的专业水平，逐步建立社会化的应急救援机制，大中型企业特别是高危行业企业要建立专职或者兼职应急救援队伍，并积极参与社会应急救援。

《评审规程》要求监理单位开展的应急管理工作包括应急机构设置及人员配备、应急预案体系编制、应急教育培训、应急物资储备、应急预案演练等工作。监理单位应按规定建立安全生产应急管理机构，组建应急救援队伍，配备应急救援人员。按照专业救援和职工参与相结合、险时救援和平时防范相结合的原则，建设专业队伍为骨干、兼职队伍为辅助、职工队伍为基础的企业应急队伍体系。

【标准条文】

6.1.1 监理单位按照有关规定设置或明确应急管理组织机构或指定专人负责应急管理工作。

监理机构应监督检查承包人开展此项工作。

1. 工作依据

《安全生产法》（中华人民共和国主席令第八十八号）

《生产安全事故应急管理条例》（国务院令第 708 号）

《水利工程建设安全生产管理规定》（水利部令第 26 号）

《水利部关于进一步加强水利安全生产应急管理提高生产安全事故应急处置能力的通知》（水安监〔2014〕19 号）

《水利部生产安全事故应急预案》（水监督〔2021〕391 号）

SL 721—2015《水利水电工程施工安全管理导则》

2. 实施要点

监理单位设置应急管理组织机构（即负责相关工作的部门），或指定专人负责是企业应急管理工作的基础。根据《生产安全事故应急条例》的规定，建立、健全生产安全事故应急工作责任制，其主要负责人对本单位的生产安全事故应急工作全面负责。

监理机构对承包人的监督管理，应依据《水利工程建设安全生产管理规定》规定，要求工程总承包单位和分包单位各自建立应急救援组织或者配备应急救援人员，配备救援器材、设备，并定期组织演练。

3. 参考示例

（1）成立安全生产应急管理机构和应急救援队伍（人员）文件（示例见二维码65）。

（2）应急支援协议（必要时）（示例见二维码66）。

（3）监督检查承包人相关工作开展情况的监督检查记录及督促落实记录。

二维码65

【标准条文】

6.1.2　监理单位应针对可能发生的生产安全事故的特点和危害，在风险评估和应急资源调查的基础上，根据 GB/T 29639 建立健全生产安全事故应急预案体系，明确应急组织体系、职责分工以及应急救援程序，并与相关预案保持衔接，报有关部门备案，向本单位人员公布。

二维码66

监理机构应结合项目特点、风险类型等因素编制应急预案；审查承包人提交的应急预案，监督检查承包人编制重点岗位、人员应急处置卡，监督检查承包人开展应急预案管理的其他工作。

1. 工作依据

《安全生产法》（中华人民共和国主席令第八十八号）

《生产安全事故应急管理条例》（国务院令第708号）

《水利工程建设安全生产管理规定》（水利部令第26号）

《生产安全事故应急预案管理办法》（应急管理部令〔2019〕第2号）

《水利部关于进一步加强水利安全生产应急管理提高生产安全事故应急处置能力的通知》（水安监〔2014〕19号）

《水利部生产安全事故应急预案》（水监督〔2021〕391号）

《国家安全监管总局办公厅关于印发生产经营单位生产安全事故应急预案评审指南（试行）的通知》（安监总厅应急〔2009〕73号）

GB/T 29639—2020《生产经营单位生产安全事故应急预案编制导则》

2. 实施要点

（1）基本要求。

生产安全事故应急预案是指事先制定的关于生产安全事故发生时进行紧急救援的组织、程序、措施、责任及协调等方面的方案和计划，是对特定的潜在事件和紧急情况发生时所采取措施的计划安排，是应急响应的行动指南。编制应急预案的目的，是避免紧急情况发生时出现混乱，确保按照合理的响应流程采取适当的救援措施，预防和减少可能随之发生的职业健康安全和环境影响。

根据《安全生产法》第八十一条规定：生产经营单位应当制定本单位生产安全事故

应急救援预案，与所在地县级以上地方人民政府组织制定的生产安全事故应急救援预案相衔接，并定期组织演练。《特种设备安全法》第六十九条规定，特种设备使用单位应当制定特种设备事故应急专项预案，并定期进行应急演练。《生产安全事故应急条例》也规定了，生产经营单位应当针对本单位可能发生的生产安全事故的特点和危害，进行风险辨识和评估，制定相应的生产安全事故应急救援预案，并向本单位从业人员公布。《生产安全事故应急预案管理办法》中规定了生产应急预案编制的责任人、编制步骤和要求，预案评审（估）及演练等方面的内容，明确生产经营单位主要负责人负责组织编制和实施本单位的应急预案，并对应急预案的真实性和实用性负责；各分管负责人应当按照职责分工落实应急预案规定的职责。事故风险单一、危险性小的生产经营单位，可以只编制现场处置方案。

生产经营单位的应急预案体系主要由综合应急预案、专项应急预案和现场处置方案构成。生产经营单位应根据本单位组织管理体系、生产规模、危险源的性质以及可能发生的事故类型确定应急预案体系，并可根据本单位的实际情况，确定是否编制专项应急预案。风险因素单一的小微型生产经营单位可只编写现场处置方案。监理单位属于咨询、服务类的生产经营单位，主要的安全风险存在于监理机构所在的施工现场，由于施工现场的安全生产管理主体责任单位为承包人（即施工单位，《建筑法》规定），因此监理单位、监理机构在制定应急预案时，应重点围绕施工现场的安全监理工作，就发生事故后监理单位、监理机构内部如何响应、处置，以及如何对承包人应急工作的管理在应急预案中进行明确。

综合应急预案是生产经营单位应急预案体系的总纲，主要从总体上阐述事故的应急工作原则，包括生产经营单位的应急组织机构及职责、应急预案体系、事故风险描述、预警及信息报告、应急响应、保障措施、应急预案管理等内容。

专项应急预案是生产经营单位为应对某一类型或某几种类型事故，或者针对重要生产设施、重大危险源、重大活动等内容而制定的应急预案。专项应急预案主要包括事故风险分析、应急指挥机构及职责、处置程序和措施等内容。

现场处置方案是生产经营单位根据不同事故类别，针对具体的场所、装置或设施所制定的应急处置措施，主要包括事故风险分析、应急工作职责、应急处置和注意事项等内容。生产经营单位应根据风险评估、岗位操作规程以及危险性控制措施，组织本单位现场作业人员及相关专业人员共同进行编制现场处置方案。

（2）生产安全事故应急预案编制。

监理单位生产安全事故应急预案编制前，应当针对可能发生的生产安全事故的特点和危害，在事故风险评估和应急资源调查的基础上，根据 GB/T 29639 建立健全生产安全事故应急预案体系，明确应急组织体系、职责分工以及应急救援程序，并与相关预案保持衔接，报有关部门备案，并向本单位人员公布。考虑到监理单位的安全管理特点，编制专项应急预案和综合应急预案即可，现场处置方案可不编制。

监理机构的应急预案体系，应包括综合应急预案、专项应急预案和现场处置方案三部分内容，并且与项目法人单位的应急预案体系保持衔接。

（3）预案评审及发布。

根据 2019 年修订的《生产安全事故应急预案管理办法》的规定，对于监理单位、施工企业的应急预案编制完成后，不再要求进行评审，可以根据自身需要，对本单位编制的应急预案进行论证。应急预案的评审或者论证应当注重基本要素的完整性、组织体系的合理性、应急处置程序和措施的针对性、应急保障措施的可行性、应急预案的衔接性等内容。如根据需要开展应急预案评审，应形成评审纪要。

评审应依据《生产经营单位生产安全事故应急预案评审指南（试行）》进行，评审过程中应注意以下要求：

1）评审组织。

参加应急预案评审的人员应当包括有关安全生产及应急管理方面的专家。评审人员与所评审应急预案的生产经营单位有利害关系的，应当回避。

2）评审内容。

应急预案的评审或者论证应当注重基本要素的完整性、组织体系的合理性、应急处置程序和措施的针对性、应急保障措施的可行性、应急预案的衔接性等内容。按照《导则》和有关行业规范，从以下七个方面进行评审。

a）合法性。符合有关法律、法规、规章和标准，以及有关部门和上级单位规范性文件要求。

b）完整性。具备 GB/T 29639 所规定的各项要素。

c）针对性。紧密结合本单位危险源辨识与风险分析。

d）实用性。切合本单位工作实际，与生产安全事故应急处置能力相适应。

e）科学性。组织体系、信息报送和处置方案等内容科学合理。

f）操作性。应急响应程序和保障措施等内容切实可行。

g）衔接性。综合、专项应急预案和现场处置方案形成体系，并与相关部门或单位应急预案相互衔接。

3）评审方法。

应急预案评审采取形式评审和要素评审两种方法。形式评审主要用于应急预案备案时的评审，要素评审用于生产经营单位组织的应急预案评审工作。应急预案评审采用符合、基本符合、不符合三种意见进行判定。对于基本符合和不符合的项目，应给出具体修改意见或建议。

a）形式评审。依据 GB/T 29639 和有关行业规范，对应急预案的层次结构、内容格式、语言文字、附件项目以及编制程序等内容进行审查，重点审查应急预案的规范性和编制程序。

b）要素评审。依据国家有关法律法规、GB/T 29639 和有关行业规范，从合法性、完整性、针对性、实用性、科学性、操作性和衔接性等方面对应急预案进行评审。为细化评审，采用列表方式分别对应急预案的要素进行评审。评审时，将应急预案的要素内容与评审表中所列要素的内容进行对照，判断是否符合有关要求，指出存在问题及不足。应急预案要素分为关键要素和一般要素。

关键要素是指应急预案构成要素中必须规范的内容。这些要素涉及生产经营单位日常应急管理及应急救援的关键环节，具体包括危险源辨识与风险分析、组织机构及职责、信息报告与处置和应急响应程序与处置技术等要素。关键要素必须符合生产经营单位实际和有关规定要求。

一般要素是指应急预案构成要素中可简写或省略的内容。这些要素不涉及生产经营单位日常应急管理及应急救援的关键环节，具体包括应急预案中的编制目的、编制依据、适用范围、工作原则、单位概况等要素。

4）预案发布。

监理单位的应急预案经评审或者论证、并按评审意见修改完善后，由本单位主要负责人签署公布，并及时发放到本单位有关部门、岗位和相关应急救援队伍。

事故风险可能影响周边其他单位、人员的，生产经营单位应当将有关事故风险的性质、影响范围和应急防范措施告知周边的其他单位和人员。

5）预案备案。

根据《生产安全事故应急预案管理办法》的规定，易燃易爆物品、危险化学品等危险物品的生产、经营、储存、运输单位，矿山、金属冶炼、城市轨道交通运营、建筑施工单位，以及宾馆、商场、娱乐场所、旅游景区等人员密集场所经营单位，应当在应急预案公布之日起20个工作日内，按照分级属地原则，向县级以上人民政府应急管理部门和其他负有安全生产监督管理职责的部门进行备案，并依法向社会公布。对前述单位以外的其他生产经营单位应急预案的备案，由省、自治区、直辖市人民政府负有安全生产监督管理职责的部门确定。因此，监理单位的应急预案备案，应依据企业所在地省级应急管理部门的有关规定执行。

申报应急预案备案，应当提交下列材料：

1）应急预案备案申报表；

2）评审或论证意见（如有）；

3）应急预案电子文档；

4）风险评估结果和应急资源调查清单。

监理机构的应急预案可向监理单位及项目法人备案；承包人现场项目部在编制完成应急预案后，应报监理单位审核、项目法人备案。

（4）监理机构对承包人的应急预案管理监督检查，应重点关注以下几方面：

1）承包人应编制应急预案。《水利工程建设安全生产管理规定》中规定，施工单位应当根据水利工程施工的特点和范围，对施工现场易发生重大事故的部位、环节进行监控，制定施工现场生产安全事故应急救援预案。

2）承包人应急预案体系应完整，内容齐全。应急预案体系包括综合应急预案、专项应急预案和现场处置方案三部分内容，原则上应符合GB/T 29639的规定；专项应急预案或现场处置方案应覆盖齐全，针对施工现场可能发生的事故类型、特种设备、重大危险源等，均有相应的预案。

3）针对重点工作岗位，编制重点岗位、人员应急处置卡。应急处置卡主要面向承包人一线员工，主要解决员工"怎么做、做什么、何时做、谁去做"的问题，使员工及时正确地处置和报告事故。卡片上以简洁明了的语言描述具体作业岗位可能发生的事故及事故应急处置措施，使员工一看就懂，易于掌握，便于携带，促进应急预案各个环节内容得以快速、准确执行，解决企业应急预案针对性、可操作性和实用性不强等问题，保证施工现场安全生产应急管理水平和应急救援能力。

3）应急预案的各项要素应齐全、符合施工现场实际、可操作性强，项目部编制的应急预案应与项目法人和地方政府的应急预案体系保持一致。

4）承包人应急预案应分级编制承包人项目部应急预案体系应包括综合应急预案、专项应急预案和现场处置方案（重要岗位编制应急处置卡），原则上不应以企业总部的应急预案代替现场项目部的应急预案体系。

5）其他管理要求，参照监理单位的相关内容。

3. 参考示例

（1）监理单位及监理机构应急预案体系文件。

（2）监理单位及监理机构应急预案备案文件（如有）。

（3）监督检查承包人相关工作开展情况的监督检查记录及督促落实记录。

【标准条文】

6.1.3　监理机构应监督检查承包人按应急预案组建应急救援队伍，根据需要与当地具备能力的应急救援队伍签订应急支援协议，对应急救援人员组织教育培训，经培训合格后参加应急救援工作。

1. 工作依据

《安全生产法》（中华人民共和国主席令第八十八号）

《生产安全事故应急管理条例》（国务院令第 708 号）

2. 实施要点

监理机构应监督检查承包人根据批复的应急预案以及现场实际需要，由项目部层面成立以项目经理为首的应急救援小组，并组建以现场作业队伍为基础的应急救援、抢险队伍。对工程风险程度较大且现场应急资源不足的项目，应督促承包人与地方专业救援队伍签订应急支援协议。

3. 参考示例

监督检查承包人相关工作开展情况的监督检查记录及督促落实记录。

【标准条文】

6.1.4　监理单位及监理机构应根据可能发生的生产安全事故特点和危害，储备必要的应急救援装备和物资，进行经常性的维护和保养，确保完好可靠。

监理机构应监督检查承包人开展此项工作。

1. 工作依据

《安全生产法》（中华人民共和国主席令第八十八号）

《生产安全事故应急管理条例》（国务院令第 708 号）

《水利工程建设安全生产管理规定》（水利部令第 26 号）

《水利部关于进一步加强水利安全生产应急管理提高生产安全事故应急处置能力的通知》（水安监〔2014〕19 号）

SL 288—2014《水利工程施工监理规范》

2.实施要点

（1）应急救援物资。

应急物资指为应对严重自然灾害、突发性公共卫生事件、公共安全事件等突发公共事件应急处置过程中所必需的保障性物质。

监理单位应在安全生产费用中考虑应急救援装备和物资的投入，并在财务预算中安排相应经费。监理机构建立应急装备和应急物资台账，明确存放地点和具体数量，做到台账与实物相符。监理机构应结合所监理工程项目的特点，在风险分析和评价的基础上配置现场应急装备和物资，如急救用品、用具、药品、防护装备等。

监理机构应根据《水利工程施工监理规范》和工程承包合同的约定，督促承包人结合现场实际，配备相应应急设施、装备和物资。现场所配备的应急救援器材设备、物资，应能满足应急抢险的需要。项目法人单位的应急物资可考虑与承包人现场应急物资统筹使用。

（2）应急物资的管理。

监理单位应安排专人，定期对应急装备和物资进行检查、维护，确保其完好、可靠，并留存检查、维护记录。

在《安全生产法》中规定：

第七十九条　危险物品的生产、经营、储存、运输单位以及矿山、金属冶炼、城市轨道交通运营、建筑施工单位应当配备必要的应急救援器材、设备和物资，并进行经常性维护、保养，保证正常运转。

在《水利工程建设安全生产管理规定》中规定：

第三十六条　施工单位应当根据水利工程施工的特点和范围，对施工现场易发生重大事故的部位、环节进行监控，制定施工现场生产安全事故应急救援预案。实行施工总承包的，由总承包单位统一组织编制水利工程建设生产安全事故应急救援预案，工程总承包单位和分包单位按照应急救援预案，各自建立应急救援组织或者配备应急救援人员，配备救援器材、设备，并定期组织演练。

在《生产安全事故应急预案管理办法》中对于应急物资的配备做出以下规定：

第三十八条　生产经营单位应当按照应急预案的规定，落实应急指挥体系、应急救援队伍、应急物资及装备，建立应急物资、装备配备及其使用档案，并对应急物资、装备进行定期检测和维护，使其处于适用状态。

3.参考示例

（1）应急物资台账。

（2）应急物资专人管理任命文件。

（3）应急物资检查、维护记录。

（4）监督检查承包人相关工作开展情况的监督检查记录及督促落实记录。

【标准条文】

6.1.5　监理单位及监理机构应按规定开展生产安全事故应急知识和应急预案培训。监理单位应根据事故风险特点，编制年度应急演练计划，按照 AQ/T 9007 等有关要求，每年至少组织一次综合应急预案演练或者专项应急预案演练，每半年至少组织一次现场处置方案演练（监理机构可参加由项目法人、承包人组织的演练），做到一线从业人员参与应急演练全覆盖，掌握相关的应急知识。按照 AQ/T 9009 等有关要求，对演练进行总结和评估，根据评估结论和演练发现的问题，修订、完善应急预案，改进应急准备工作。

监理机构应监督检查承包人开展此项工作。

1. 工作依据

《安全生产法》（中华人民共和国主席令第八十八号）

《生产安全事故应急条例》（国务院令第 708 号）

《生产安全事故应急预案管理办法》（应急管理部令〔2019〕第 2 号）

AQ/T 9007—2019《生产安全事故应急演练基本规范》

AQ/T 9009—2015《生产安全事故应急演练评估规范》

2. 实施要点

加强应急预案演练，是保证和提高应急预案实效性的重要措施。《生产安全事故应急条例》《生产安全事故应急预案管理办法》等法规、规章分别对应急预案的演练提出了明确要求，监理单位应当制定本单位的应急预案演练计划，根据本单位的事故预防重点，每年至少组织一次综合应急预案演练或者专项应急预案演练，每半年至少组织1 次现场处置方案演练。演练结束后，组织单位应当对演练效果进行评估，撰写演练评估报告，分析存在的问题，并对应急预案提出修订意见。

（1）预案培训。

监理单位在开展教育培训工作时应将应急预案的教育培训纳入年度培训计划中，并如实记载，形成教育和培训档案。

在《生产安全事故应急预案管理办法》中规定：

第三十一条　生产经营单位应当组织开展本单位的应急预案、应急知识、自救互救和避险逃生技能的培训活动，使有关人员了解应急预案内容，熟悉应急职责、应急处置程序和措施。

应急培训的时间、地点、内容、师资、参加人员和考核结果等情况应当如实记入本单位的安全生产教育和培训档案。

（2）演练频次。

《生产安全事故应急条例》《生产安全事故应急预案管理办法》规定，生产经营单位应当制定本单位的应急预案演练计划，根据本单位的事故风险特点，每年至少组织一次综合应急预案演练或者专项应急预案演练，每半年至少组织一次现场处置方案演练。

（3）演练与评估。

监理单位每次开展预案演练时，应根据 AQ/T 9007—2019 及预案的要求编制详细的演练方案，演练方案附演练脚本、应急演练保障方案和应急演练评估方案等内容，以有效指导演练活动。演练过程中，应通过文字、音像、图片等方式进行详细记录。

为了验证演练效果及生产应急预案的符合性，监理单位在应急演练结束后，对演练情况进行评估。关于演练的评估，在 AQ/T 9009—2015 中规定：

9 演练评估总结

9.1 演练现场点评

评估小组内部交换评估意见后，评估人员或评估组负责人针对演练中发现的问题、不足及取得的成效进行点评。

9.2 编制书面评估报告

9.2.1 报告编写要求

书面评估报告的编制应满足以下要求：

a）评估人员针对演练中观察、记录以及收集的各种信息资料，依据评估标准对应急演练活动全过程进行科学分析和客观评价，并撰写书面评估报告；

b）评估报告重点对演练活动的组织和实施、演练目标的实现、参演人员的表现以及演练中暴露出应急预案和应急管理工作中的问题等进行评价；

c）评估报告应提出对存在问题的整改要求和意见。

9.2.2 报告主要内容

演练评估报告的主要内容一般包括演练执行情况、预案的合理性与可操作性、应急指挥人员的指挥协调能力、参演人员的处置能力、演练所用设备装备的适用性、演练目标的实现情况、演练的成本效益分析、对完善预案的建议等。

（4）预案修订完善。

《生产安全事故应急预案管理办法》中规定，应急预案演练结束后，应急预案演练组织单位应当对应急预案演练效果进行评估，撰写应急预案演练评估报告，分析存在的问题，并对应急预案提出修订意见。

（5）监理机构的相关工作。

考虑到监理机构的工作特点，多数情况下是与项目法人、承包人等共同组织，或督促承包人组织相关应急演练工作。因此，《评审规程》规定监理机构可以参加项目法人、承包人等组织的应急演练，可不必单独组织。需要注意的是，监理机构相关人员应全程参与演练活动，并收集、整理相关档案记录。

对承包人此项工作的监督检查，可参照监理单位、监理机构的相关工作要求。

3. 参考示例（示例见二维码67）

（1）应急演练方案、应急演练记录。

（2）应急演练总结和评估记录。

（3）监督检查承包人相关工作开展情况的监督检查记录及督促落实记录。

二维码 67

【标准条文】

6.1.6 监理单位及监理机构应根据 AQ/T 9011 及有关规定定期评估应急预案，根据评估结果及时进行修订和完善，并及时报备。

监理机构应监督检查承包人开展此项工作。

1. 工作依据

《安全生产法》（中华人民共和国主席令第八十八号）

《生产安全事故应急条例》（国务院令第 708 号）

《生产安全事故应急预案管理办法》（应急管理部令〔2019〕第 2 号）

2．实施要点

应急预案编制单位应当建立应急预案定期评估制度，对预案内容的针对性和实用性进行分析，并对应急预案是否需要修订做出结论。

《生产安全事故应急预案管理办法》规定，矿山、金属冶炼、建筑施工企业和易燃易爆物品、危险化学品等危险物品的生产、经营、储存企业、使用危险化学品达到国家规定数量的化工企业、烟花爆竹生产、批发经营企业和中型规模以上的其他生产经营单位，应当每三年进行一次应急预案评估。《生产安全事故应急预案管理办法》中未对其他类型单位预案评估的周期作出要求，监理单位可参照执行。

应急预案评估可以邀请相关专业机构或者有关专家、有实际应急救援工作经验的人员参加，必要时可以委托安全生产技术服务机构实施。关于应急预案的修订，在《生产安全事故应急预案管理办法》中规定：

第三十六条　有下列情形之一的，应急预案应当及时修订并归档：

（一）依据的法律、法规、规章、标准及上位预案中的有关规定发生重大变化的；

（二）应急指挥机构及其职责发生调整的；

（三）安全生产面临的风险发生重大变化的；

（四）重要应急资源发生重大变化的；

（五）在应急演练和事故应急救援中发现需要修订预案的重大问题的；

（六）编制单位认为应当修订的其他情况。

第三十七条　应急预案修订涉及组织指挥体系与职责、应急处置程序、主要处置措施、应急响应分级等内容变更的，修订工作应当参照本办法规定的应急预案编制程序进行，并按照有关应急预案报备程序重新备案。

3．参考示例

（1）应急预案修订记录。

（2）修订后预案备案记录。

（3）监理机构监督检查承包人相关工作开展情况的监督检查记录及督促落实记录。

第二节　应急处置与评估

发生事故或险情后，监理单位应根据现场实际情况启动相应级别的应急响应，在确保安全的前提下组织抢救遇险人员，控制危险源，封锁危险场所，杜绝盲目施救，防止事态扩大。监理机构所监理的水利工程项目发生事故后，应指示承包人采取有效措施防止损失扩大，在应急救援结束后，及时督促承包人做好善后工作。

【标准条文】

6.2.1　发生事故后，监理单位及监理机构应启动相关应急预案，采取应急处置措施，开展事故救援，必要时寻求社会支援。

监理机构应协助项目法人开展事故应急救援，并监督检查承包人开展此项工作。

6.2.2　应急救援结束后，监理单位及监理机构应尽快完成善后处理、环境清理和监测等工作。

监理机构应监督检查承包人开展此项工作。

6.3.1 监理单位及监理机构每年至少应进行一次应急准备工作的总结评估。完成险情或事故应急处置结束后，对应急处置工作进行总结评估。

监理机构应监督检查承包人开展此项工作。

1. 工作依据

《安全生产法》（中华人民共和国主席令第八十八号）

《生产安全事故报告和调查处理条例》（国务院令第 493 号）

《水利部关于进一步加强水利安全生产应急管理提高生产安全事故应急处置能力的通知》（水安监〔2014〕19 号）

SL 721—2015《水利水电工程施工安全管理导则》

2. 实施要点

（1）事故救援。

发生生产安全事故后，监理单位应根据事故的严重程度，立即启动相应级别的应急预案，开展事故救援，防止事故扩大。如承包人的施工现场发生生产安全事故，应在第一时间监督承包人立即开展救援和先期处置，并要求其按规定启动应急预案。关于事故救援，在《安全生产法》中规定：

第五十条 生产经营单位发生生产安全事故时，单位的主要负责人应当立即组织抢救，并不得在事故调查处理期间擅离职守。

第八十三条 生产经营单位发生生产安全事故后，事故现场有关人员应当立即报告本单位负责人。

单位负责人接到事故报告后，应当迅速采取有效措施，组织抢救，防止事故扩大，减少人员伤亡和财产损失，并按照国家有关规定立即如实报告当地负有安全生产监督管理职责的部门，不得隐瞒不报、谎报或者迟报，不得故意破坏事故现场、毁灭有关证据。

在 SL 721—2015 中规定：

13.3.1 发生生产安全事故后，项目法人、监理单位和事故单位必须迅速、有效地实施先期处置；项目法人及事故单位主要负责人应立即到现场组织抢救，启动应急预案，采取有效措施，防止事故扩大。

（2）善后处理。

事故应急处置结束后，监理单位应立即组织对事故的善后进行处理，清理因事故引发的环境影响，并根据事故原因、类型及产生的后果，采取必要技术措施进行监测，防止损失进一步扩大。承包人施工现场的事故应急处置结束后，监理机构应按上述要求监督检查承包人开展善后处理工作。

（3）经验总结。

事故应急处置结束后，监理单位应认真分析总结应急处置的经验教训，并提出改进工作的建议，对包括企业应急预案在内的所有应急管理制度（体系）中存在的问题提出相应修改意见，并据此编制应急处置报告。

（4）应急评估。

监理单位及监理机构每年对应急管理情况进行总结评估，内容应包括制度建设、应急预案体系制、修订，应急演练、培训，应急救援及应急管理存在的问题、下年度应急管理计划等，并形成应急管理总结评估报告。监理机构应监督检查承包人按上述要求开展相关工作。

3. 参考示例

（1）应急预案启动记录。

（2）事故现场救援记录（文字、音像记录等）。

（3）事故善后处理、环境清理及监测记录。

（4）事故应急处置工作总结评估报告。

（5）年度应急准备工作总结评估报告。

（6）监理机构监督检查承包人相关工作开展情况的监督检查记录及督促落实记录。

对承包人应急管理的监督检查示例见表8-1。

表 8-1　　　　　　　　应急管理监督检查表（示例）

工程名称：××××××工程　　　　　　监理机构：××××××公司××××工程项目监理部

被查承包人名称				检查结果	检查人员	检查时间
序号	检查项目		检查内容及要求	检查结果	检查人员	检查时间
1	应急管理	应急管理机构	是否建立了应急管理机构，并指定专人负责应急救援工作	××	×××	20××.××.××
		应急队伍	是否按批复的应急预案和现场实际需要组建现场应急队伍	××	×××	20××.××.××
		应急物资	是否按批复的应急预案和现场实际需要配备应急物资	××	×××	20××.××.××
		应急演练	是否按需要组织了现场应急演练	××	×××	20××.××.××
		应急预案的评估	是否根据有关规定和实际需要对应急预案进行了评估，并根据评估结果对应急预案进行了修订			
		善后处置	是否在应急救援结束后，进行善后处理、环境清理和监测			
其他检查人员				承包人代表		

注：1. 此项监督检查，可结合现场管理实际，与每月综合检查、专项检查一并开展。

　　2. 对已按规定或合同约定向监理机构履行了报批、查验或备案手续的工作，包括应急管理机构与人员、应急预案体系等，在监督检查表中可不必再重复检查。

第九章 事 故 管 理

《评审规程》中规定了监理单位及监理机构所监理项目发生生产安全事故后，应开展的各项工作，主要依据《生产安全事故报告和调查处理条例》等相关规定提出的要求。在《生产安全事故报告和调查处理条例》中对事故等级划分、事故报告、组织抢救和调查处理中的组织体系、工作程序、时限要求、行为规范等做出了规定；《国家安全监管总局关于调整生产安全事故调度统计报告的通知》对生产安全事故调度统计报告的事故等级、事故范围、事故报送时限等进行调整，进一步规范生产安全事故调度统计报告内容；《水利安全生产信息报告和处置规则》结合水利行业实际，对水利安全生产信息报告和处置工作做出具体规定；《〈生产安全事故报告和调查处理条例〉罚款处罚暂行规定》对生产安全事故发生单位及其主要负责人、直接负责的主管人员和其他责任人员等有关责任人员实施罚款的行政处罚做出规定。

第一节 事 故 报 告

根据《安全生产法》的规定，生产经营单位应履行事故报告的义务，有助于严格落实生产安全事故责任追究制度，防止和减少生产安全事故的发生，是落实企业安全生产的主体责任的直接体现。

【标准条文】

7.1.1 监理单位制定的事故报告、调查和处理制度应明确事故报告（包括程序、责任人、时限、内容等）、调查和处理内容（包括事故调查、原因分析、纠正和预防措施、责任追究、统计与分析等），应将造成人员伤亡（轻伤、重伤、死亡等人身伤害和急性中毒）、财产损失（含未遂事故）和较大涉险事故纳入事故调查和处理范畴。

监理机构应监督检查承包人开展此项工作。

7.1.2 发生事故后，监理单位应按照有关规定及时、准确、完整地向有关部门报告，事故报告后出现新情况时，应当及时补报。

监理机构应监督检查承包人开展此项工作。

1. 工作依据

《安全生产法》（中华人民共和国主席令第八十八号）

《中华人民共和国特种设备安全法》（中华人民共和国主席令第四号）

《生产安全事故报告和调查处理条例》（国务院令第 493 号）

《〈生产安全事故报告和调查处理条例〉罚款处罚暂行规定》（安监总局令第 13 号）

《国家安全监管总局关于调整生产安全事故调度统计报告的通知》（安监总调度

〔2007〕120 号）

《水利工程建设安全生产管理规定》（水利部令第 26 号）

《水利安全生产信息报告和处置规则》（水监督〔2022〕156 号）

2. 实施要点

（1）制度编制。

为规范生产安全事故管理工作，监理单位应根据相关法律法规，建立事故管理制度。在制度中应明确事故报告、事故调查和处理等内容。制度编制时需要注意以下几方面的内容：

1）制度内容应合规。在安全生产相关法规中，对生产安全事故管理提出了明确的规定，如事故报告的时限、报告的程序，事故调查与处理的要求等。生产经营单位所制定事故管理制度不得出现与相关法律法规相违背的内容。

2）制度要素应齐全。制度中的要素应涵盖评审标准中所要求的各个要素，即包括事故管理工作所需开展的全部内容：事故报告的程序、责任人、时限、内容，事故调查、原因分析、纠正和预防措施、责任追究、统计与分析等。

3）事故管理的范围包括造成人员伤亡（轻伤、重伤、死亡等人身伤害和急性中毒）、财产损失（含未遂事故）和较大涉险事故等。

（2）事故报告。

发生生产安全事故后，监理单位及从业人员应按规定进行报告，一是不得迟报、谎报或者瞒报事故，否则不得被评定为安全生产标准化达标单位；二是应按规定的程序和内容进行报告。

《生产安全事故罚款处罚规定（试行）》中明确《生产安全事故报告和调查处理条例》中所称的迟报、漏报、谎报和瞒报，依照下列情形认定：

1）报告事故的时间超过规定时限的，属于迟报。

2）因过失对应当上报的事故或者事故发生的时间、地点、类别、伤亡人数、直接经济损失等内容遗漏未报的，属于漏报。

3）故意不如实报告事故发生的时间、地点、初步原因、性质、伤亡人数和涉险人数、直接经济损失等有关内容的，属于谎报。

4）隐瞒已经发生的事故，超过规定时限未向安全监管监察部门和有关部门报告，经查证属实的，属于瞒报。

《安全生产法》第十八条明确规定，生产经营单位的主要负责人应及时、如实报告生产安全事故。

事故报告具体分为两种情况：一是发生《生产安全事故报告和调查处理条例》《水利安全生产信息报告和处置规则》中的事故类型，应当按照国家及行业部门相关要求向有关部门进行报告；二是除上述类型以外的事故，如轻伤事故或者直接经济损失小于 100 万元的事故，生产经营单位应当按制度要求履行内部报告程序。如《生产安全事故报告和调查处理条例》中规定：

第四条　事故报告应当及时、准确、完整，任何单位和个人对事故不得迟报、漏报、谎报或者瞒报。

第九条　事故发生后，事故现场有关人员应当立即向本单位负责人报告；单位负责人接到报告后，应当于1小时内向事故发生地县级以上人民政府安全生产监督管理部门和负有安全生产监督管理职责的有关部门报告。

情况紧急时，事故现场有关人员可以直接向事故发生地县级以上人民政府安全生产监督管理部门和负有安全生产监督管理职责的有关部门报告。

第十二条　报告事故应当包括下列内容：

（一）事故发生单位概况；

（二）事故发生的时间、地点以及事故现场情况；

（三）事故的简要经过；

（四）事故已经造成或者可能造成的伤亡人数（包括下落不明的人数）和初步估计的直接经济损失；

（五）已经采取的措施；

（六）其他应当报告的情况。

第十三条　事故报告后出现新情况的，应当及时补报。

自事故发生之日起30日内，事故造成的伤亡人数发生变化的，应当及时补报。道路交通事故、火灾事故自发生之日起7日内，事故造成的伤亡人数发生变化的，应当及时补报。

在《水利安全生产信息报告和处置规则》中关于事故上报的规定（节选）：

四、事故信息

水利生产安全事故信息包括生产安全事故和较大涉险事故信息。

水利生产安全事故信息报告包括：事故文字报告、事故快报、事故月报和事故调查处理情况报告。

水利生产安全事故等级划分按《生产安全事故报告和调查处理条例》第三条执行。

较大涉险事故包括：涉险10人及以上的事故；造成3人及以上被困或者下落不明的事故；紧急疏散人员500人及以上的事故；危及重要场所和设施安全（电站、重要水利设施、危化品库、油气田和车站、码头、港口、机场及其他人员密集场所等）的事故；其他较大涉险事故。

事故发生后，事故现场有关人员应当立即向本单位负责人报告；单位负责人接到报告后，在1小时内向主管单位和事故发生地县级以上水行政主管部门电话报告。其中，水利工程建设项目事故发生单位应立即向项目法人（项目部）负责人报告，项目法人（项目部）负责人应于1小时内向主管单位和事故发生地县级以上水行政主管部门报告。

部直属单位或者其下属单位发生的生产安全事故信息，在报告主管单位同时，应于1小时内向事故发生地县级以上水行政主管部门报告。

情况紧急时，事故现场有关人员可以直接向事故发生地县级以上水行政主管部门报告。

3. 参考示例

（1）以正式文件发布的事故管理制度。

事故管理制度（示例）

第一章　总　　则

第一条　为规范公司生产安全事故（以下简称事故）的报告、调查和处理，结合公司实际制度本制度。

第二条　本制度依据《中华人民共和国安全生产法》《建设工程安全生产管理条例》《生产安全事故报告和调查处理条例》等法律、法规要求制定。

第三条　本制度所称事故是指公司在生产经营活动（包括与生产经营有关的活动）中突然发生的，伤害人身安全和健康，或者损坏设备设施，或者造成经济损失的，导致原生产经营活动（包括与生产经营活动有关的活动）暂时中止或永远终止的意外事件。具体包括：

（一）轻伤事故。

劳动能力的轻度或暂时丧失。一般休工在 1 个工作日以上，105 个工作日以下的事故。

（二）重伤事故。

损失工作日等于或超过 105 个工作日的失能伤害，或职业危害诊断的其他情形。

（三）死亡事故。

发生 1 人及以上死亡的事故。

（四）较大涉险事故。

（1）涉险 10 人以上的事故；

（2）造成 3 人以上被困或者下落不明的事故；

（3）紧急疏散人员 500 人以上的事故；

（4）因生产安全事故对环境造成严重污染（人员密集场所、生活水源、农田、河流、水库、湖泊等）的事故；

（5）危及重要场所和设施安全（电站、重要水利设施、危化品库、油气站和其他人员密集场所等）的事故；

（6）其他较大涉险事故。

（五）未遂事故。

未遂事故是指未发生健康损害、人身伤亡、重大财产损失与环境破坏的事故。

第四条　本制度适用于公司及其各项目监理部的生产安全事故管理工作。

第二章　工　作　职　责

第五条　公司董事长、总经理对公司事故管理工作全面负责；分管安全领导对公司事故管理工作进行具体部署安排。工程管理部是公司事故管理工作的管理协调责任部门。项目监理部是现场事故管理的责任部门，总监理工程师（负责人）对现场事故管理工作全面负责。具体职责同公司全员安全生产责任制管理制度规定。

第六条　工程管理部负责事故管理相关工作，其职责为：

（一）建立事故档案，编制事故月报报表，按管理层级逐级上报，对事故情况进行统计分析、预测预警。

（二）事故发生后，参加事故救援。

（三）编制事故报告，按规定进行事故报告。

（四）参与公司事故内部调查，编制事故调查处理报告，提出处理意见。

（五）组织事故经验教训的总结与培训。

（六）配合政府、行业主管部门或上级管理部门进行事故调查。

（七）发生事故后，监理单位及监理机构应采取有效措施，防止事故扩大并保护事故现场及有关证据。

第七条　其他部门、单位

（一）全力配合公司及各级人民政府的事故调查处理。

（二）开展部门事故警示教育，组织事故隐患排查，举一反三，防止此类事故的发生。

第三章　事　故　报　告

第八条　各级人员在事故发生事故后，应按规定进行事故报告。

第九条　报告程序和时限：

事故发生后，事故现场有关人员应立即向公司主要负责人（董事长或总经理）报告，公司主要负责人接到报告后，应当于1小时内向事故发生地政府负有安全生产监督管理的职能部门和水行政主管部门报告。

各项目监理部接到承包人的事故报告后，应立即向项目法人报告，同时向公司主要负责人报告，并监督检查承包人按规定进行事故报告。

公司接到报告后，应立即报告集团安全监督部，并于事故发生2小时内，提交书面报告。

第十条　事故报告内容和要求

（一）快报

可采用电话、微信、短信、电子邮件，但必须经电话确认对方收到。

快报内容应包括：事故发生单位名称、地址、负责人姓名和联系方式；事故类型、发生时间、地点、已经造成的伤亡、失踪、失联人数和损失情况；初步判断事故发生原因、影响范围、事故发展趋势、已采取的解决措施以及是否需要增援等。对事故处置的新进展和可能衍生的新情况，要及时续报，事故处置结束后，要进行终报，视情况附现场照片等信息资料。

（二）书面报告

（1）事故发生单位概况，负责人和联系人姓名及联系方式；

（2）事故发生的时间、地点以及事故现场情况；

（3）事故的简要经过；

（4）事故已经造成或者可能造成的伤亡、失踪、失联人数和初步估计的直接经济损失；

（5）已经采取的措施，当前状态；

（6）其他应当报告的情况。

第十一条　事故报告后出现新情况的，应当及时补报。

第十二条　自事故发生之日起 30 日内，事故造成的伤亡人数发生变化的，应当及时补报。道路交通事故、火灾事故自发生之日起 7 日内，事故造成的伤亡人数发生变化的，应当及时补报。

第十三条　事故发生后，存在迟报、漏报、谎报、瞒报事故或故意拖延报告时限等行为的，由公司对有关人员给予相应处分，并向集团汇报，构成犯罪的，由有关部门依法追究刑事责任。

第四章　应　急　处　置

第十四条　发生事故后，现场人员应立即组织施救，并拨打 119、120 等应急电话。公司主要负责人接报后，应根据事故的严重程度，及时做出应急响应，启动相应级别的应急预案，组织开展应急救援工作。

第十五条　监理项目承包人发生事故后，总监理工程师接到事故报告后，应立即组织承包人启动相应事故应急预案，采取有效措施，调动必要的救援队伍、装备和物资，组织抢救，防止事故扩大，减少人员伤亡和财产损失。

第十六条　事故发生后，应及时控制危险源，封锁危险场所，划定事故现场危险区域范围、设置明显警示标志，并及时发布通告，防止无关人员进入危险区域。应妥善保护事故现场以及相关证据，任何单位和个人不得破坏事故现场、毁灭相关证据。

第十七条　因抢救人员、防止事故扩大以及疏通交通等原因，需要移动事故现场物件的，应当做出标志，绘制现场简图并做出书面记录，妥善保存现场重要痕迹、物证。监理项目承包人发生事故的，项目监理部应组织承包人开展上述工作。

第五章　事故调查处理

第十八条　公司应对较大涉险事故和未遂事故，组成内部事故调查组，对事故情况进行调查处理。内部调查组成员应包括单位主要负责人和工会、纪检、安全、工程等有关部门人员。调查工作参照《生产安全事故报告和调查处理条例》（国务院令第 493 号）开展，查明事故发生的时间、经过、原因、波及范围、人员伤亡情况及直接经济损失等。

第十九条　公司事故内部调查组应根据有关证据、资料，分析事故的直接、间接原因和事故责任，提出应吸取的教训、整改措施和处理建议，编制事故调查报告。

第二十条　有关部门和人员应按规定配合政府组织的事故调查工作，事故调查结论以政府组织的事故调查组出具的事故调查报告为准。在事故未调查完成之前，不得擅自发布有关事故的信息。相关部门及人员应向事故调查组如实提供有关情况。

第二十一条　应按有关规定妥善做好事故的善后处理工作；监理机构应按照有关规定和合同约定，监督检查承包人对事故进行善后处理。

第六章　责任追究及事故预防

第二十二条　政府调查和内部调查结束后，公司将按照事故原因未查清不放过、责任人员未处理不放过、整改措施未落实不放过、有关人员未受到教育不放过的"四不放过"原则，按照负责事故调查的人民政府的批复，督促相关单位落实纠正和预防措施，对负有事故责任的公司内部人员进行处理，并将事故情况在全工地进行通报。

第二十三条　为了吸取事故教训，警示和教育广大员工，事故管理责任部门应将事故情况编制成案例，对相关人员进行教育，举一反三，防止类似事故再次发生。

第七章　统计分析与信息报送

第二十四条　公司及项目现场监理机构应建立、完善事故档案和管理台账，包括事故事件记录及调查报告。

第二十五条　公司实行事故月报、年报制度。事故实行零报告制度。

第二十六条　各项目监理部每月 20 日前将事故月报表和每年 12 月 20 日前将事故年报表报送公司，公司工程管理部在每月 22 日和每年 12 月 22 日前按规定报集团公司安监部。报表的各项内容要填报完整，各项目监理部负责人对报表的及时性、准确性负责。

第八章　附　　则

第二十七条　本制度由公司工程管理部负责解释。

第二十八条　本制度自发布之日起施行。

附件：

1. 事故月报表（年报表）

2. 事故快报表

3. 事故调查报告

（2）事故报告记录。

第二节　事故调查和处理

事故发生后，监理单位应积极组织救援，防止事态扩大，按规定配合事故调查处理工作，并开展事故内部调查处理，以充分吸取事故教训，杜绝类似事故的再次发生。

【标准条文】

7.2.1　发生事故后，监理单位及监理机构应采取有效措施，防止事故扩大，并保护事故现场及有关证据。

监理机构应监督检查承包人开展此项工作。

7.2.2　事故发生后，监理单位应按规定组织事故调查组对事故进行内部调查，查明事故发生的时间、经过、原因、波及范围、人员伤亡情况及直接经济损失等。事故调查组应根据有关证据、资料，分析事故的直接、间接原因和事故责任，提出应吸取的教训、整改措施和处理建议，编制事故调查报告。

监理机构应监督检查承包人开展此项工作。

7.2.3　事故发生后，由有关人民政府组织事故调查的，监理单位及监理机构应积极配合开展事故调查。

7.2.4　监理单位应按照"四不放过"的原则进行事故处理。

监理机构应监督检查承包人开展此项工作。

7.2.5　监理单位应做好事故的善后工作。

监理机构应监督检查承包人开展此项工作。

1. 工作依据

《安全生产法》（中华人民共和国主席令第八十八号）

《中华人民共和国特种设备安全法》（中华人民共和国主席令第四号）

《生产安全事故报告和调查处理条例》（国务院令第493号）

《〈生产安全事故报告和调查处理条例〉罚款处罚暂行规定》（安监总局令第13号）

SL 721—2015《水利水电工程施工安全管理导则》

2. 实施要点

（1）事故现场处置。

监理单位发生生产安全事故后，单位的主要负责人应立即启动相应级别的应急预案，并组织进行救援。在《安全生产法》中规定：

第五十条　生产经营单位发生生产安全事故时，单位的主要负责人应当立即组织抢救，并不得在事故调查处理期间擅离职守。

第八十三条　生产经营单位发生生产安全事故后，事故现场有关人员应当立即报告本单位负责人。

单位负责人接到事故报告后，应当迅速采取有效措施，组织抢救，防止事故扩大，减少人员伤亡和财产损失，并按照国家有关规定立即如实报告当地负有安全生产监督管理职责的部门，不得隐瞒不报、谎报或者迟报，不得故意破坏事故现场、毁灭有关证据。

在《特种设备安全法》中规定：

第七十条　特种设备发生事故后，事故发生单位应当按照应急预案采取措施，组织抢救，防止事故扩大，减少人员伤亡和财产损失，保护事故现场和有关证据，并及时向事故发生地县级以上人民政府负责特种设备安全监督管理的部门和有关部门报告。

在《生产安全事故报告和调查处理条例》中规定：

第十四条 事故发生单位负责人接到事故报告后，应当立即启动事故相应应急预案，或者采取有效措施，组织抢救，防止事故扩大，减少人员伤亡和财产损失。

（2）事故调查。

发生等级生产安全事故后，由有关人民政府负责调查的，监理单位应积极配合开展事故调查。发生事故后监理单位除配合政府部门开展事故调查处理外，还应按照企业内部事故调查制度，开展调查工作并编制事故调查报告。

1）事故调查的原则。

《安全生产法》规定，事故调查处理应当按照科学严谨、依法依规、实事求是、注重实效的原则，及时、准确地查清事故原因，查明事故性质和责任，评估应急处置工作，总结事故教训，提出整改措施，并对事故责任单位和人员提出处理建议。事故调查报告应当依法及时向社会公布。

2）事故调查的权限。

《生产安全事故报告和调查处理条例》规定，特别重大事故由国务院或者国务院授权有关部门组织事故调查组进行调查。重大事故、较大事故、一般事故分别由事故发生地省级人民政府、设区的市级人民政府、县级人民政府负责调查。省级人民政府、设区的市级人民政府、县级人民政府可以直接组织事故调查组进行调查，也可以授权或者委托有关部门组织事故调查组进行调查。未造成人员伤亡的一般事故，县级人民政府也可以委托事故发生单位组织事故调查组进行调查。

3）事故调查组的职责。

《生产安全事故报告和调查处理条例》规定：

第二十五条 事故调查组履行下列职责：

（一）查明事故发生的经过、原因、人员伤亡情况及直接经济损失；

（二）认定事故的性质和事故责任；

（三）提出对事故责任者的处理建议；

（四）总结事故教训，提出防范和整改措施；

（五）提交事故调查报告。

4）事故调查报告的内容。

《生产安全事故报告和调查处理条例》规定：

第三十条 事故调查报告应当包括下列内容：

（一）事故发生单位概况；

（二）事故发生经过和事故救援情况；

（三）事故造成的人员伤亡和直接经济损失；

（四）事故发生的原因和事故性质；

（五）事故责任的认定以及对事故责任者的处理建议；

（六）事故防范和整改措施。

事故调查报告应当附具有关证据材料。事故调查组成员应当在事故调查报告上签名。

（3）处理原则。

发生生产安全事故后，按照"四不放过"的原则对相关责任人进行处理。

《安全生产法》规定：

第八十七条　生产经营单位发生生产安全事故，经调查确定为责任事故的，除了应当查明事故单位的责任并依法予以追究外，还应当查明对安全生产的有关事项负有审查批准和监督职责的行政部门的责任，对有失职、渎职行为的，依照本法第八十七条的规定追究法律责任。

关于事故责任的处理，在《生产安全事故报告和调查处理条例》中规定：

第三十二条　有关机关应当按照人民政府的批复，依照法律、行政法规规定的权限和程序，对事故发生单位和有关人员进行行政处罚，对负有事故责任的国家工作人员进行处分。

事故发生单位应当按照负责事故调查的人民政府的批复，对本单位负有事故责任的人员进行处理。

负有事故责任的人员涉嫌犯罪的，依法追究刑事责任。

第三十三条　事故发生单位应当认真吸取事故教训，落实防范和整改措施，防止事故再次发生。防范和整改措施的落实情况应当接受工会和职工的监督。

安全生产监督管理部门和负有安全生产监督管理职责的有关部门应当对事故发生单位落实防范和整改措施的情况进行监督检查。

关于事故责任的处理，在《国务院关于进一步加强安全生产工作的决定》中规定：

19. 强化安全生产监管监察行政执法。

认真查处各类事故，坚持事故原因未查清不放过、责任人员未处理不放过、整改措施未落实不放过、有关人员未受到教育不放过的"四不放过"原则，不仅要追究事故直接责任人的责任，同时要追究有关负责人的领导责任。

（4）善后工作。

发生生产安全事故后，监理单位应依法做好伤亡人员的善后工作，安排好受影响人员的生活，做好损失的补偿。

3. 参考示例

（1）发生一般等级以下事故的，提供企业内部事故调查报告；发生一般等级以上事故的，提供有关调查报告及批复；事故结案文件、记录（含责任追究等内容）。

（2）事故发生后采取的控制措施证据。

（3）"四不放过"处理相关证明资料（防范和整改措施及落整改措施验证记录）。

（4）工伤认定及其他善后工作资料。

第三节　事故档案管理

监理单位应按规定完善事故档案管理，建立事故管理台账并进行统计分析。

【标准条文】

7.3.1　建立完善的事故档案和事故管理台账，并定期按照有关规定对事故进行统计分析。

1．工作依据

《安全生产法》（中华人民共和国主席令第八十八号）

《生产安全事故报告和调查处理条例》（国务院令第 493 号）

《水利安全生产信息报告和处置规则》（水监督〔2022〕156 号）

2．实施要点

监理单位应建立事故档案和事故管理台账，详细记录事故管理过程，并定期对事故进行统计分析。水利行业事故月报实行"零报告"制度，当月无生产安全事故也要按时报告。

在《水利安全生产信息报告和处置规则》中规定：

（一）信息报告：

事故月报实行"零报告"制度，当月无生产安全事故也要按时报告。

水利生产安全事故和较大涉险事故的信息报告应当及时、准确和完整。任何单位和个人对事故不得迟报、漏报、谎报和瞒报。

3．参考示例

（1）事故档案。

（2）事故管理台账。

（3）事故统计分析报告。

第十章 持 续 改 进

安全生产标准化的持续改进工作，是指安全生产标准化体系建立并运行后，应根据运行过程中发现的问题，对管理体系进行持续的更新、完善和改进。持续改进工作一般包括两个阶段：一是安全生产标准化创建过程中，对管理体系进行持续改进，以达到标准化管理效果；二是通过安全生产标准化达标审核后，对管理体系进行的持续改进。

第一节 绩 效 评 定

监理单位应每年开展安全生产标准化绩效评定工作，以检验工作取得的效果、发现存在的问题并加以改进。

【标准条文】

8.1.1 监理单位的安全生产标准化绩效评定制度应明确评定的组织、时间、人员、内容与范围、方法与技术、报告与分析等要求。

8.1.2 监理单位应每年至少组织一次安全标准化实施情况的检查评定，验证各项安全生产制度措施的适宜性、充分性和有效性，检查安全生产管理工作目标、指标的完成情况，提出改进意见，形成评定报告。发生生产安全责任死亡事故后，应重新进行评定，全面查找安全生产标准化管理体系中存在的缺陷。

8.1.3 评定报告以正式文件印发，向所有部门（单位）、监理机构通报安全标准化工作评定结果。

8.1.4 监理单位将安全生产标准化自评结果，纳入单位年度绩效考评。

8.1.5 监理单位应落实安全生产报告制度，定期向有关部门报告安全生产情况，并公示。

　　1. 工作依据

《国务院安全生产委员会关于加强企业安全生产诚信体系建设的指导意见》（安委〔2014〕8 号）

《国家安全监管总局关于印发企业安全生产责任体系五落实五到位规定的通知》（安监总办〔2015〕27 号）

　　2. 实施要点

（1）基本概念。

安全生产绩效是指根据安全生产和职业卫生目标，在安全生产、职业卫生等工作方面取得的可测量结果。能够帮助生产经营单位识别安全生产工作的改进区域，是建立安全生产标准化工作自我改进机制的重要环节。安全生产标准化绩效评定制度应明确评定的组织、时间、人员、内容与范围、方法与技术、报告与分析等要求。

（2）工作要求。

监理单位每年至少开展一次检查评定，验证各项安全生产制度措施的适宜性、充分性和有效性，检查安全生产工作目标、指标的完成情况。

对于处于创建期的监理单位，需要在创建周期内开展检查评定工作，如建设周期大于1年的，应至少每年开展一次，以验证创建过程的成果；对于已经通过达标创建的单位，应至少每年开展一次自评活动，并向水利安全生产标准化评审组织单位报送自评结果。

监理单位及其监理项目（经事故调查认定有监理责任的）发生生产安全事故，监理单位应重新进行安全绩效评定，全面查找安全生产标准化管理体系中存在的缺陷。

（3）自评报告。

监理单位的自评报告，应以正式文件形式印发至各部门、各下属单位，使全员对企业的安全生产标准化体系运行情况得以全面的了解，认识到工作中的不足并加以改进。

（4）绩效考核。

监理单位的绩效考核指标体系中应将安全生产标准化建设纳入其中，将绩效评定的结果作为每年对相关部门、下属单位和人员进行考核、奖惩的依据。

（5）落实安全生产报告制度。

《企业安全生产责任体系五落实五到位规定》（安监总办〔2015〕27号）要求生产经营单位必须落实安全生产报告制度，定期（一般为每年）向董事会、业绩考核部门报告安全生产情况，并向社会公示。

《国务院安全生产委员会关于加强企业安全生产诚信体系建设的指导意见》规定，生产经营单位应建立安全生产承诺制度。重点承诺内容：一是严格执行安全生产、职业病防治、消防等各项法律法规、标准规范，绝不非法违法组织生产；二是建立健全并严格落实安全生产责任制度；三是确保职工生命安全和职业健康，不违章指挥，不冒险作业，杜绝生产安全责任事故；四是加强安全生产标准化建设和建立隐患排查治理制度；五是自觉接受安全监管监察和相关部门依法检查，严格执行执法指令。

负有安全监督管理的部门、行业主管部门要督促企业向社会和全体员工公开安全承诺，接受各方监督。企业也要结合自身特点，制定明确各个层级一直到区队班组岗位的双向安全承诺事项，并签订和公开承诺书。

同时还要建立安全生产诚信报告和执法信息公示制度。生产经营单位定期向安全监管监察部门或行业主管部门报告安全生产诚信履行情况，重点包括落实安全生产责任和管理制度、安全投入、安全培训、安全生产标准化建设、隐患排查治理、职业病防治和应急管理等方面的情况。各有关部门要在安全生产行政处罚信息形成之日起20个工作日内向社会公示，接受监督。

3. 参考示例

（1）安全标准化绩效评定制度。

××××公司安全标准化绩效评定管理制度（编写示例）

第一章　总　　则

第一条　为评估公司安全生产标准化实施效果，不断提高公司安全生产绩效，制定本制度。

第二条　本制度适用于公司安全生产标准化实施所涉及的所有活动过程。

第三条　绩效评定

安全生产标准化绩效评定是通过检查工作记录、检查现场、打分、交流、座谈和比对等方法，进行系统的评估与分析，依据《水利工程建设监理单位安全生产标准化评审规程》进行打分，最后得出可量化的绩效指标。公司安委会每年末组织一次安全生产标准化实施情况的检查评定，验证各项安全生产制度措施的适宜性、充分性和有效性，检查安全生产工作目标、指标的完成情况。

第四条　持续改进

公司根据安全生产标准化绩效评定结果和安全生产预测预警系统所反映的趋势，客观分析本单位安全生产标准化管理体系的运行质量，及时调整完善相关规章制度和过程管控，不断提高安全生产绩效。

第二章　工　作　职　责

第五条　绩效评定工作组及其办公室

成立绩效评定工作组，组长由公司董事长和总经理担任。工作组组成如下：

组长：董事长、总经理

副组长：主管安全领导

成员：公司各部门负责人、各项目监理部负责人。

安全生产标准化绩效评定工作组下设办公室，办公室设在工程管理部。

第六条　绩效评定工作组及其成员职责

（一）工作组

负责按照制定的绩效评定计划组织实施绩效评定工作；负责检查安全生产标准化的实施情况，并对绩效评定过程中发现的问题，制定纠正、预防措施，落实公司相关部门对安全生产标准化实施情况的考核；负责将安全生产标准化工作评定结果向从业人员进行通报；负责将绩效评定有关资料存档管理。

（二）组长

对安全生产标准化绩效评定工作全面负责；领导安全生产标准化绩效评定工作。

（三）副组长

协助组长督促落实安全生产标准化绩效评定工作；审核安全生产标准化评定计划；组织安全生产标准化绩效评定考核工作。

（四）成员

参与安全生产标准化绩效评定工作中所遇各种问题的研究和讨论，提出解决问题的对策和措施；收集、提供安全生产标准化评定工作所需的有关信息和资料。

第七条 工作组办公室职责

（一）负责编制安全标准化绩效评定管理制度，明确安全生产目标完成情况、现场安全状况与标准化条款的符合情况及安全管理实施计划落实情况的评估方法、组织、周期、过程、报告与分析等要求。

（二）负责组织编制、审核安全生产标准化绩效评定计划和安全生产标准化绩效评定报告。

（三）根据安全生产标准化绩效评定会议的有关决议，督促制定纠正、预防措施，并组织对实施的效果进行跟踪验证。

（四）将安全生产标准化评定情况进行收集、整理和通报。

（五）对安全生产标准化实施情况进行指导、检查和考核。

（六）对上报的安全生产标准化绩效评定资料进行归档管理。

第三章 工 作 要 求

第八条 评定计划和实施方案

（一）工程管理部每年年末制定下一年度评定工作计划，经公司董事长批准后，以文件形式发布实施。

（二）每次评定前，工程管理部依据评定工作计划制定具体的实施方案。评定实施方案包含以下内容：

1. 评定目的、范围、依据、程序、时间和方法；

2. 评定的主要项目内容（安全生产标准化评审八个要素）；

3. 评定组人员构成及分工；

4. 其他特殊情况说明。

第九条 评定实施

（一）首次会议

安全标准化绩效评定组召开首次会议，标志着评定工作的开始，会议应明确下列事项：

1. 介绍评定组与受评定项目部的有关情况，并建立相互联系的方式和沟通渠道；

2. 明确评定的目的、范围、依据、程序、时间和方法；

3. 澄清评定工作安排中有关不明确的内容；

4. 其他有关的必要事项。

（二）现场评定

现场评定按照《水利工程建设监理单位安全生产标准化评审规程》所列内容进行。

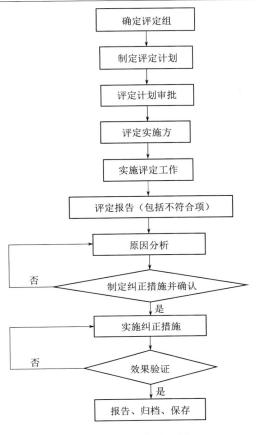

图1　评定工作流程图

　　评定人员应通过检查文件/记录、现场查看有关方面的工作及其现状等多种方式来收集证据。

　　评定人员将评定情况如实、完整地填入"评定检查表"中。当发现违反法律、法规、规章制度及相关标准的情况时，必须得到受评审单位相关人员的确认。

　　（三）末次会议

　　评定工作组召开末次会议，向受评定单位通报评定结果，提出不符合项的整改要求和建议，并解答不明确事项。

　　第十条　问题整改

　　评定工作组在评定结束后将评定中发现的问题整理后发送至责任部门。责任部门制定纠正问题的措施计划并限期整改。

　　第十一条　评定报告

　　（一）评定工作组依据评定结果编写《公司年度绩效自评报告》，经公司董事长组织审议批准后以正式文件发布，并告知相关责任部门。

　　（二）评定报告的内容：

1. 单位概况
2. 安全生产管理状况
3. 基本条件的符合情况
4. 自主评定工作开展情况
5. 安全生产标准化自评打分表
6. 发现的主要问题、整改计划和措施、整改情况
7. 自主评定结果

第十二条 绩效评定问题整改情况的跟踪、验证

工程管理部负责对改进/变更或纠正/预防措施的实施情况跟踪、检查、验证、记录，并负责向主管安全领导报告。对于纠正效果不符合要求的，应重新制定纠正预防措施，经审批后组织实施。

第十三条 评定记录与归档

公司依据有关安全生产记录文件及档案管理制度，对绩效评定记录进行整理、归档、保存，建立台账。

第十四条 成果应用

安全生产标准化绩效评定结果，纳入公司年度安全生产绩效考核。

第十五条 持续改进

公司根据安全生产标准化的评定结果，制定持续改进计划，修订和完善记录。组织制定完善安全生产标准化的工作计划和措施，实施计划、执行、检查、改进（PDCA）循环，不断持续改进，提高安全绩效。

第十六条 重新评定

发生下列情况时，应重新进行评定，全面查找安全生产标准化管理体系中的缺陷：

（一）组织机构、管理体系、业务范围发生重大变化。
（二）出现等级以上事故。
（三）法律、法规及其他外部要求的重大变更。
（四）在接受外部评审认定之前。

第四章 附 则

第十七条 本制度由工程管理部归口并解释。
第十八条 本制度自下发之日施行。

二维码 68

（2）安全标准化检查评定工作的通知。
（3）自评工作方案。
（4）自评工作记录。
（5）安全标准化绩效评定报告，并以正式文件印发（示例详见二维码 68）。
（6）年度工作绩效考评资料，应当将安全生产标准化工作纳入考评范围，并赋予

合理分值。

（7）绩效考评兑现资料，如考评结果通报、财务支出台账等。

（8）安全生产报告及公示资料。

第二节　持　续　改　进

安全生产标准化建设工作始终处于持续改进的状态，以不断提升安全生产管理水平。

【标准条文】

8.2.1　监理单位应根据安全生产标准化绩效评定结果和安全生产预测预警系统所反映的趋势，客观分析本单位安全生产标准化管理体系的运行质量，及时调整完善相关规章制度和过程管控，不断提高安全生产绩效。

1. 工作依据

《关于印发水利行业开展安全生产标准化建设实施方案的通知》（水安监〔2011〕346 号）

《水利安全生产标准化评审管理暂行办法》（水安监〔2013〕189 号）

2. 实施要点

持续改进的核心内涵是企业全领域、全过程、全员参与安全生产管理，坚持不懈地努力，追求改善、改进和创新。

持续改进是通过 PDCA 动态循环来实现的，不断改进安全生产标准化管理水平，保证生产经营活动的顺利进行。

企业安全生产标准化管理体系建立并运行一段时间后，通过分析一定时期的评定结果，及时将效果好的管理方式及管理方法进行推广，对发现的问题和需要改进的方面及时做出调整和安排。必要时，及时调整安全生产目标、指标，及时修订规章制度、操作规程，及时制定完善安全生产标准化的工作计划和措施，使企业的安全生产管理水平不断提高。

3. 参考示例

分析本单位安全生产标准化管理体系的运行质量，调整完善相关规章制度、操作规程和过程管控等文件，至少每年一次。

第十一章 管理与提升

根据《水利行业深入开展安全生产标准化建设实施方案》的要求，各级水行政部门要加强对安全生产标准化建设工作的指导和督促检查，按照分级管理和"谁主管、谁负责"的原则，水利部负责直属单位和直属工程项目以及水利行业安全生产标准化一级单位的评审、公告、授牌等工作；地方水利生产经营单位的安全生产标准化二级、三级达标考评的具体办法，由省级水行政主管部门制定并组织实施，考评结果报送水利部备案。

根据有关规定，各级水行政主管部门负责水利安全生产标准化建设管理工作的监督管理，并不是只针对达标评审环节的监督管理。水利生产经营单位是安全生产标准化建设工作的责任主体，是否参与达标评审是其自愿行为。监理单位应结合本单位实际情况，制定安全生产标准化建设工作计划，落实各项措施，组织开展多种形式的标准化宣贯工作，使全体员工不断深化对安全生产标准化的认识，熟悉和掌握标准化建设的要求和方法，积极主动参与标准化建设并保持持续改进。

第一节 管理要求

生产经营单位自身应加强自控管理，切实按要求开展标准化的相关工作，保证体系正常运行。监督管理部门应依据法律法规及相关要求加强对职责范围内生产经营单位的安全标准化工作动态监管，依法履行法律赋予的监督管理职责，并以此为抓手，切实提高管辖范围内安全生产管理水平。

一、监督主体

根据《水利行业深入开展安全生产标准化建设实施方案》的要求，水利安全生产标准化的监督管理主体是各级水行政主管部门。

二、年度自主评审

水利生产经营单位取得水利安全生产标准化等级证书后，每年应对本单位安全生产标准化的情况至少进行一次自我评审，并形成报告，及时发现和解决生产经营中的安全问题，持续改进，不断提高安全生产水平，按规定将年度自评报告上报水行政主管部门。一级达标单位和部属二三级达标单位应通过"水利安全生产标准化评审系统"（http://abps.cwec.org.cn/），按要求上报。

三、延期管理

《水利安全生产标准化评审管理暂行办法》规定，水利安全生产标准化等级证书有效期为3年。有效期满需要延期的，须于期满前3个月，向水行政主管部门提出延期申请

（一级达标单位和部属二三级达标单位向中国水利企业协会提出申请）。

水利生产经营单位在安全生产标准化等级证书有效期内，完成年度自我评审，保持绩效，持续改进安全生产标准化工作，经复评，符合延期条件的，可延期3年。

四、撤销等级

《水利安全生产标准化评审管理暂行办法》中规定了撤销安全生产标准化等级的五种情形，发生下列行为之一的，将被撤销安全生产标准化等级，并予以公告：

（一）在评审过程中弄虚作假、申请材料不真实的。

（二）不接受检查的。

（三）迟报、漏报、谎报、瞒报生产安全事故的。

（四）水利工程项目法人所管辖建设项目、水利水电施工企业发生较大及以上生产安全事故后，水利工程管理单位发生造成人员死亡、重伤3人以上或经济损失超过100万元以上的生产安全事故后，在半年内申请复评不合格的。

（五）水利工程项目法人所管辖建设项目、水利水电施工企业复评合格后再次发生较大及以上生产安全事故的；水利工程管理单位复评合格后再次发生造成人员死亡、重伤3人以上或经济损失超过100万元以上的生产安全事故的。

自撤销之日起，须按降低至少一个等级申请评审；且自撤销之日起满1年后，方可申请原等级评审。

水利安全生产标准化三级达标单位构成撤销等级条件的，责令限期整改。整改期满，经评审符合三级单位要求的，予以公告。整改期限不得超过1年。

第二节　动　态　管　理

为深入贯彻落实《中共中央　国务院关于推进安全生产领域改革发展的意见》《地方党政领导干部安全生产责任制规定》和《水利行业深入开展安全生产标准化建设实施方案》（水安监〔2011〕346号），进一步促进水利生产经营单位安全生产标准化建设，督促水利安全生产标准化达标单位持续改进工作，防范生产安全事故发生，2021年水利部下发了《水利安全生产标准化达标动态管理的实施意见》（以下简称《实施意见》），就加强水利安全生产标准化达标动态管理工作提出了要求。

《实施意见》的出台的主要工作目标是为了建立健全安全生产标准化动态管理机制，实行分级监督、差异化管理，积极应用相关监督执法成果和水利生产安全事故、水利建设市场主体信用评价"黑名单"等相关信息，对水利部公告的达标单位全面开展动态管理，建立警示和退出机制，巩固提升达标单位安全管理水平，为水利事业健康发展提供有力的安全保障。

《实施意见》中规定，动态管理的主要方法是实行记分制，根据不同的安全生产违法、违规情形进行相应分值的扣分，在证书有效期根据扣分情况进行分类管理。

《实施意见》要求按照"谁审定谁动态管理"的原则，水利部对标准化一级达标单位和部属达标单位实施动态管理，地方水行政主管部门可参照本实施意见对其审定的标准化达标单位实施动态管理。水利生产经营单位获得安全生产标准化等级证书后，即进入动态管理阶段。动态管理实行累积记分制，记分周期同证书有效期，证书到期后动态管理记分自动清零。动态管理记分依据有关监督执法成果以及水利生产安全事故、水利建设市场主体信用评价"黑名单"等各类相关信息，记分标准如下：

（1）因水利工程建设与运行相关安全生产违法违规行为，被有关行政机关实施行政处罚的：警告、通报批评记 3 分/次；罚款记 4 分/次；没收违法所得、没收非法财物记 5 分/次；限制开展生产经营活动、责令停产停业记 6 分/次；暂扣许可证件记 8 分/次；降低资质等级记 10 分/次；吊销许可证件、责令关闭、限制从业记 20 分/次。同一安全生产相关违法违规行为同时受到 2 类及以上行政处罚的，按较高分数进行量化记分，不重复记分。

（2）水利部组织的安全生产巡查、稽察和其他监督检查（举报调查）整改文件中，因安全生产问题被要求约谈或责令约谈的，记 2 分/次。

（3）未提交年度自评报告的，记 3 分/次；经查年度自评报告不符合规定的，记 2 分/次；年度自评报告迟报的，记 1 分/次。

（4）因安全生产问题被列入全国水利建设市场监管服务平台"重点关注名单"且处于公开期内的，记 10 分。被列入全国水利建设市场监管服务平台"黑名单"且处于公开期内的，记 20 分。

（5）存在以下任何一种情形的，记 15 分：发生 1 人（含）以上死亡，或者 3 人（含）以上重伤，或者 100 万元以上直接经济损失的一般水利生产安全事故且负有责任的；存在重大事故隐患或者安全管理突出问题的；存在非法违法生产经营建设行为的；生产经营状况发生重大变化的；按照水利安全生产标准化相关评审规定和标准不达标的。

（6）存在以下任何一种情形的，记 20 分：发现在评审过程中弄虚作假、申请材料不真实的；不接受检查的；迟报、漏报、谎报、瞒报生产安全事故的；发生较大及以上水利生产安全事故且负有责任的。

达标单位在证书有效期内累计记分达到 10 分，实施黄牌警示；累计记分达到 15 分，证书期满后将不予延期；累计记分达到 20 分，撤销证书。以上处理结果均在水利部网站公告，并告知达标单位。

第三节 巩 固 提 升

安全生产标准化建设是一项长期性的工作，需要在工作过程中持续坚持、巩固成果、不断改进提升。

一、树立正确的安全生产管理理念

安全生产永远在路上，只有起点没有终点，需要不断持续改进与巩固提升才能保持良好的安全生产状况。树立正确的安全发展理念是保证"长治久安"的重要前提和基础，监理单位应充分认识到开展标准化建设是提高安全生产管理水平的科学方法和有效途径。安全生产标准化工作达到了一级（或二级、三级）只是实现了阶段性目标，是拐点，不是终点。要巩固标准化的成果，必须建立长效的工作机制，实施动态管理，严格落实安全生产标准化的各项工作要求，不断解决实际工作过程中出现的新问题。

二、建立健全责任体系

单位的生产经营过程由各部门、各级、各岗位人员共同参与完成，安全生产管理工作也贯穿于整个生产经营过程。因此，要实现全员、全方位、全过程安全管理，只有单位人人讲安全、人人抓安全，才能促进安全生产形势持续稳定向好。

为实现上述要求，生产经营单位必须建立健全全员安全生产责任制，单位主要负责人带头履职尽责，起到引领、示范作用，以身作则保证各项规章制度真正得到贯彻执行，只有这样才能使企业真正履行好安全生产主体责任，持续巩固标准化建设成果。

三、保障安全生产投入

监理单位应根据国家及行业相关规定，结合单位的实际需要，保障安全生产投入。

生产经营单位要满足安全生产条件，必须要有足够的安全生产投入，用以改善作业环境，配备安全防护设备、设施，加强风险管控，实施隐患排查治理。因此，监理单位应树立"安全也能出效益"的理念，把安全生产投入视为一种特殊的投资，其所产生的效益短期内不明显，但为企业所带来的隐性收益在某种程度上是用金钱无法衡量的。生产经营单位如发生人员伤亡的生产安全事故，除带来经济和名誉损失外，还将给从业人员及其家属带来深重的灾难，甚至影响社会的稳定。安全生产投入到位，可在很大程度减少生产安全事故的发生，间接为企业带来效益。

四、加强安全管理队伍建设

安全管理最终要落实到人，监理单位应把安全管理人才培训、队伍建设摆在突出的位置，最大限度发挥这些人员的作用，通过专业的力量带动全体员工参与到安全生产工作中来。监理单位应保障安全生产管理人员的待遇，建立相应的激励机制，调动积极性，使其在单位的生产经营过程中有发言权，真正为企业安全生产出力献策。

五、强化教育培训

经常性开展教育培训，能够让从业人员及时获取安全生产知识，增强安全意识，教育培训应贯穿于安全生产标准化建设的各个环节、各个阶段。监理单位应当按照本单位安全生产教育和培训计划的总体要求，结合各个工作岗位的特点，科学、合理安排教育培训工作。采取多种形式开展教育培训，包括理论培训、现场培训、召开事故现场分析会等。通过教育培训，让从业人员具备基本的安全生产知识，熟悉有关安全生产规章制度和操作规程，掌握本岗位的安全操作技能，了解事故应急处理措施，知悉自身在安全生产方面的权利和义务。对于没有经过教育培训，包括培训不合格的从业人员，不得安排其上岗作业。

六、强化风险分级管控及隐患排查治理

监理单位应建立安全风险分级管控和隐患排查治理双重预防机制，全面推行安全风险分级管控，进一步强化隐患排查治理，推进事故预防工作科学化、信息化、标准化，提升安全生产整体预控能力，实现把风险控制在隐患形成之前、把隐患消灭在事故前面。

七、保证安全管理工作真正"落地"

监理单位应采取有效的措施保证各项安全管理工作真正落到实处，杜绝"以文件

落实文件、以会议落实会议"的管理方式。安全管理工作要下沉到基层和现场，切实解决现场作业中存在的各种问题；抓好各级人员安全管理工作，真正实现岗位达标、专业达标、企业达标，最终实现单位的本质安全。

八、绩效评定与持续改进

监理单位的标准化建设是一个持续改进的动态循环过程，需要不断持续改进、巩固和提升标准化建设成果，才能真正建立起系统、规范、科学、长效的安全管理机制。

监理单位通过水利安全生产标准化达标后，每年至少组织一次本单位安全生产标准化实施情况检查评定，验证各项安全生产制度措施的适宜性、充分性和有效性，提出改进意见，并形成绩效评定报告，接受水行政主管部门的监督管理。

附 录 文 件 及 记 录

二级评审项目	三级评审项目	提供文件及记录
1.1 目标管理	1.1.1 目标管理制度	（1）监理单位正式文件发布的安全生产目标管理制度。 （2）监理机构对各承包人开展此项工作的监督检查记录和督促落实工作记录
	1.1.2 目标制定	（1）监理单位。 1）以正式文件发布的中长期安全生产工作规划； 2）以正式文件发布的年度安全生产工作计划； 3）以正式文件发布的安全生产总目标（在安委会或领导小组会议上议定并通过可包含在中长期安全生产工作规划中）； 4）年度安全生产目标（在安委会或领导小组会议上议定并通过，可包含在年度安全生产工作计划中）； （2）监理机构。 1）制定所承担项目周期内的安全生产工作规划及安全生产总目标； 2）监理机构对各承包人开展此项工作的监督检查记录和督促落实工作记录
	1.1.3 目标分解	（1）监理单位以正式文件下发的总目标、年度目标分解文件。 （2）监理机构对各承包人开展此项工作的监督检查记录和督促落实工作记录
	1.1.4 责任书签订	（1）监理单位及监理机构。 1）安全生产责任书（至个人）； 2）安全目标保证措施（可包含在安全生产责任（协议）书中或单独制定）。 （2）监理机构对各承包人开展此项工作的监督检查记录和督促落实工作记录
	1.1.5 目标的监督检查与纠偏	（1）监理单位。 1）安全生产目标实施情况的检查、评估记录； 2）目标实施计划的纠偏、调整文件（如发生）。 （2）监理机构对各承包人开展此项工作的监督检查记录和督促落实工作记录

二级评审项目	三级评审项目	提供文件及记录
1.1 目标管理	1.1.6 考核与奖惩	（1）监理单位。 1）目标完成情况考核记录； 2）目标完成情况奖惩记录； （2）监理机构对各承包人开展此项工作的监督检查记录和督促落实工作记录
1.2 机构与职责	1.2.1 安委会（安全领导小组）	（1）监理单位。 1）以正式文件发布的安委会（安全领导小组）成立文件； 2）以正式文件发布的安委会（安全领导小组）调整文件； 3）安委会（安全领导小组）会议纪要； 4）跟踪落实安委会（安全领导小组）会议纪要相关要求的措施及实施记录； （2）监理机构。 1）监理机构参加项目法人牵头的安委会记录； 2）对各承包人开展此项工作的监督检查记录和督促落实工作记录
	1.2.2 安委会会议	（1）监理单位。 1）安委会（安全领导小组）会议纪要； 2）跟踪落实安委会（安全领导小组）会议纪要相关要求的措施及实施记录。 （2）监理机构。 1）监理机构每月安全例会会议资料； 2）监理机构对各承包人开展此项工作的监督检查记录和督促落实工作记录
	1.2.3 安全管理机构及人员	（1）监理单位。 1）安全生产管理机构、职业健康管理机构成立的文件； 2）安全生产专（兼）职人员，安全监理人员配备文件（可与机构文件合并）及相关人员的证件。 （2）监理机构对各承包人开展此项工作的监督检查记录和督促落实工作记录
	1.2.4 全员安全生产责任制	（1）监理单位以正式文件发布的安全生产责任制。 （2）监理机构对各承包人开展此项工作的监督检查记录和督促落实工作记录
1.3 全员参与	1.3.1 安全生产职责检查考核； 1.3.2 建言献策	（1）监理单位。 1）各部门、各级人员安全生产职责检查记录； 2）各部门、各级人员安全生产职责考核记录； 3）激励约束机制或管理办法； 4）建言献策记录及回复记录； （2）监理机构对各承包人开展此项工作的监督检查记录和督促落实工作记录
1.4 安全生产投入	1.4.1 安全生产费用管理制度	（1）监理单位以正式文件发布的安全生产费用管理制度。 （2）监理机构对各承包人开展此项工作的监督检查记录和督促落实工作记录

二级评审项目	三级评审项目	提供文件及记录
1.4　安全生产投入	1.4.2　落实安全生产费用计划 1.4.3　安全生产投入检查总结及考核 1.4.4　从业人员保险	（1）监理单位。 1）安全生产费用相关记录； 2）安全生产费用投入使用计划； 3）安全生产费用投入使用台账、凭证； 4）安全生产费用投入使用检查记录； 5）安全生产费用投入使用总结、考核记录； （2）监理机构。 1）对承包人安全生产费用使用计划的审批记录； 2）监理机构对各承包人开展此项工作的监督检查记录和督促落实工作记录。 （3）监理单位从业人员保险相关记录： 1）员工花名册、考勤记录、工资发放表； 2）员工工伤保险、意外伤害保险清单及凭证； 3）受伤工伤认定决定书、工伤伤残等级鉴定书等员工保险待遇档案记录； 4）企业缴纳工伤保险凭证； 5）保险理赔凭证
1.5　安全文化建设	1.5.1　确立安全生产和职业病危害防治理念及行为准则。 1.5.2　制定安全文化建设规划和计划	（1）监理单位防治理念及行为准则； 1）安全生产文化和职业病危害防治理念； 2）安全生产文化和职业病危害防治行为准则； 3）安全生产文化和职业病危害防治理念及行为准则教育资料。 （2）监理单位安全文化建设： 1）企业安全文化建设规划； 2）企业安全文化建设计划； 3）企业安全文化活动记录（文字、图片等参加竞赛、建议等；安全生产月活动方案、总结；安康杯活动等）
1.6　安全生产信息化	1.6.1　建设安全生产信息管理系统	监理单位安全生产信息管理系统
2.1　法规标准辨识	2.1.1　安全生产法律法规、标准规范管理制度	（1）监理单位以正式文件发布的安全生产法律法规、标准规范管理制度。 （2）监理机构对各承包人开展此项工作的监督检查记录和督促落实工作记录
	2.1.2　法规标准辨识清单	（1）监理单位及监理机构。 1）法律法规、标准规范辨识清单； 2）法律法规、标准规范发放记录； （2）监理机构对各承包人开展此项工作的监督检查记录和督促落实工作记录
	2.1.3　传达法规标准、配备相关文本	（1）监理单位及监理机构。 1）发放法律法规、标准规范记录； 2）法律法规、标准规范教育培训记录； 3）适用法律法规、标准规范文本数据库（包括电子版）。 （2）监理机构对各承包人开展此项工作的监督检查记录和督促落实工作记录

二级评审项目	三级评审项目	提供文件及记录
2.2　规章制度	2.2.1　编制安全生产规章制度 2.2.2　下发规章制度并组织培训学习	（1）监理单位。 1）以正式文件发布的满足评审标准及安全生产管理工作需要的各项规章制度； 2）下发规章制度的记录； 3）规章制度教育培训记录。 （2）监理机构。 1）编制的规章制度、监理实施细则； 2）监理机构对各承包人开展此项工作的监督检查记录和督促落实工作记录
2.3　操作规程	2.3.1　监理规划 2.3.2　监理实施细则 2.3.3　监督检查承包人安全操作规程	（1）经单位技术负责人审批、以正式文件发布的监理规划。 （2）经总监理工程师批准的监理实施细则。 （3）监理机构对各承包人操作规程工作开展情况的监督检查记录和督促落实工作记录
2.4　文档管理	2.4.1　文件管理制度 2.4.2　记录管理制度 2.4.3　档案管理制度 2.4.4　评估 2.4.5　修订	（1）监理单位以正式文件发布的文件管理制度，监理机构的信息管理制度（或信息监理实施细则）。 （2）监理单位以正式文件发布的记录管理制度，监理机构的信息管理制度（或信息监理实施细则）。 （3）监理单位以正式文件发布的档案管理制度，监理机构的信息管理制度（或信息监理实施细则）。 （4）监理单位法律法规、规程规范、规章制度评估报告。 （5）监理单位修订及重新发布的记录。 （6）监理机构对各承包人开展此项工作的监督检查记录和督促落实工作记录
3.1　教育培训管理	3.1.1　安全教育培训制度	监理单位以正式文件发布的安全教育培训制度
	3.1.2　教育培训计划及档案	（1）监理单位及监理机构。 1）以正式文件发布的年度培训计划； 2）教育培训档案资料，包括：培训通知、回执、培训资料、照片资料、考试考核记录、成绩单等、培训效果评价，建议一人一档； 3）根据效果评价结论而实施的改进记录； 4）教育培训台账。 （2）监理机构对各承包人开展此项工作的监督检查记录和督促落实工作记录
3.2　人员教育培训	3.2.1　管理人员培训	（1）监理单位主要负责人及安全生产管理人员教育培训记录。 （2）监理机构对各承包人开展此项工作的监督检查记录和督促落实工作记录
	3.2.2　新员工安全教育培训	监理单位和监理机构对新员工教育记录及档案

二级评审项目	三级评审项目	提供文件及记录
3.2 人员教育培训	3.2.3 监理机构监督检查承包人特种作业人员教育培训	监理机构监督检查承包人记录，或承包人提交的包括下列材料的人员进场申报、审核材料： （1）特种作业操作资格证书； （2）特种作业人员重新上岗的考核合格证； （3）特种作业人员档案资料； （4）特种作业人员台账
	3.2.4 每年对在岗的作业人员进行不少于12学时的经常性安全生产教育和培训	（1）监理单位教育培训的相关记录及统计资料； （2）监理机构对各承包人开展此项工作的监督检查记录和督促落实工作记录
	3.2.5 监理机构监督检查承包人对其分包单位的管理。 3.2.6 外来人员教育培训	监理机构监督检查承包人以下工作，并形成记录： （1）分包单位（相关方）进场人员验证资料档案； （2）分包单位（相关方）各工种安全生产教育培训、考核的记录； （3）分包单位（相关方）的岗位作业及特种作业人员证书； （4）对外来参观、学习等人员进行安全教育或危险告知的记录
	3.2.7 外来人员告知	监理机构监督检查承包人对外来参观、学习等人员进行安全教育和危险告知的记录
4.1 设备设施管理	4.1.1 协助项目法人移交有关资料；开工条件检查	监理机构： （1）协助项目法人移交有关资料的记录； （2）开工条件检查记录（包括发包人和承包人）
	4.1.2 设备管理制度	监理单位及监理机构： （1）以正式文件下发的设备管理制度（实施细则）； （2）设备管理机构设立及人员配备文件
	4.1.3 设备采购及验收	（1）监理单位。 1）设备采购记录； 2）设备采购验收记录； 3）设备随机相关资料； （2）监理机构对承包人进场设备核查记录
	4.1.4 设备检查、维修、保养	（1）监理单位及监理机构自有设备检查、维修、保养记录。 （2）监理机构对各承包人开展此项工作的监督检查记录和督促落实工作记录
	4.1.5 监督检查承包人设备档案	监理机构对各承包人此项工作开展情况的监督检查记录： （1）设备台账（注明自有、租赁、特种设备等性质）； （2）监理进场验收有关记录； （3）设备管理档案资料及相关记录（如合格证、说明书、设备履历、技术资料等）
	4.1.6 监督检查承包人设备分包及租赁设备管理	监理机构对各承包人开展此项工作的监督检查记录和督促落实工作记录

续表

二级评审项目	三级评审项目	提供文件及记录
4.1 设备 设施管理	4.1.7 对承包人特种设备安装（拆除）及使用的管理	监理机构监督检查承包人下列工作及记录： （1）特种设备安（拆）技术方案及监理批复； （2）特种设备安装（拆除）单位相应资质资料； （3）安装（拆除）施工人员资格资料； （4）特种设备安装报当地市场监监督部门备案资料、安装后的验收记录； （5）特种设备安装监督旁站记录； （6）报请有关单位检验合格的记录（《特种设备注册登记表》、定期检验合格报告、检验合格证书）； （7）定期检查、维护、保养记录； （8）特种设备台账； （9）特种设备事故应急救援预案
	4.1.8 临时设施监理	监理机构： （1）临时设施设计申报及审批记录。 （2）临时设施施工检查及验收记录
	4.1.9 三同时工作监理	监理机构： （1）对"三同时"及安全防护设施监督检查记录。 （2）安全防护设施验收记录
4.2 作业安全 （施工企业）	4.2.1 施工现场管理	监理机构： （1）经批复的现场总体布置文件。 （2）现场检查记录
	4.2.2 施工技术管理	监理机构： （1）以正式文件发布的施工技术措施管理制度。 （2）施工组织设计（安全技术措施）及监理机构审批记录。 （3）专项施工方案文本和论证、审查、审批记录
	4.2.3 对承包人安全技术交底及方案实施情况监督检查、验收等监理工作	监理机构： （1）对承包人安全技术措施、专项施工方案交底记录。 （2）措施、方案落实情况监督检查记录。 （3）危大工程验收记录
	4.2.4 施工用电监理	监理机构： （1）施工用电专项方案及安全技术措施申报、监理机构审批文件。 （2）临时用电系统验收记录
	4.2.5 施工脚手架监理	监理机构监督检查承包人以下工作的记录： （1）以正式文件发布的脚手架使用管理制度。 （2）脚手架专项施工方案（含设计文件）或作业指导书。 （3）脚手架搭设（拆除）设计、方案审批记录，超过一定规模的专家论证资料。 （4）脚手架搭设（拆除）方案及交底记录。 （5）登高架设特种人员作业证书。 （6）材料、构配件进场检查验收记录。 （7）搭设过程中检查记录。 （8）脚手架验收记录（挂牌）。 （9）现场监督检查及验收记录（含极端天气前后）

二级评审项目	三级评审项目	提供文件及记录
4.2 作业安全（施工企业）	4.2.6 防洪度汛管理	监理机构监督检查承包人以下工作的记录： （1）防汛度汛及抢险措施及项目法人（监理）批复、备案记录。 （2）成立防洪度汛的组织机构和防洪度汛抢险队伍的文件。 （3）防洪度汛值班制度。 （4）防洪应急预案演练记录。 （5）防洪度汛专项检查记录。 （6）防洪度汛值班记录。 （7）防汛（应急）物资台账、物资检查、维护、保养等记录，必要时与地方救援队伍签订的互助协议
	4.2.7 交通安全管理	监理机构监督检查承包人以下工作的记录： （1）以正式文件发布的交通安全管理制度。 （2）大型设备运输或搬运的专项安全措施。 （3）机动车辆定期检测和检验记录。 （4）驾驶人员教育培训记录。 （5）现场监督检查记录（含警示标志和交通安全设施）
	4.2.8 消防安全管理	监理机构监督检查承包人以下工作的记录： （1）以正式文件发布的消防管理制度。 （2）消防安全组织机构成立文件。 （3）消防安全责任制。 （4）防火重点部位或场所档案。 （5）消防设施设备台账。 （6）消防设施设备定期检查、试验、维修记录。 （7）动火作业审批记录。 （8）消防应急预案。 （9）消防演练评审记录。 （10）消防培训记录。 （11）消防演练记录
	4.2.9 易燃易爆危险品管理	监理机构监督检查承包人以下工作的记录： （1）以正式文件发布的易燃易爆或有毒危险品管理制度。 （2）易燃易爆或有毒危险化学品防火消防措施。 （3）现场存放炸药、雷管等的许可证（公安部门）。 （4）运输易燃、易爆等危险物品的许可证（公安部门）。 （5）与爆破公司签订的分包合同，爆破公司资质证书、爆破作业人员上岗证书及其他与爆破作业相关的资料。 （6）危险品物品领、退记录。 （7）现场监督检查记录
	4.2.10 高边坡或基坑作业	监理机构监督检查承包人以下工作的记录： （1）施工专项施工方案（如需论证的，需提供论证资料）。 （2）边坡、基坑监测记录及分析资料。 （3）专人监护记录。 （4）现场检查记录

续表

二级评审项目	三级评审项目	提供文件及记录
4.2 作业安全（施工企业）	4.2.11 洞室作业	监理机构监督检查承包人以下工作的记录： （1）隧洞开挖专项施工方案及相关审核、论证、审批、交底记录。 （2）瓦斯防治措施。 （3）安全监测方案、记录及分析资料。 （4）环境监测记录。 （5）专项通风设计。 （6）现场监督检查记录
	4.2.12 爆破作业	监理机构监督检查承包人以下工作的记录： （1）爆破、拆除管理制度。 （2）爆破、拆除方案及监理审批记录。 （3）爆破试验方案、爆破试验成果材料及监理审批记录。 （4）爆破单位资质及人员资格验证文件。 （5）爆破作业监督检查记录
	4.2.13 水上作业	监理机构监督检查承包人以下工作的记录： （1）水上作业专项施工方案及应急预案。 （2）船舶适航证书。 （3）中华人民共和国水上水下活动许可证。 （4）船员适任证书与船员服务簿。 （5）作业人员培训合格证书及体检证书。 （6）水文气象信息渠道建立的记录。 （7）现场监督检查记录（含极端天气前后的检查记录）
	4.2.14 高处作业	监理机构监督检查承包人以下工作的记录： （1）以正式文件发布的高处作业安全管理制度。 （2）三级、特级和悬空高处作业专项安全技术措施及交底记录。 （3）高处作业人员体检证明。 （4）安全防护设施产品合格证、验收合格证明。 （5）安全防护设施检查、验收记录。 （6）高处作业现场监护记录。 （7）作业人员培训合格证书。 （8）现场监督检查记录（含极端天气前后的检查记录）
	4.2.15 起重作业	监理机构监督检查承包人以下工作的记录： （1）起重吊装作业指导书及安全操作规程。 （2）起重设备检查记录（结合设备设施部分工作开展）。 （3）指挥和操作人员上岗证件。 （4）大件吊装方案、审批记录、交底记录。 （5）危险性较大单项工程专项技术方案和审核、论证、审批、交底记录。 （6）现场旁站、监督检查记录

二级评审项目	三级评审项目	提供文件及记录
4.2　作业安全（施工企业）	4.2.16　临近带电体	监理机构监督检查承包人以下工作的记录： （1）以正式文件发布的临近带电体作业管理制度。 （2）专项施工方案、安全防护措施或审批（电业部门）记录。 （3）方案交底记录。 （4）电气人员上岗证件。 （5）安全施工作业票。 （6）专人监护记录
	4.2.17　焊接作业	监理机构监督检查承包人以下工作的记录： （1）以正式文件发布的焊接作业安全管理制度。 （2）电焊作业安全操作规程。 （3）焊接作业人员证书。 （4）设备检查记录。 （5）现场监督检查记录
	4.2.18　交叉作业	监理机构监督检查承包人以下工作的记录： （1）交叉作业安全管理制度。 （2）专项安全技术措施。 （3）沟通、交底记录。 （4）专人监护记录。 （5）交叉作业施工安全协议
	4.2.19　有（受）限作业	监理机构监督检查承包人以下工作的记录： （1）有（受）限空间作业管理制度。 （2）作业人员培训合格证书。 （3）安全技术交底记录。 （4）个人防护装备发放记录。 （5）含氧量、有毒有害气体检测记录。 （6）应急抢险措施方案。 （7）监护记录
	4.2.20　岗位达标	（1）以正式文件发布的岗位达标管理制度。 （2）岗位达标活动记录（可结合评审标准中其他相关工作开展）
	4.2.21～4.2.24	监理机构监督检查承包人以下工作的记录： （1）工程分包、劳务分包、设备物资采购和租赁等合格供方选择的管理制度。 （2）合格供方选择、评价过程资料。 （3）合格供方的档案资料（要求一企一档）。 （4）分包申请及审批记录。 （5）分包方人员及设备进场报验资料。 （6）分包方安全施工措施上报及审批记录。 （7）针对分包方的风险分析及控制措施记录。 （8）相邻施工单位安全协议。 （9）监督检查记录

续表

二级评审项目	三级评审项目	提供文件及记录
4.3 职业健康	4.3.1 职业健康管理制度	（1）监理单位以正式文件发布的职业健康管理制度。 （2）监理机构对各承包人开展此项工作的监督检查记录和督促落实工作记录
	4.3.2 职业病危害因素辨识及检测计划	监理机构监督检查承包人以下工作的记录： （1）职业病危害因素辨识。 1）职业病危害辨识评估报告（包括控制措施）； 2）劳动防护用品发放标准、台账、采购记录； 劳动防护用品的出厂合格证、生产许可证等资料； 3）劳保用品发放记录； 4）职业健康安全设备设施台账； 5）检（监）测记录。 （2）职业危害因素检测。 1）根据《职业病危害因素分类及目录》确定危害场所及检测计划； 2）职业危害场所评价监测报告； 3）职业危害场所定期检测记录； 4）检测结果公示牌和告知书
	4.3.3 作业场所职业健康要求	监理机构监督检查承包人相关工作的记录
	4.3.4 职业危害应急处置	监理机构监督检查承包人以下工作的记录： （1）报警装置、台账及布设图。 （2）应急处置方案
	4.3.5 防护器具管理	（1）监理单位及监理机构。 1）现场急救用品、设备台账及维护记录； 2）防护用品、设备维护专人任命文件； 3）应急装置及急救用品台账； 4）应急装置及急救用品校验和维护记录。 （2）监理机构对各承包人开展此项工作的监督检查记录和督促落实工作记录
	4.3.6 职业健康体检	（1）监理单位及监理机构： 1）职业健康检查计划； 2）职业健康监护档案。（劳动者的职业史和职业中毒危害接触史、职业危害告知书、作业场所职业危害因素监测结果、职业健康检查结果及处理情况、职业病诊疗情况）； 3）职业病患者治疗、疗养记录；含：《职业病例诊疗、康复和定期检查台账》（附：职业病诊断证明书、职业病诊断鉴定书等）。 （2）监理机构对各承包人开展此项工作的监督检查记录和督促落实工作记录
	4.3.7 职业危害告知	（1）监理单位及监理机构： 1）劳动合同（应包含职业健康危害因素告知的内容）； 2）职业危害告知书； 3）心理疏导、心理慰藉材料。 （2）监理机构对各承包人开展此项工作的监督检查记录和督促落实工作记录

二级评审项目	三级评审项目	提供文件及记录
4.3 职业健康	4.3.8 职业危害项目申报	监理机构监督检查承包人作业场所职业危害申报资料（《作业场所职业病危害申报表》或《作业场所职业病危害申报表》回执单）
4.4 警示标志及安全隔离防护设施	4.4.1 警示标志及安全隔离防护设施	监理机构监督检查承包人以下工作记录： （1）警示标志、标牌使用管理制度。 （2）警示标志、标牌台账。 （3）警示标志、标牌检查、维护记录。 （4）危险作业监护记录
5.1 安全风险管理	5.1.1 安全风险管理制度	（1）监理单位以正式文件发布的安全风险管理制度。 （2）监理机构对各承包人开展此项工作的监督检查记录和督促落实工作记录
	5.1.2 危险源辨识及风险评价	（1）监理机构参与项目法人相关工作记录。 （2）监理机构危险源辨识及风险评价资料。 （3）监理机构对各承包人开展此项工作的监督检查记录和督促落实工作记录
	5.1.3 危险源动态管理	监理机构监督检查承包人风险动态管理记录（包括工程技术措施、管理控制措施、个体防护措施
	5.1.4 风险管控	（1）监理机构监督检查承包人风险防控措施工作记录（含相关审核、审批记录）。 （2）重大风险防控措施的验收记录
	5.1.5 重大危险源备案	监理机构监督检查承包人重大危险源备案、登记建档工作记录
	5.1.6 重大危险源源告知与培训	（1）监理机构重大危险源告知书。 （2）监理机构重大危险源教育培训记录。 （3）监理机构对各承包人开展此项工作的监督检查记录和督促落实工作记录
	5.1.7 变更制度	监理机构以正式文件发布的变更管理制度或细则
	5.1.8 变更的监理工作	监理机构对工程变更以及承包人变更的工作记录（含审核、审批记录）
5.2 隐患排查治理	5.2.1 隐患排查治理制度	（1）监理单位及监理机构：以正式文件发布的隐患排查制度（监理实施细则）。 （2）监理机构对各承包人开展此项工作的监督检查记录和督促落实工作记录
	5.2.2 隐患排查	监理单位及监理机构： （1）隐患排查方案。 （2）事故隐患排查记录
	5.2.3 隐患治理	隐患整改通知、回复记录
	5.2.4 重大事故隐患	重大事故隐患治理方案及审批、监督检查记录

续表

二级评审项目	三级评审项目	提供文件及记录
5.2 隐患排查治理	5.2.5 隐患治理验证	（1）一般事故隐患的验证记录。 （2）重大事故隐患的验证、评估资料
	5.2.6 挂牌督办的重大在事故隐患	（1）监督检查承包人治理情况的评估资料。 （2）审批承包人复工资料
	5.2.7 隐患统计	（1）监理单位月、季、年隐患排查治理统计分析资料；向主管部门报告资料；向员工通报资料。 （2）监理机构报项目法人及监理机构的资料
5.3 预测预警	5.3.1 预警技术及体系	监理机构对各承包人开展此项工作的监督检查记录和督促落实工作记录： （1）安全生产预测预警系统。 （2）水文、气象等信息获取记录台账。 （3）预警信息发出及报告记录。 （4）预测预警记录及相应防范措施
	5.3.2 自然灾害预警	
	5.3.3 安全管理预警	
6.1 应急准备	6.1.1 建立安全生产应急管理机构	（1）监理单位成立安全生产应急管理机构和应急救援队伍（人员）文件。 （2）监理单位应急支援协议（必要时）。 （3）监理机构对各承包人开展此项工作的监督检查记录和督促落实工作记录
	6.1.2 应急救援队伍	
	6.1.3 建立健全生产安全事故应急预案体系	（1）监理单位及监理机构应急预案体系（综合预案、专项预案、现场处置方案，关键岗位应急处置卡）。 （2）监理单位及监理机构应急预案评审、发放记录。 （3）监理机构对各承包人开展此项工作的监督检查记录和督促落实工作记录
	6.1.4 应急物资	（1）监理单位。 1）应急物资台账； 2）应急物资专人管理任命文件； 3）应急物资检查、维护记录。 （2）监理机构对各承包人开展此项工作的监督检查记录和督促落实工作记录
	6.1.5 应急预案演练	（1）监理单位及监理机构。 1）应急培训记录； 2）应急演练方案、应急演练脚本、应急演练记录。 （2）监理机构对各承包人开展此项工作的监督检查记录和督促落实工作记录
	6.1.6 应急预案评估	（1）监理单位及监理机构应急评估记录、修订完善记录以及报备记录。 （2）监理机构对各承包人开展此项工作的监督检查记录和督促落实工作记录

二级评审项目	三级评审项目	提供文件及记录
6.2　应急处置与评估	6.2.1　应急预案启动 6.2.2　善后处理	（1）监理单位及监理机构。 1）应急预案启动记录； 2）事故现场救援记录（文字、音像记录等）； 3）事故善后处理、环境清理及监测记录； 4）事故应急处置工作总结评估报告。 （2）监理机构对各承包人开展此项工作的监督检查记录和督促落实工作记录
6.3　应急评估	6.3.1　应急准备评估	（1）监理单位及监理机构年度应急准备工作总结评估报告。 （2）监理机构对各承包人开展此项工作的监督检查记录和督促落实工作记录
7.1　事故报告	7.1.1　事故报告、调查和处理制度	（1）监理单位以正式文件发布的事故管理制度。 （2）监理机构对各承包人开展此项工作的监督检查记录和督促落实工作记录
7.1　事故报告	7.1.2　事故报告	（1）监理单位事故报告记录。 （2）监理机构对各承包人开展此项工作的监督检查记录和督促落实工作记录
7.2　事故调查和处理	7.2.1　事故控制	（1）监理单位及监理机构事故控制、现场保护相关记录和证据。 （2）监理机构对各承包人开展此项工作的监督检查记录和督促落实工作记录
7.2　事故调查和处理	7.2.2　事故内部调查	（1）监理单位内部事故调查报告。 （2）监理机构对各承包人开展此项工作的监督检查记录和督促落实工作记录
7.2　事故调查和处理	7.2.3　配合政府事故调查	（1）事故调查与处理报告。 （2）事故结案文件、记录（含责任追究等内容）
7.2　事故调查和处理	7.2.4　事故处理	（1）防范和整改措施及落实记录。 （2）整改措施验证记录
7.2　事故调查和处理	7.2.5　善后工作	（1）监理单位善后处理工作记录。 （2）监理机构对各承包人开展此项工作的监督检查记录和督促落实工作记录
7.3　事故档案	7.3.1　事故台账与档案	（1）事故档案。 （2）事故管理台账。 （3）事故统计分析报告
8.1　绩效评定 （15分）	8.1.1　安全标准化绩效评定制度	以正式文件发布的安全标准化绩效评定制度

续表

二级评审项目	三级评审项目	提供文件及记录
8.1 绩效评定（15分）	8.1.2 定期自评	（1）安全标准化检查评定工作的通知。 （2）自评工作方案。 （3）自评工作记录。 （4）安全标准化绩效评定报告
	8.1.3 通报自评结果	下发安全标准化绩效评定报告的通知
	8.1.4 将安全标准化工作评定结果，纳入单位年度安全绩效考评	（1）年度工作安全绩效考评资料。 （2）绩效考评兑现资料
	8.1.5 落实安全生产报告制度，定期向业绩考核等有关部门报告安全生产情况，并向社会公示	（1）安全生产报告制度。 （2）安全生产报告及公示资料

参　考　文　献

[1] 阚珂，蒲长城，刘平均. 中华人民共和国特种设备安全法释义 [M]. 北京：中国法制出版社，2013.

[2] 尚勇，张勇. 中华人民共和国安全生产法释义 [M]. 北京：中国法制出版社，2021.

[3] 钱宜伟，曾令文，等. 水利安全生产标准化建设实施指南 [M]. 北京：中国水利水电出版社，2015.

[4] 水利部监督司，中国水利工程协会. 水利安全生产标准化建设与管理 [M]. 北京：中国水利水电出版社，2018.

[5] 甘藏春，田世宏. 中华人民共和国标准化法释义 [M]. 北京：中国法制出版社，2017.